普通高等教育"十三五"规划教材

制图应用

主　编　梁会珍　戚　美　袁义坤

副主编　杨德星　顾东明　王　瑞　李建楠　王逢德

参　编　苗　伟　黄晓松　王立夫　付琪琪　黄常乘

　　　　赵彬杰　王伯韬

主　审　王　农

机械工业出版社

根据《高等学校工程图学课程教学基本要求》以及“工程图学”在专业课程体系中的地位及作用，“制图应用”课程定位为以实践性教学为主的专业基础课，在前期学习“制图基础”相关投影理论的基础上，能够绘制与识读和实际工程机械相关的各种图样——诸如零件图、装配图、焊接图和展开图等，并获取所需信息；能够运用图形工具对机械零部件形状结构、装配连接关系等进行设计或表达维修的想法和意见；能够在图形工具的帮助下，更好地学习和理解后续的专业课程，从而更好地掌握和实践相应的机械设计及制造等专业技能。

近年来，计算机绘图软件迅速发展，功能日益丰富、完善，为适应工程实际对计算机绘图技能的需求，本书以 AutoCAD 2017 为基准编撰计算机绘图内容，并单独成章。将制图应用与计算机绘图有机地融合在一起。

本书主要内容有：标准件和常用件、零件图、装配图、焊接图和展开图以及计算机绘图。与本书配套的《制图应用习题集》同时出版，可供读者选用。

本书可作为高等工科学校机械类、近机械类各专业的教材，也可供高等职业技术学院、成人教育学院的学生、高等教育自学考试的考生及工程技术人员使用。

图书在版编目（CIP）数据

制图应用/梁会珍，戚美，袁义坤主编 .—北京：机械工业出版社，2018.12（2024.7 重印）

普通高等教育“十三五”规划教材

ISBN 978-7-111-61464-7

Ⅰ.①制…　Ⅱ.①梁…　②戚…　③袁…　Ⅲ.①机械制图—高等学校—教材　Ⅳ.①TH126

中国版本图书馆 CIP 数据核字（2018）第 267347 号

机械工业出版社（北京市百万庄大街 22 号　邮政编码 100037）
策划编辑：王勇哲　责任编辑：王勇哲　余　皞
责任校对：张　薇　封面设计：马精明
责任印制：郜　敏
北京富资园科技发展有限公司印刷
2024 年 7 月第 1 版第 6 次印刷
184mm×260mm · 12.5 印张 · 307 千字
标准书号：ISBN 978-7-111-61464-7
定价：31.00 元

凡购本书，如有缺页、倒页、脱页，由本社发行部调换

电话服务	网络服务
服务咨询热线：010-88379833	机 工 官 网：www.cmpbook.com
读者购书热线：010-88379649	机 工 官 博：weibo.com/cmp1952
	教育服务网：www.cmpedu.com
封面无防伪标均为盗版	金 书 网：www.golden-book.com

前　言

为了适应我国制造业的迅速发展，改革传统的教学内容和课程体系已成为必然。本书根据教育部高等学校工程图学教学指导委员会最新制定的《高等学校工程图学课程教学基本要求》，吸取近年来教育改革的新成果，并结合当前在校生的实际情况和特点，总结多年来全体参编人员的教学经验编写而成。本书编者将工程制图课堂教学内容（制图基础）与该课程后续课程及相应实验教学内容（制图应用、零部件测绘）分册编写，突出教材的系统性、条理性，方便不同学时、不同专业教学选用，本套教材可广泛应用于高等工科学校机械类、近机械类专业。

“制图应用”是“制图基础”的后续课程，为方便使用，编者还同时配套编写了《制图应用习题集》。

本书主要用于课堂教学，内容紧扣本课程教学基本要求，突出实用性，强调“标准化”意识的建立，同时注重培养学生的空间思维能力、构形能力和创新能力。

本书的主要特点有：

1）贯彻现行《机械制图》《技术制图》国家标准，在编写中全面采用现行标准，凡在2017年12月底之前颁布实施的制图标准和相关标准，全部在本书中予以贯彻，保证了先进性。

2）精选传统内容，适当降低纯理论方面的要求，强化实用技能方面的训练，注重画图、看图能力的培养。

3）根据专业认证要求突出章节教学的知识目标和能力目标。

4）全部插图均使用AutoCAD精确绘制，为读者提供了大量的立体图，有助于培养学生的空间思维能力、构形能力和创新能力。

5）在文字叙述上力求简单通俗，在内容形式上做到图文并茂，确保插图清晰、精美，以便学生开展自主学习。

本书由山东科技大学梁会珍、戚美、袁义坤任主编，杨德星、顾东明、王瑞、李建楠、王逢德任副主编，参加编写工作的有苗伟、黄晓松、王立夫、付琪琪、黄常乘、赵彬杰、王伯韬。全书由山东科技大学王农教授主审，并提出了许多宝贵的修改意见，在此表示诚挚的感谢。

本书在编写及出版过程中，得到了山东科技大学教务处、机电学院和制图系的大力支持，在此表示感谢！

由于编者水平有限，书中难免出现错误和欠妥之处，敬请广大读者及同仁批评指正。

编　者

2018年6月

目 录

绪论

一、本课程的性质和任务

工程图样作为构思、设计与制造过程中工程信息的载体，准确地表达了工程对象的形状、尺寸、材料和技术要求。工程图样是制造机器、工程建筑施工等的主要依据，在机械设计、制造和建筑施工时都离不开图样。设计者通过图样表达设计思想，制造者依据图样加工制作、检验和调试，使用者则借助图样了解结构性能等。因此，工程图样是产品设计、生产和使用全过程信息的集合。同时，在国内和国际间进行工程技术交流以及传递技术信息时，工程图样也是不可缺少的工具，是工程界的技术语言。

本课程定位为以实践性教学为主的专业基础课，在前期学习“制图基础”相关投影理论的基础上，能够绘制与识读和实际工程机械相关的各种图样——诸如零件图、装配图、焊接图和展开图等其他图样，并获取所需信息；能够运用图形工具对机械零部件结构形状、装配连接关系等进行设计或表达维修的想法和意见；能够在图形工具的帮助下，更好地学习和理解后续的专业课程，从而更好地掌握和实践相应的机械设计和制造等专业技能。

计算机应用促进了图形学领域的发展，使传统的尺规绘图的工程图样转变为数字化的信息文件，带来了几乎所有领域的设计革命。为适应时代发展，本课程亦设置了针对计算机绘图技能的教学。

本课程的主要任务：

1）培养工程意识及贯彻、执行国家标准的意识。

2）培养对空间形体的形象思维和逻辑思维能力。

3）培养创造性构型设计能力。

4）强化仪器绘制、徒手绘制、计算机绘制和阅读工程图样的能力。

5）培养认真负责的工作态度和严谨细致的工作作风。

二、学习本课程的注意事项

本课程是一门既有理论又注重实践的专业基础课，在进行学习时应注意以下几点：

1）本课程的实践性较强，课后作业亦是本课程的重要环节。因此，课后及时完成相应的习题或作业，是学好本课程的有效方式。只有通过大量的实践，不断地“照物画图”和“依图想物”，才能不断提高画图与读图能力，提高空间思维能力和表达能力。

2）要重视实践，树立理论联系实际的学风。在课程学习过程中，应综合运用基础理论，表达和识读零件与装配体。既要用理论指导画图，又要通过画图实践加深对基础理论和作图方法的理解，以利于自身工程意识和工程素质的培养。

3）要重视学习并严格遵守《技术制图》和《机械制图》国家标准的相关内容，对常用的标准应该牢记并能熟练地运用。

4）计算机辅助设计（CAD）发展至今，在解决传统画法几何图示、图解问题时，其工作效率和准确性占有绝对优势，必须多学多练，熟练掌握 CAD 软件绘制工程图样的技能。

第一章　标准件和常用件

【知识目标】

1. 了解螺纹紧固件的种类、用途、标记及规定画法。
2. 掌握螺纹紧固件连接的画法。
3. 掌握直齿圆柱齿轮及其啮合的画法。
4. 掌握普通平键和销的标记及其连接的画法。
5. 了解常用滚动轴承的类型、代号、简化画法和规定画法。
6. 了解螺旋压缩弹簧的规定画法。

【能力目标】

1. 能根据螺纹的特殊表示法，绘制螺栓连接、螺柱连接以及螺钉连接的装配图。
2. 能根据齿轮的特殊表示法、键和销的画法、滚动轴承的特殊表示法以及弹簧的规定画法，绘制以上零件在阶梯轴上的装配图。

在机器和设备上，会经常用到螺栓、螺钉、螺母、垫圈、键、销、齿轮、滚动轴承和弹簧等，这些零件的应用极为广泛。为了便于批量生产和使用，由国家和行业制定标准，把它们的结构、尺寸、画法和标记已全部或部分标准化了。完全标准化的称为标准件，根据标准件的代号和标记，可以从相应的国家标准中查出全部尺寸。部分标准化的如齿轮、弹簧等称为常用件。本章主要介绍标准件和常用件的基本知识、规定画法、代号和标注。

第一节　螺　纹

一、螺纹的形成

螺纹是指在圆柱（或圆锥）回转面上沿着螺旋线所形成的具有相同轴向剖面形状的连续凸起和沟槽。在圆柱（或圆锥）外表面上所形成的螺纹称外螺纹；在圆柱（或圆锥）孔内表面上所形成的螺纹称内螺纹。螺栓和螺母上的螺纹分别是外螺纹和内螺纹。

螺纹的加工方法很多，在车床上车削螺纹，是最常见的一种螺纹加工方法。如图 1-1 所示为加工外螺纹和内螺纹的过程。工件作匀速旋转，螺纹车刀切入工件作匀速直线运动，刀尖相对于工件形成螺旋线运动，在工件表面上加工出螺纹。加工直径较小的螺孔，可先用钻头钻出光孔，再用丝锥（图 1-1c）加工出内螺纹。

相邻牙侧间的材料实体称为牙体；连接两个相邻牙侧的牙体顶部表面即螺纹凸起的顶端，称为牙顶；连接两个相邻牙侧的牙槽底部表面即螺纹沟槽的底部，称为牙底。对于外螺纹来说，通过牙顶的假想圆柱面的直径为螺纹的大径，通过牙底的假想圆柱面的直径为螺纹的小径，内螺纹则相反。而螺纹中径则是通过牙型上沟槽和凸起宽度相等的假想圆柱面的直径。螺纹各部分名称如图 1-2 所示。

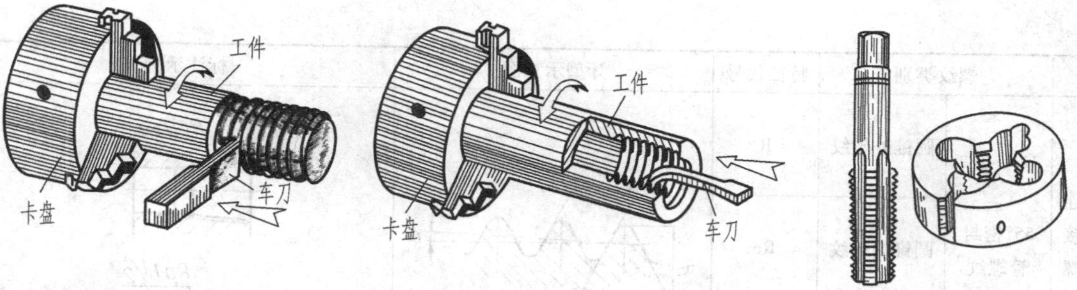

a) 在车床上加工外螺纹　　b) 在车床上加工内螺纹　　c) 手工加工螺纹用的工具

图 1-1　螺纹的加工

二、螺纹的要素（GB/T 14791—2013）

单个螺纹无使用意义，只有内、外螺纹旋合到一起，形成一对螺纹副，才能起到应有的连接作用，而内、外螺纹旋合必须具备相同的螺纹要素，具体如下：

1. 牙型

在螺纹轴线平面内的螺纹轮廓形状称为牙型。常用的牙型有三角形、梯形、锯齿形和方形等，螺纹牙型不同，用途也不同，见表 1-1。牙型角为 60°、牙型为等边三角形的螺纹称为普通螺纹，用于连接零件；牙型角为 55° 的管螺纹，用于连接管道；牙型为等腰梯形的梯形螺纹，用于传递动力；而锯齿形螺纹则用于单方向传递动力。

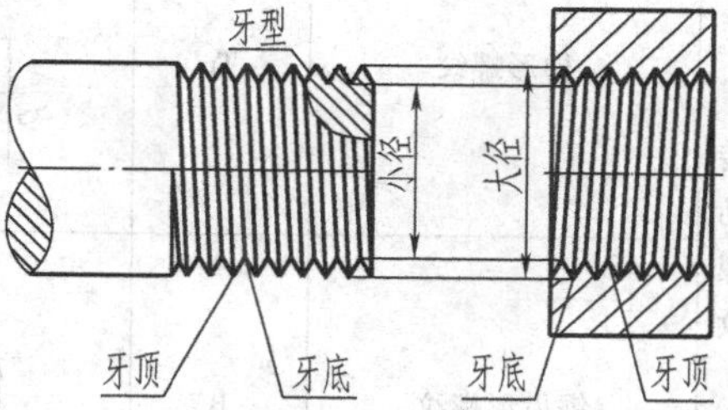

a) 外螺纹　　b) 内螺纹

图 1-2　螺纹各部分名称

表 1-1　常见螺纹的类别、特征代号、牙型及标注示例

	螺纹类别	特征代号	牙型示意图	标注示例
连接螺纹	普通螺纹	M	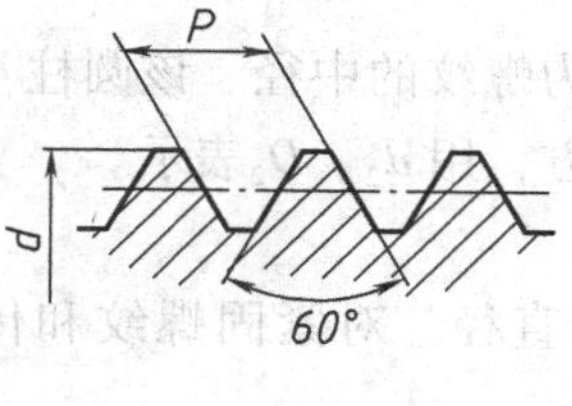P d 60°	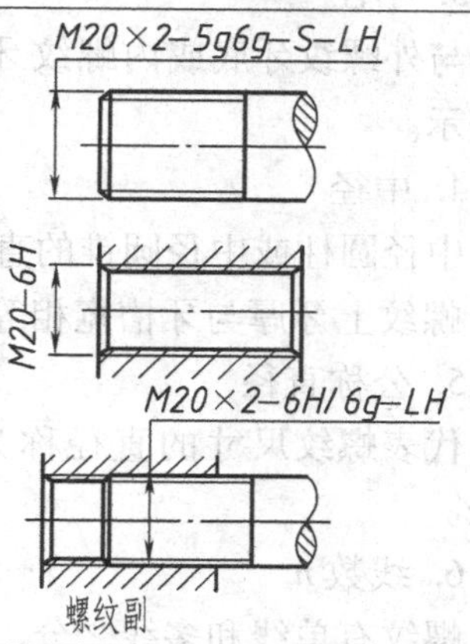M20×2–5g6g–S–LH M20–6H M20×2–6H/6g–LH 螺纹副
	55°非密封管螺纹	G	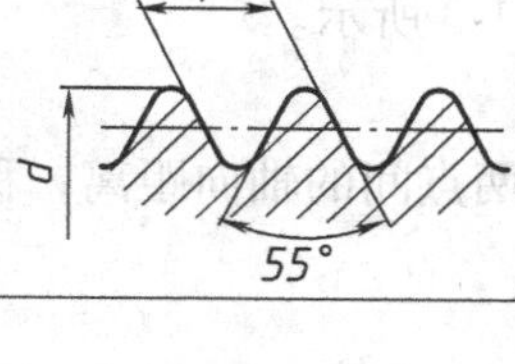P d 55°	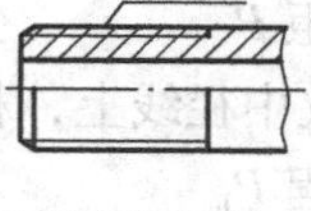G1/2A

（续）

螺纹类别			特征代号	牙型示意图	标注示例
连接螺纹	55°密封管螺纹	圆锥外螺纹	R	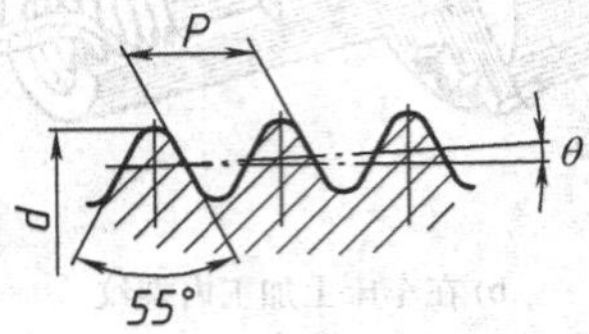	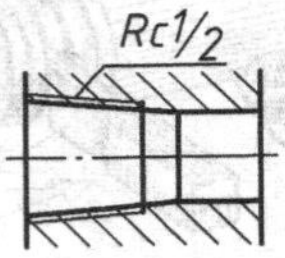
		圆锥内螺纹	Rc		
		圆柱内螺纹	Rp		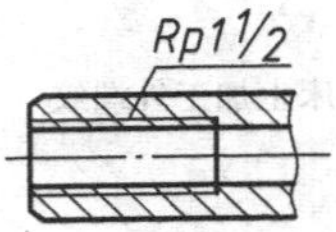
传动螺纹	梯形螺纹		Tr	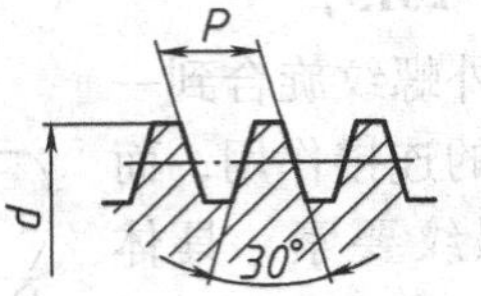	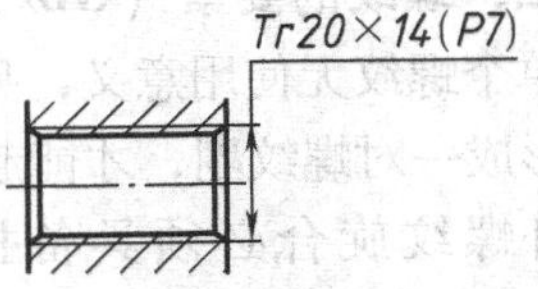
	锯齿形螺纹		B	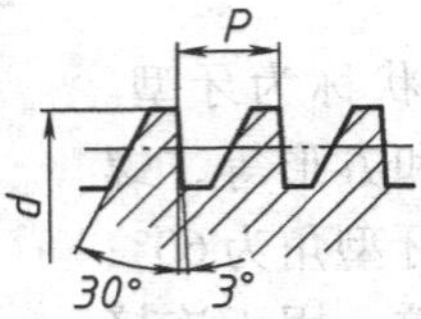	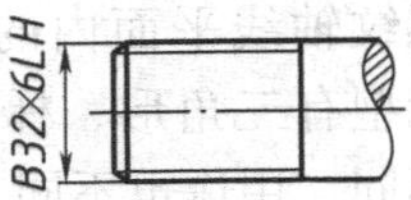

2. 大径

与外螺纹牙顶或内螺纹牙底相切的假想圆柱或圆锥的直径，称为螺纹的大径用 d、D 表示（外螺纹用小写字母，内螺纹用大写字母）。

3. 小径

与外螺纹牙底或内螺纹牙顶相切的假想圆柱或圆锥的直径，称为螺纹的小径，用 d_1、D_1表示。

4. 中径

中径圆柱或中径圆锥的直径称为螺纹的中径。该圆柱（或圆锥）母线通过圆柱（或圆锥）螺纹上牙厚与牙槽宽相等的地方，用 d_2、D_2表示。

5. 公称直径

代表螺纹尺寸的直径称为公称直径。对紧固螺纹和传动螺纹，其大径是螺纹的公称直径。

6. 线数 n

螺纹有单线和多线之分，只有一个起始点的螺纹，称为单线螺纹；具有两个或两个以上起始点的螺纹，称为多线螺纹，如图 1-3 所示。

7. 螺距 P

在螺纹中径线上，相邻两牙对应两点间的轴向距离，称为螺距。

8. 导程 P_h

同一螺旋线上，螺纹中径线上相邻两牙对应两点间的轴向距离，称为导程，如图 1-3 所示。对于单线螺纹：导程=螺距；对于多线螺纹：导程=螺距×线数。

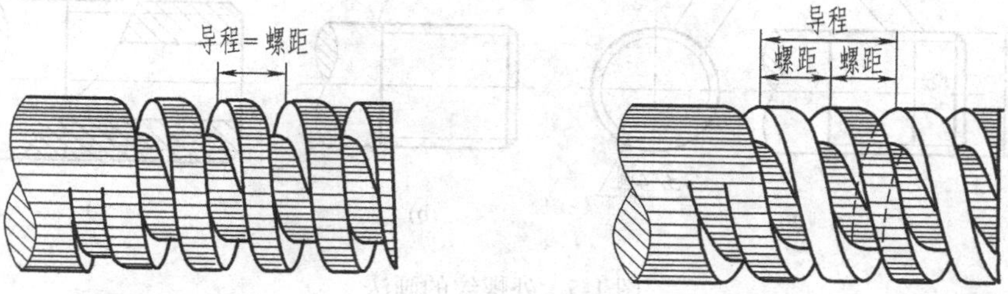

a) 单线螺纹　　b) 双线螺纹

图 1-3　螺纹线数、螺距和导程

9. 旋向

螺纹分左旋和右旋两种，当内外螺纹旋合时，顺时针方向旋入者为右旋，逆时针方向旋入者为左旋。其旋向判断方法如图 1-4 所示。工程上常用右旋螺纹。

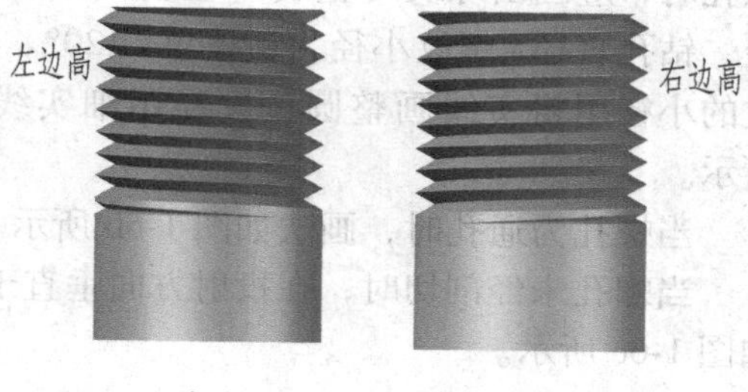

a) 左旋　　b) 右旋

图 1-4　螺纹的旋向

国家标准对螺纹的牙型、公称直径、螺距做了统一规定。凡是牙型、公称直径和螺距均符合国标规定的螺纹，称为标准螺纹（如普通螺纹、梯形螺纹、锯齿形螺纹等）；牙型符合国标规定，公称直径和螺距不符合国标规定的螺纹，称为特殊螺纹；牙型不符合国标规定的螺纹，称为非标准螺纹（如方形螺纹）。

三、螺纹的规定画法

螺纹的形状由牙型、公称直径和螺距等参数确定，其真实投影比较复杂，绘图时不必按其真实投影画出，GB/T 4459. 1—1995《机械制图　螺纹及螺纹紧固件表示法》对螺纹和螺纹紧固件规定了画法。

1. 外螺纹的规定画法

在投射方向垂直于螺纹轴线的视图上，螺纹的大径（牙顶）用粗实线绘制；小径（牙底）用细实线绘制，并应画入倒角区，小径通常画成大径的 0. 85，但大径较大或画细牙螺纹时，小径数值应查国家标准；螺纹终止线用粗实线表示。在投影为圆的视图上，螺纹的大径用粗实线画整圆，小径用细实线画约 3/4 圆表示，轴端的倒角圆省略不画，如图 1-5a 所示。

螺尾部分一般不必画出，当需要表示螺纹收尾时，螺尾处用与轴线成 30°角的细实线绘制，如图 1-5b 所示。

在水管、油管、煤气管等管道中，常使用管螺纹连接。管螺纹的画法如图 1-5c 所示，在投射方向垂直于螺纹轴线的视图上取剖视，剖面线画到牙顶（大径）处。

2. 内螺纹的规定画法

一般把投射方向垂直于螺纹轴线的视图画成全剖视图，螺纹的大径（牙底）用细实线

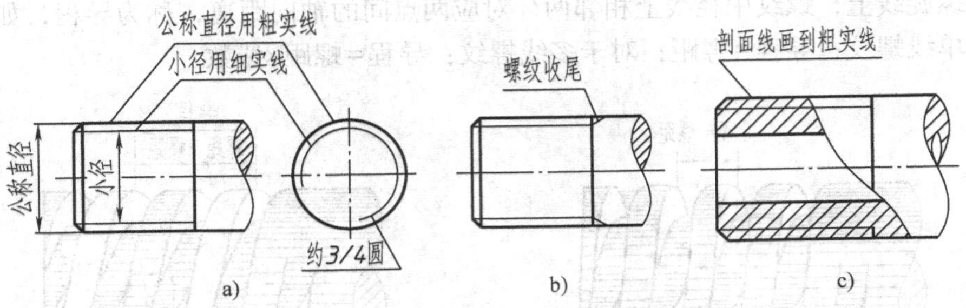

图 1-5 外螺纹的画法

绘制；小径（牙顶）用粗实线绘制且不画入倒角区，小径尺寸计算同外螺纹。在绘制不通螺孔时，应画出螺纹终止线（粗实线）和钻孔深度线，钻孔深度=螺孔深度+0.5×螺纹大径，钻孔直径=螺纹小径，钻顶角=120°。剖面线要画到粗实线。在投影为圆的视图上，螺纹的小径用粗实线画整圆；大径用细实线画约 3/4 圆表示，倒角圆省略不画，如图 1-6a 所示。

当螺孔为通孔时，画法如图 1-6b 所示。

当螺孔未经剖切时，在投射方向垂直于螺纹轴线的视图上，所有的图线均用虚线画出，如图 1-6c 所示。

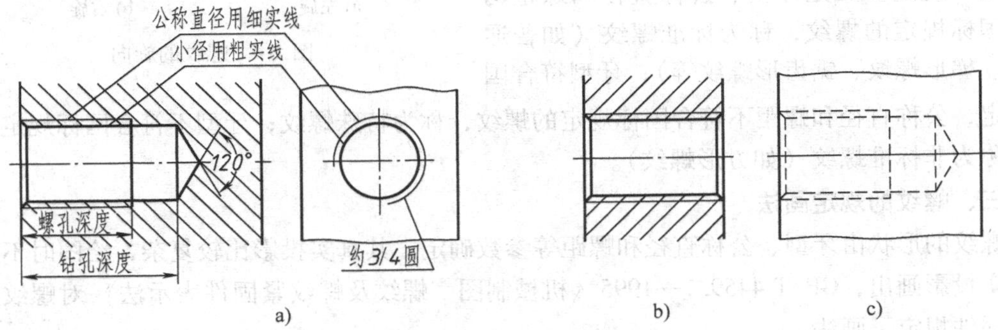

图 1-6 内螺纹的画法

3. 螺纹连接的规定画法

内外螺纹连接时，常采用全剖视图画出，其旋合部分按外螺纹画，其余部分按各自的规定画法绘制。应该注意的是：表示螺纹大、小径的粗、细实线应分别对齐，而与倒角的大小无关，如图 1-7 所示。标准画法规定：当沿外螺纹的轴线剖开时，螺杆作为实心零件按不剖绘制。

4. 螺纹牙型的表示方法

当需要表示螺纹牙型时，可采用局部剖视图或按局部放大图的形式绘制，如图 1-8 所示。对非标准螺纹，应标注出所需的尺寸及有关要求。

5. 螺孔相贯的表示方法

规定只画螺孔小径的相贯线，如图 1-9 所示。

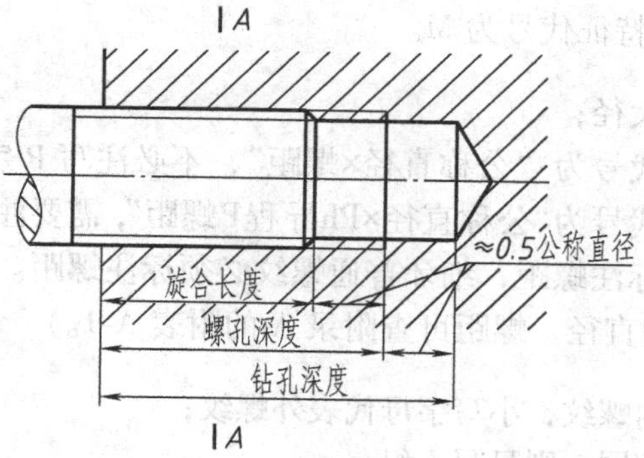

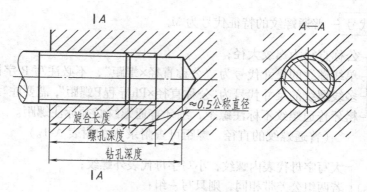

图 1-7　螺纹连接的规定画法

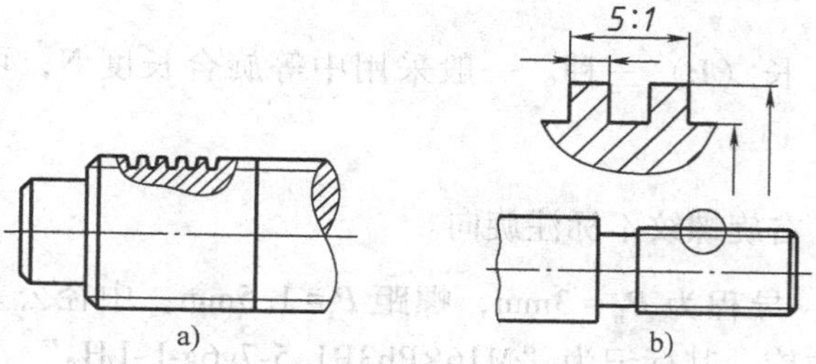

图 1-8　螺纹牙型的表示法

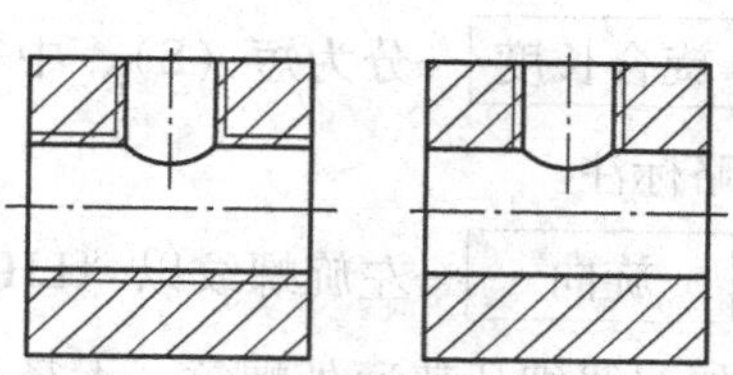

图 1-9　螺孔中相贯线的画法

四、螺纹的分类和标注

1. 螺纹的分类

螺纹按用途分为连接螺纹和传动螺纹两类，前者起连接作用，后者用于传递动力和运动。常见螺纹的分类如下：

- 螺纹
  - 连接螺纹
    - 普通螺纹
      - 粗牙普通螺纹
      - 细牙普通螺纹
    - 管螺纹
      - 非螺纹密封的管螺纹
      - 用螺纹密封的管螺纹
  - 传动螺纹
    - 梯形螺纹（传递双向动力）
    - 锯齿形螺纹（传递单向动力）

2. 标准螺纹的规定标记

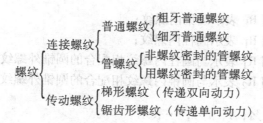

螺纹按国标的规定画法画出后都是相同的，无法表示出螺纹的种类和要素，必须要对螺纹进行标记。各种常用螺纹的标记方式及标记示例见表 1-1。

（1）普通螺纹的标记（GB/T 14791—2013）

单线螺纹：特征代号　公称直径×螺距-中径公差带顶径公差带-螺纹旋合长度-旋向

多线螺纹：特征代号 公称直径×Ph 导程 P 螺距-中径公差带顶径公差带-螺纹旋合长度-旋向

螺纹特征代号　尺寸代号　公差带代号　旋合长度　旋向

具体的标记规则如下：

螺纹特征代号—普通螺纹的特征代号为 M。

尺寸代号
- 公称直径为螺纹大径；
- 单线螺纹的尺寸代号为“公称直径×螺距”，不必注写 P 字样；
- 多线螺纹的尺寸代号为“公称直径×Ph导程P螺距”，需要注写“Ph”“P”字样；
- 粗牙普通螺纹不标注螺距，细牙普通螺纹必须标注螺距。

（普通螺纹的直径、螺距可查附录 A 的附表 A-1。）

公差带代号
- 大写字母代表内螺纹，小写字母代表外螺纹；
- 若两组公差带相同，则只写一组；
- 常用的中等公差精度螺纹(公称直径≥1. 6mm的6g和6H)不标注公差带代号；
- 对于螺纹副，其公差带代号用斜线分开，例如：M20×2-6H/6g。

旋合长度—分为短（S）、中等（N）、长（L）三种。一般采用中等旋合长度 N，可以省略标注。

旋向—左旋螺纹以“LH”表示，右旋螺纹不标注旋向。

如双线细牙普通外螺纹，大径为 16mm，导程为 $P_h = 3$mm，螺距 $P = 1.5$mm，中径公差带为 7g，顶径公差带为 6g，长旋合长度，左旋，其标记为“M16×Ph3P1. 5-7g6g-L-LH。”

（2）管螺纹　管螺纹是位于管壁上用于管子连接的螺纹，非密封管螺纹连接由圆柱外螺纹和圆柱内螺纹旋合获得，密封管螺纹连接由圆锥外螺纹和圆锥内螺纹或圆柱内螺纹旋合获得。

1）55°密封管螺纹标记（GB/T 7306. 1—2000、GB/T 7306. 2—2000 和 GB/T 7307—2001）

螺纹特征代号 尺寸代号 旋向代号　（注意：中间无半字线）。

螺纹特征代号
- 用 Rc 表示圆锥内螺纹；
- 用 Rp 表示圆柱内螺纹；
- 用 R_1 表示与圆柱内螺纹相配合的圆锥外螺纹；
- 用 R_2 表示与圆锥内螺纹相配合的圆锥外螺纹。

尺寸代号—用½，¾，1，1½，…表示。

旋向代号—左旋螺纹以“LH”表示，右旋螺纹不标注旋向。

2）55°非密封管螺纹标记（GB/T 7307—2001）

螺纹特征代号 尺寸代号 公差等级代号 - 旋向代号（注意：最后两部分中间有半字线。）

螺纹特征代号—用 G 表示。

尺寸代号—用½，¾，1，1½，…表示。

公差等级代号—对外螺纹分 A、B 两级标记，内螺纹公差带只有一种，所以不加标记。

旋向代号 ─ 右旋螺纹不标注旋向；
当螺纹为左旋时，在外螺纹的公差等级代号之后加注“-LH”；
在内螺纹的尺寸代号之后加注“LH”。

具体的标注规则：

管螺纹特征代号见表 1-1。尺寸代号并不表示管螺纹的大径，而是约等于管子的孔径，以英寸为单位，标注时不标写单位。若确定管子的大径、小径及螺距的数值，可根据尺寸代号查附表 A-3。管螺纹标注一律从大径处引出，注在引出线上。表示螺纹副时，仅标注外螺纹的标记代号。

（3）梯形螺纹、锯齿形螺纹

梯形螺纹（GB/T 5796.4—2005）、锯齿形螺纹（GB/T 13576—1992）的标记格式为：

单线螺纹：特征代号　公称直径×螺距旋向-中径公差带代号 -旋合长度

多线螺纹：特征代号　公称直径×导程（P 螺距）旋向-中径公差带代号 -旋合长度

具体的标记规则如下：

1）特征代号部分：

梯形螺纹的特征代号为 Tr，锯齿形螺纹的特征代号为 B；公称直径为螺纹的大径；左旋螺纹加旋向代号“LH”，右旋螺纹的旋向省略。

2）中径公差带代号与普通螺纹的标注方法相同。对于螺纹副，其公差带代号用斜线分开，例如：梯形螺纹 Tr36×6-7H/7e、锯齿形螺纹 B40×7-7A/7e。

3）按公称直径和螺距大小，旋合长度分为中、长两种，分别用 N 和 L 表示，当为中等旋合长度时，N 可省略。

如公称直径为 40mm，导程为 14mm，螺距为 7mm 的双线左旋梯形螺纹（外螺纹），中径公差带代号为 8e，长旋合长度，其标记为“Tr40×14(P7)LH-8e-L”。

第二节　螺纹紧固件

螺栓、螺柱、螺钉、螺母和垫圈等统称为螺纹紧固件，如图 1-10 所示。它们是标准件，其结构和尺寸已全部标准化，并由专门工厂大量生产，根据规定标记可在相应的标准中查出

图 1-10　常用的螺纹紧固件

有关尺寸，因此不需要详细画出它们的零件图，使用单位可按要求根据有关标准选用。螺纹紧固件的结构及各部分尺寸详见附录 B 中的附表 B-1~附表 B-10。

一、螺纹紧固件的标记

根据 GB/T 1237—2000 的规定，紧固件有完整标记和简化标记两种标记方法。完整标记形式如下：

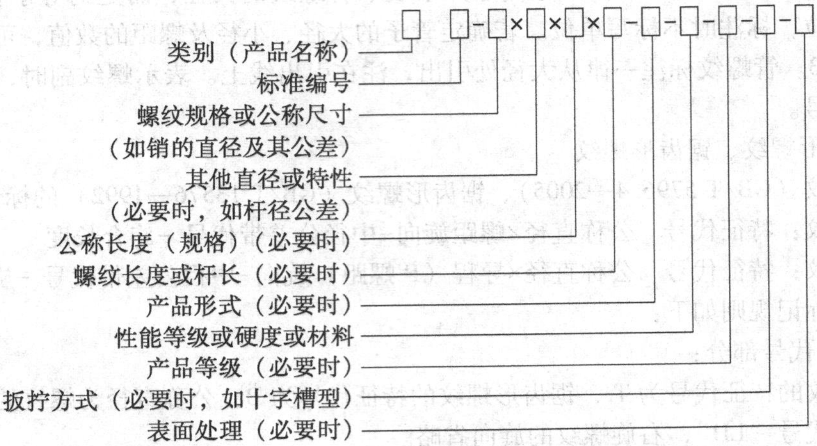

如六角头螺栓公称直径 d = 10mm，公称长度为 45mm，性能等级为 10.9 级，产品等级为 A 级，表面氧化。其完整标记为：螺栓 GB/T 5782 - 2000 - M10×45 - 10.9 - A - O

上述螺栓的标记可简化为：螺栓 GB/T 5782 - 2000 M10×45

还可进一步简化为：GB/T 5782 M10×45

常用螺纹紧固件的标记示例见表 1-2。

表 1-2 常用螺纹紧固件标记示例

名称及视图	六角头螺栓 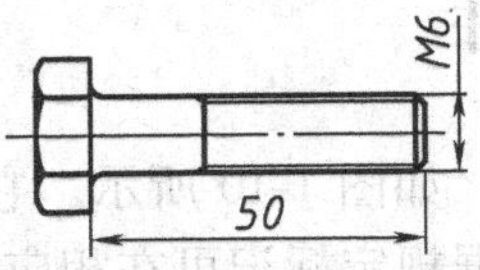	双头螺柱（B 型） 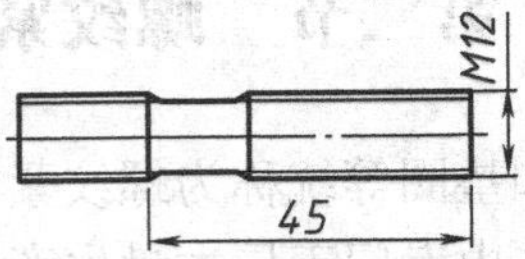	内六角圆柱头螺钉 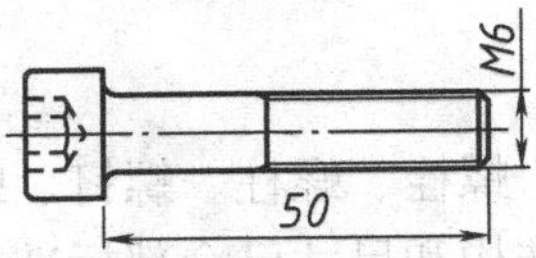
标记示例	螺栓 GB/T 5782 M6×50	螺柱 GB/T 899 M12×45	螺钉 GB/T 70.1 M6×50
名称及视图	开槽沉头螺钉 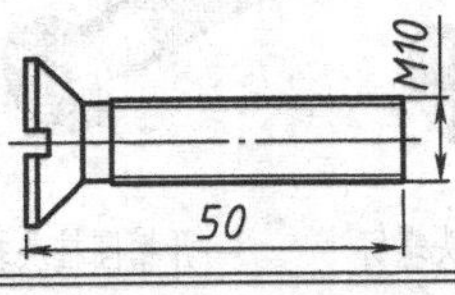	开槽圆柱头螺钉 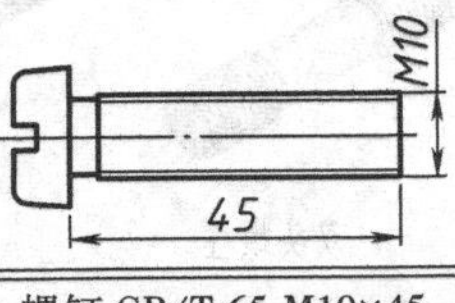	开槽锥端紧定螺钉 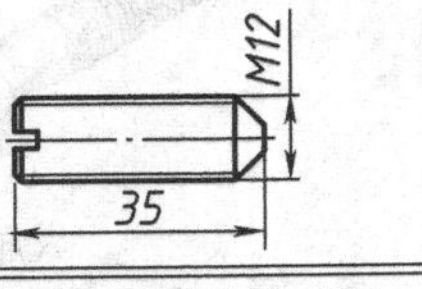
标记示例	螺钉 GB/T 68 M10×50	螺钉 GB/T 65 M10×45	螺钉 GB/T 71 M12×35
名称及视图	I 型六角螺母 	平垫圈 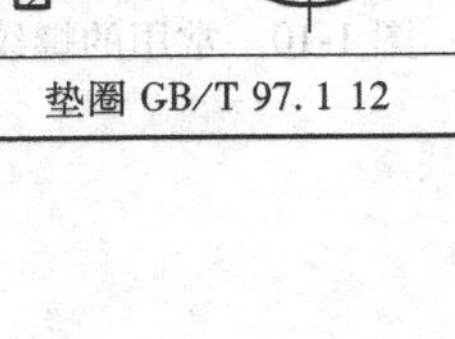	弹簧垫圈 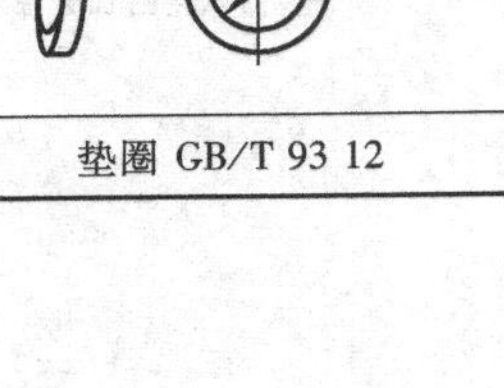
标记示例	螺母 GB/T 6170 M12	垫圈 GB/T 97.1 12	垫圈 GB/T 93 12

二、螺纹紧固件的画法

螺纹紧固件的画法一般有两种，一种是根据螺纹紧固件的公称直径查表，得出各部分尺寸，按尺寸画图；另一种是用螺纹公称直径（d、D）按比例计算各部分尺寸，按近似画法画出。为作图方便，螺纹紧固件通常采用近似画法，其比例和画法如图 1-11 所示。

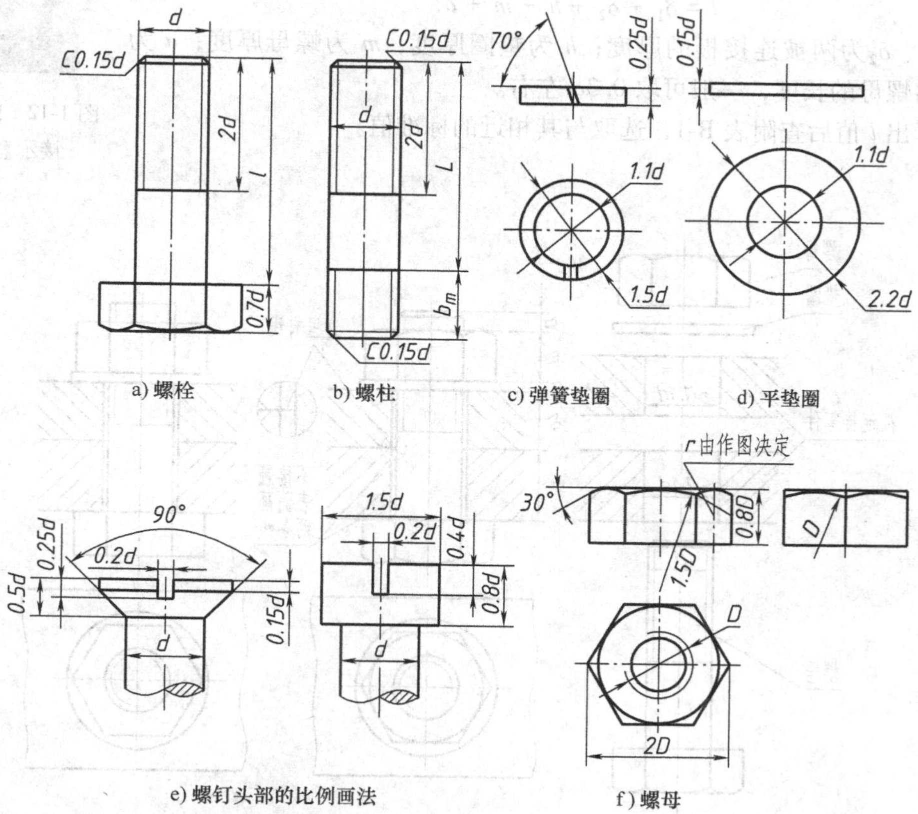

图 1-11　常用螺纹紧固件的比例画法

三、常用螺纹紧固件连接的画法

螺纹紧固件连接的基本形式有：螺栓连接、双头螺柱连接、螺钉连接，常按比例画法绘制紧固件连接图（装配图），即连接图中各部分的尺寸与螺纹公称直径 d 成一定的比例。画图时应遵守下列规定：

1）两零件的接触面画一条线，不接触面画两条线。

2）剖视图中，被连接的相邻两零件剖面线方向相反，或方向一致而间隔不同；同一零件的剖面线倾斜方向和间隔在各剖视图中应保持一致。

3）当剖切平面通过螺纹紧固件的轴线时，这些零件均按不剖绘制（仅画外形）。

1. 螺栓连接

螺栓连接用于连接两个不太厚且已加工成通孔（孔径为 $1.1d$）的零件，如图 1-12 所示。螺栓穿入两个零件的通孔（光孔），套上垫圈，然后旋紧螺母。垫圈的作用是防止损伤零件表面，并能增加支承面积，使其受力均匀。

如图 1-13a 所示为螺栓连接前连接件的结构图，如图 1-13b 所示为螺栓连接装配图的画法。在装配图中，也可采用如图 1-13c 所示的简化画法。

图 1-12 螺栓连接示意图

其中螺栓的公称长度 l 可按下式求出

$$l=\delta_1+\delta_2+h+m+a$$

式中，δ_1、δ_2 为两被连接板的厚度；h 为垫圈厚度；m 为螺母厚度；a 为螺栓伸出螺母的长度，一般可取 $0.3d$ 左右。

计算出 l 值后查附表 B-1，选取与其相近的标准值。

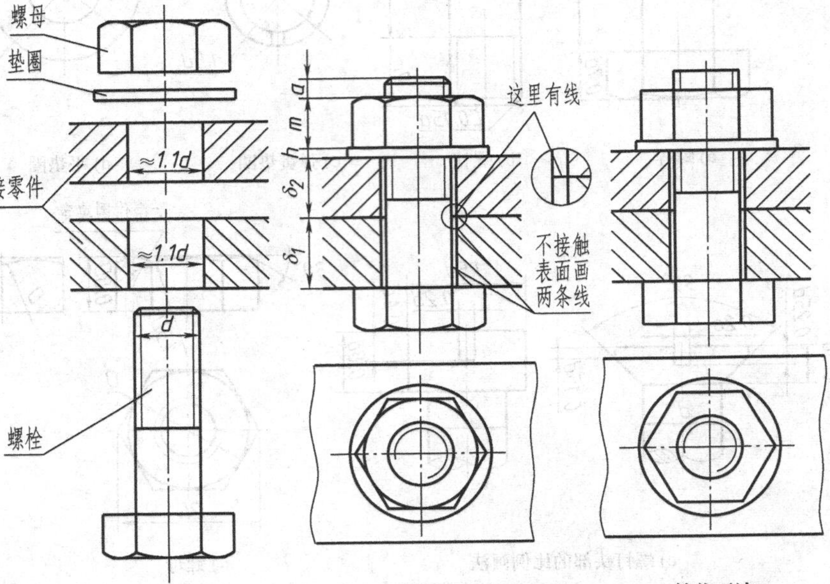

a) 连接前　b) 连接后　c) 简化画法

图 1-13 螺栓连接的画法

2. 螺柱连接

当两个被连接件其中一个较厚，或因结构的限制不适宜用螺栓连接时，常采用双头螺柱连接，如图 1-14a 所示。双头螺柱的两端都有螺纹，一端（旋入端）旋入较厚零件的螺孔中，另一端（紧固端）穿过另一零件上的通孔，套上垫圈，用螺母拧紧。

如图 1-14b 所示为双头螺柱连接装配图的比例画法。从图中可以看出，上端紧固部分与螺栓连接相同，下端旋入部分与内外螺纹连接画法一致，螺纹终止线与接合面平齐，表示旋入端已足够拧紧。弹簧垫圈的开口按与水平线成 70° 角，从左上向右下倾斜绘制，或用 $2d$ 宽的粗线绘制。

螺柱的公称长度 l 可按下式求出

$$l=\delta+h+m+a$$

式中各参数值与螺栓连接类似。计算出 l 值后也应查附表 B-2，选取与其相近的标准值。

旋入端螺纹长度 b_m 应根据旋入零件的材料选用，标准规定有三种：钢或青铜 $b_m=d$（GB 897—88），铸铁 $b_m=1.25d$（GB 898—88）或 $b_m=1.5d$（GB 899—88），铝 $b_m=2d$（GB 900—88）。螺孔的长度为 $b_m+0.5d$，光孔比螺孔长 $0.5d$。

3. 螺钉连接

螺钉的种类很多，按其用途可分为连接螺钉和紧定螺钉，前者用来连接零件，后者主要用来固定零件。连接螺钉由钉头和钉杆组成，按钉头形状可分为开槽盘头、开槽沉头和内六角圆柱头螺钉，紧定螺钉按其前端形状可分为锥端、平端和长圆柱端紧定螺钉等，如图 1-10 所示。

（1）连接螺钉　连接螺钉用于连接不经常拆卸，并且受力不大的零件，如图 1-15 所示。螺钉连接的两零件一个较薄、一个较厚，连接的形式与双头螺柱连接相似，先将螺钉杆部穿过一个零件的通孔而旋入另一个零件的螺孔，依靠螺钉头部把两被连接零件压紧。如图 1-16 所示为螺钉连接的画法。

螺钉的有效长度 l 应按下式计算

$l=\delta+b_m$（b_m 根据旋入零件的材料而定，见双头螺柱）

画螺钉连接图时，应注意以下几点：

1）为了使螺钉头能压紧被连接零件，螺钉的螺纹终止线应高出螺孔的端面，画在盖板范围内，表示盖板已压紧，如图 1-16a 所示，或在螺杆的全长上都有螺纹，如图 1-16b 所示。

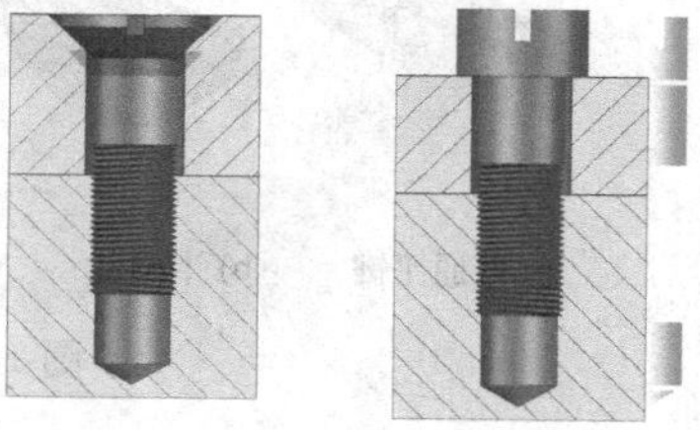

图 1-15　螺钉连接示意图

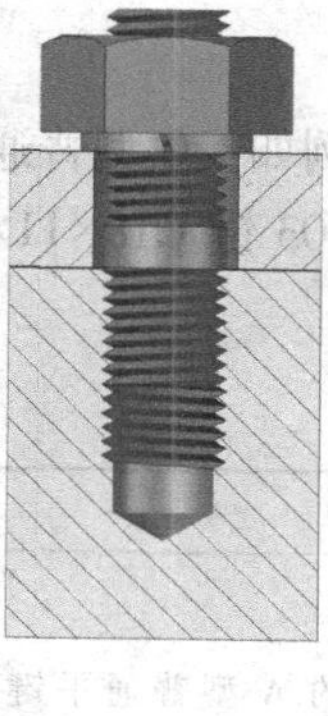

a) 螺柱连接

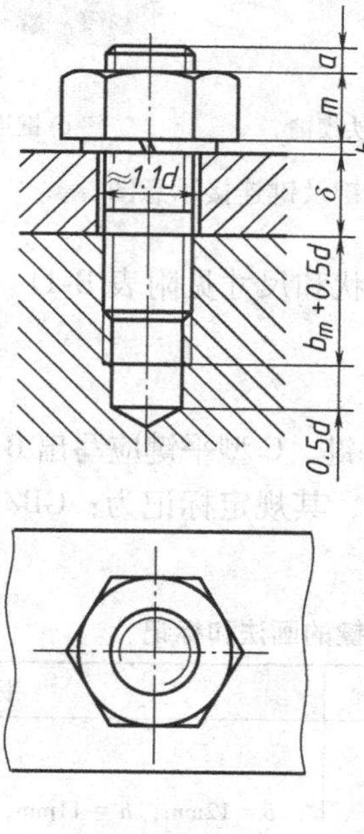

b) 螺柱连接的画法

图 1-14　双头螺柱连接

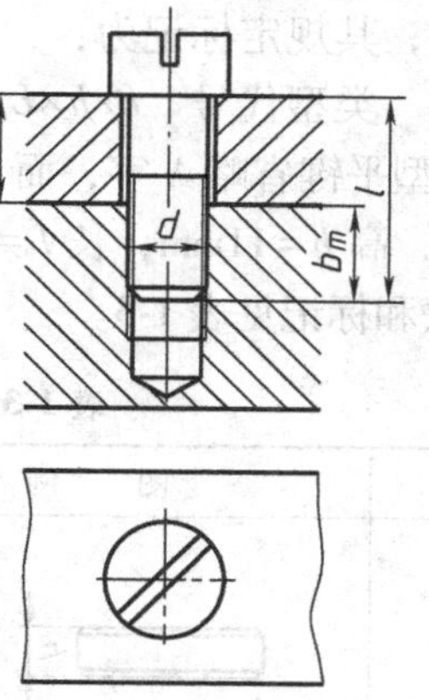

a)

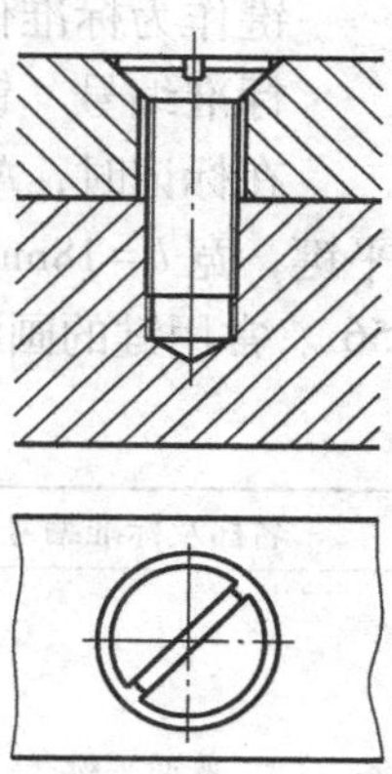

b)

图 1-16　螺钉连接的画法

2）在投影为圆的视图中，螺钉头部的一字槽应绘制成与中心线倾斜45°，在非圆视图上槽应放正。当槽宽度小于等于2mm时，其投影用涂黑表示。

3）一字槽沉头螺钉以锥面作为螺钉的定位面。

（2）紧定螺钉　紧定螺钉用来固定两个零件的相对位置，使它们不产生相对运动。如图1-17所示为紧定螺钉连接的例子，表示用开槽锥端紧定螺钉限定轮和轴的相对位置，使螺钉端部的90°锥顶角与轴上的90°锥坑压紧，使轴和轮不产生轴向相对移动。

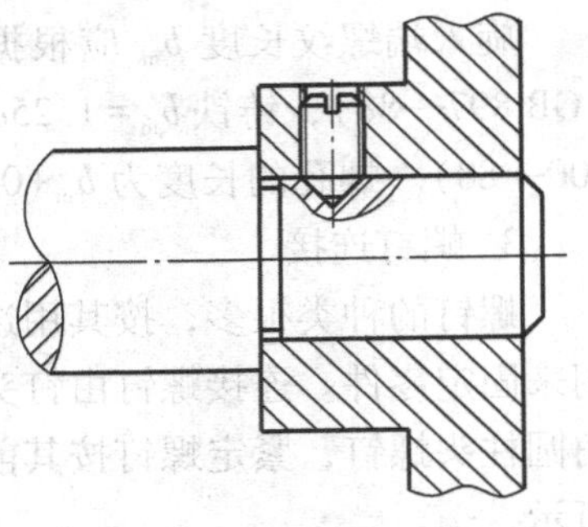

图1-17　紧定螺钉连接

第三节　键和销连接

键和销的结构、尺寸都已标准化，是标准件。

一、键连接

1. 键的种类和标记

键通常用来连接轴和装在轴上的转动零件（如齿轮、带轮等），起传递转矩的作用。常用的键有普通平键、半圆键和钩头楔键等，如图1-18所示，其中普通平键最常见。

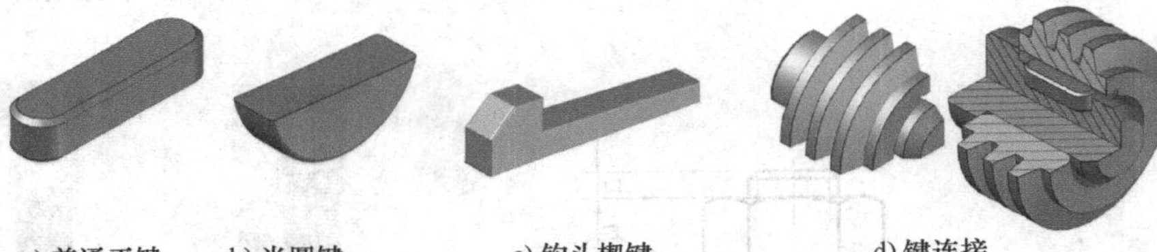

a) 普通平键　b) 半圆键　c) 钩头楔键　d) 键连接

图1-18　常用的键及键连接示意图

普通平键的形式有A、B、C三种，其形状和尺寸见附表B-11。

键作为标准件，其规定标记为：

标准编号　键　类型代号　$b \times h \times L$

在标记时，A型平键省略A字，而B型平键、C型平键应写出B或C字。例如：C型普通平键，宽$b=18$mm，高$h=11$mm，长$L=56$mm，其规定标记为：GB/T 1096—2003 键 C18×11×56。常用键的画法和标记见表1-3。

表1-3　常用键的画法和标记

名称及标准编号	图　例	标记示例
普通平键 GB/T 1096—2003	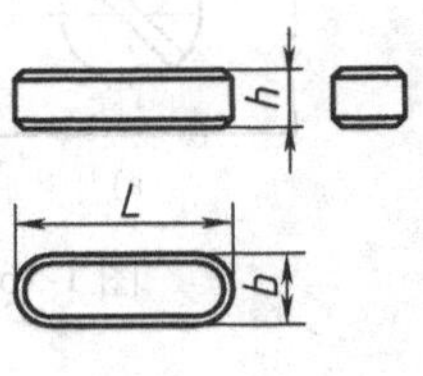	$b=12$mm，$h=11$mm，$L=100$mm 的 A 型普通平键标记： GB/T 1096 键 12×11×100

（续）

名称及标准编号	图　例	标记示例
半圆键 GB/T 1099.1—2003	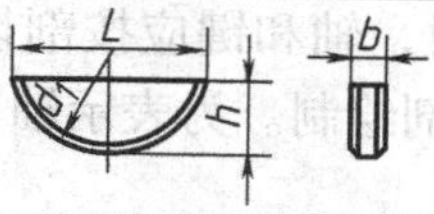	b=6mm，h=10mm，，d_1=25mm 的半圆键标记： GB/T 1099.1 键 6×10×25
钩头楔键 GB/T 1565—2003	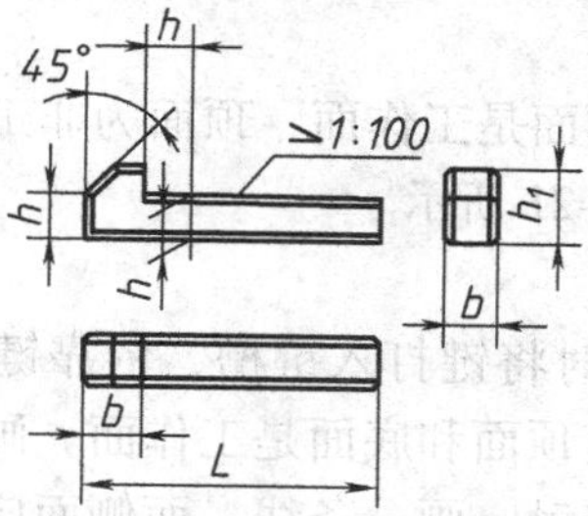	b=18mm，h=11mm，L=100mm 的钩头楔键标记： GB/T 1565 键 18×100

附表 B-11 和附表 B-12 分别为普通平键和半圆键的类型及有关尺寸。

图 1-19a、图 1-19b 和图 1-19c 分别表示普通平键及轴和轮上键槽的画法及尺寸注法。图 1-19 中的 b、h、L、t_1 及 t_2 应根据工作条件，查阅附表 B-11 按标准选取。

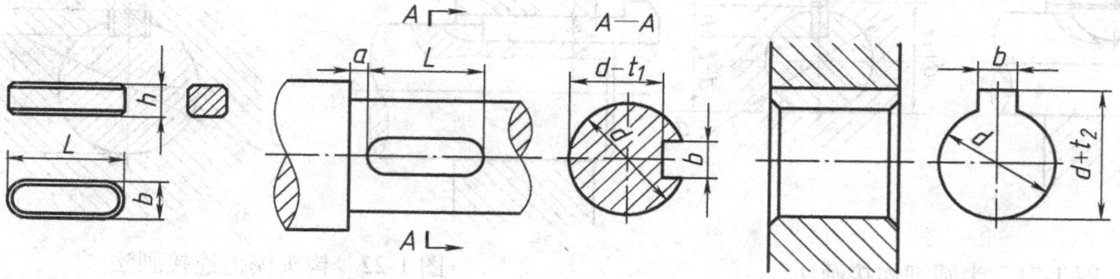

图 1-19　键、键槽的画法及尺寸注法

2. 普通平键连接的画法

采用普通平键连接时，先把平键嵌入轴的键槽内，再把轴与键对准轮毂孔上的键槽插入。键的两侧面是工作面，与轴、轮毂的键槽两侧面紧密接触，键的顶面为非工作面，与轮毂键槽的顶面留有一定间隙。如图 1-20c 所示为轴和轮毂采用普通平键连接的装配画法，画图时应注意：

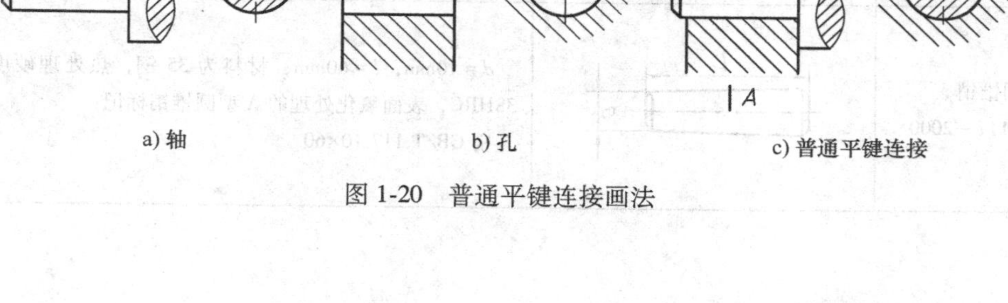

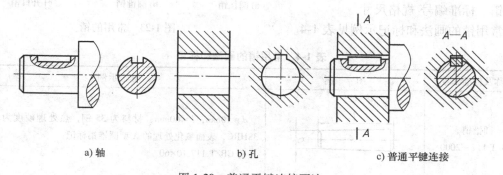

图 1-20　普通平键连接画法

1）键的两侧及下底面与轴和轮上相应表面接触，接触面画一条线。

2）键的顶面与轮上键槽的底面有间隙，应画两条线。

3）当剖切平面垂直于轴线或将键横向剖切时，轴和键应按剖切画剖面线：当剖切平面通过轴的轴线或沿键纵向剖切时，轴和键均按不剖绘制。为表示轴上键槽及轴和键的连接关系，可采用局部剖视。

3. 半圆键连接的画法

半圆键的连接与普通平键类似，键的两侧面是工作面，顶面为非工作面，应与轮毂键槽的顶面留有一定间隙，半圆键连接画法如图 1-21 所示。

4. 钩头楔键连接的画法

钩头楔键的顶面有 1∶100 的斜度，装配时将键打入键槽，依靠键的顶面和底面与轴和轮毂键槽之间挤压的摩擦力来连接，因此，其顶面和底面是工作面。画图时键的底面和顶面分别与轴上键槽的底面、轮毂上键槽的顶面接触，画一条线，而侧面应有间隙。钩头楔键连接的画法如图 1-22 所示。

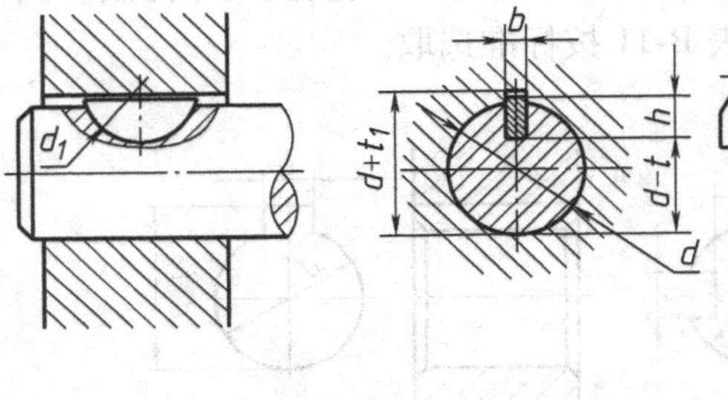

图 1-21　半圆键连接画法

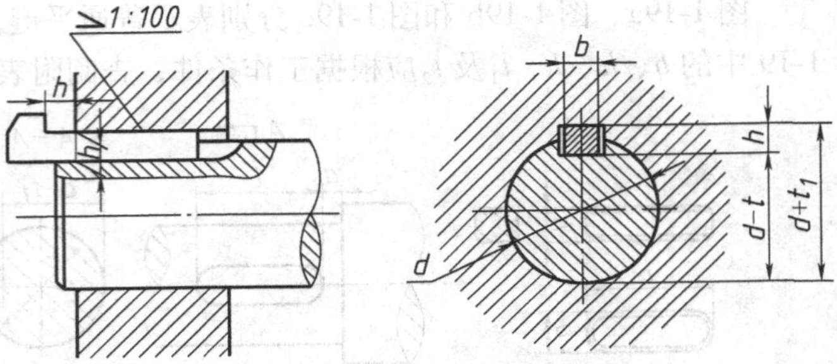

图 1-22　钩头楔键连接画法

二、销连接

1. 销的种类和标记

销通常用于零件间的连接和定位。常用的销有圆柱销、圆锥销和开口销等，如图 1-23 所示。

常用销的类型及规格尺寸见附表 B-13。

销作为标准件，其规定标记为：

销　标准编号 规格尺寸

常用销的画法和标记示例见表 1-4。

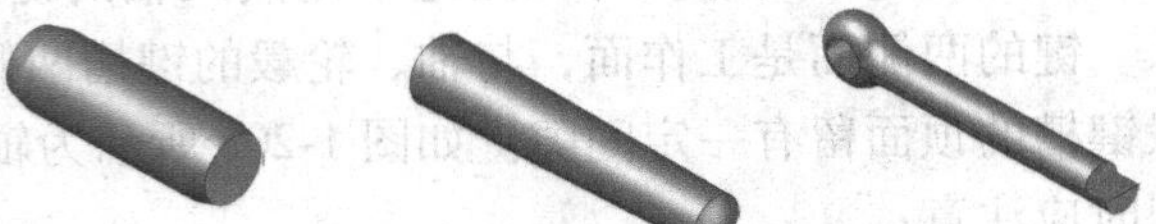

a) 圆柱销　　b) 圆锥销　　c) 开口销

图 1-23　常用的销

表 1-4　常用销的画法和标记

名称及标准编号	图　例	标记示例
圆锥销 GB/T 117—2000	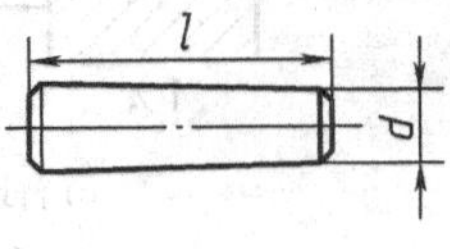	$d=10$mm，$l=60$mm，材料为 35 钢，热处理硬度为 28～38HRC，表面氧化处理的 A 型圆锥销标记： 销 GB/T 117 10×60

（续）

名称及标准编号	图　　例	标记示例
圆柱销 GB/T 119.1—2000	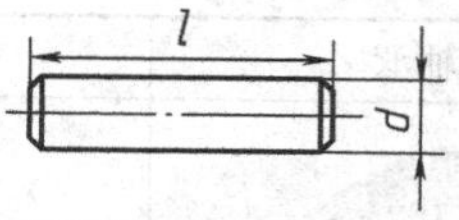	d=5mm，l=20mm，公差带代号为 m6，材料为钢，普通淬火，表面经氧化处理的 A 型圆柱销标记： 销 GB/T 119.1 5×20
开口销 GB/T 91—2000	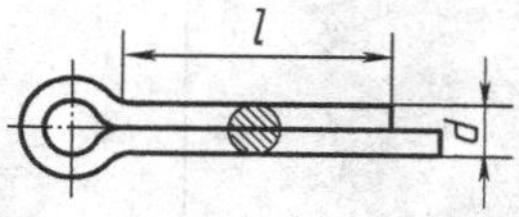	d=5mm，l=30mm，材料为低碳钢，不经表面处理的开口销标记： 销 GB/T 91 5×30

2. 销连接的画法

销的回转面为工作面，与被连接两零件的销孔接触。圆柱销起连接、定位和保护作用（销可作为安全装置中的过载剪断元件），其连接画法如图 1-24 所示。圆锥销起定位作用，具有自锁功能，打入后不会自动松脱，其连接画法如图 1-25 所示。开口销与槽型螺母配合使用，将其穿过螺母上的槽和螺杆上的孔后，两脚分开，防止螺母松动，其连接画法如图 1-26 所示。

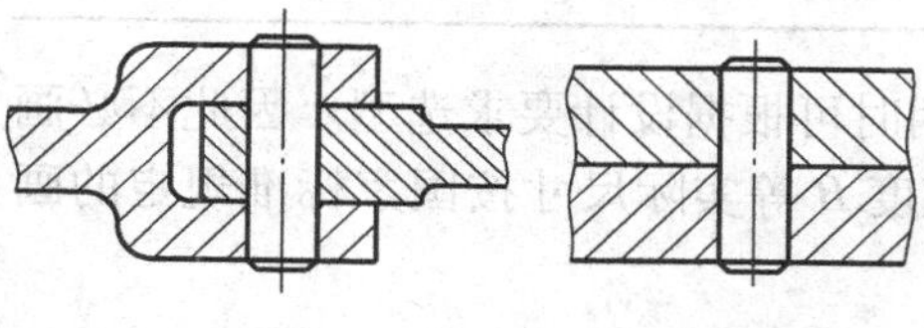

a) 销连接　　b) 销定位

图 1-24　圆柱销连接画法

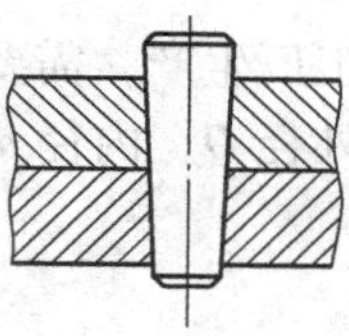

图 1-25　圆锥销连接画法

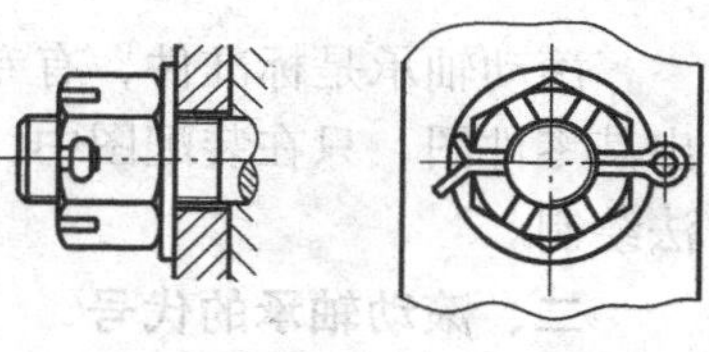

图 1-26　开口销连接画法

销连接画法应注意：

1）当剖切平面通过销孔轴线时，销按不剖处理。

2）销作为连接和定位的零件，装配要求较高。为保证销和销孔的配合要求，一般被装配的两零件上的销孔一起加工，并在零件图上标注销孔尺寸时加注“配作”。

3）圆锥销是以小端直径作为标准，因此圆锥销应标小端直径。

4）开口销的规格尺寸是指螺杆或轴上销孔的直径 d，开口销的直径小于 d。

第四节　滚动轴承

一、滚动轴承的结构和分类

滚动轴承是一种支承旋转轴的组件。它具有摩擦阻力小、结构紧凑的优点，被广泛使用在机器或部件中。

滚动轴承的种类很多，但它们的结构大致相同，由内圈、外圈、滚动体和保持架四部分组成。一般情况下，外圈装在机器的孔内固定不动，内圈套在轴上随轴转动。

滚动轴承按承受载荷的方向分为三类：

1）向心轴承。向心轴承主要承受径向载荷，如深沟球轴承。

2）推力轴承。推力轴承仅能承受轴向载荷，如推力球轴承。

3）角接触轴承。角接触轴承能同时承受径向载荷和轴向载荷，如圆锥滚子轴承。表

1-5 列出了常用滚动轴承的类型。

表 1-5 常用滚动轴承的类型

类别	向心轴承	角接触轴承	推力轴承
结构形式和代号	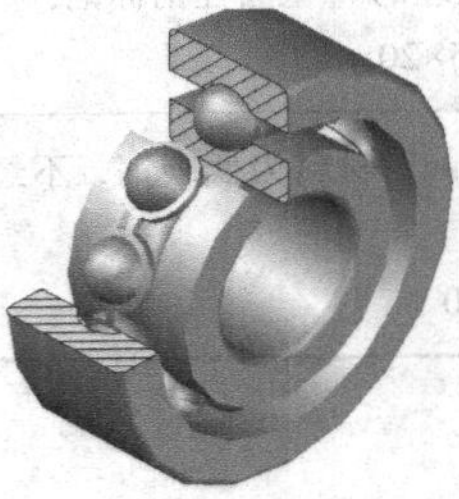 60000	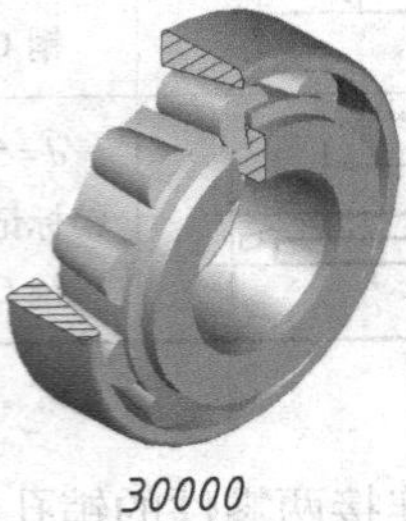 30000	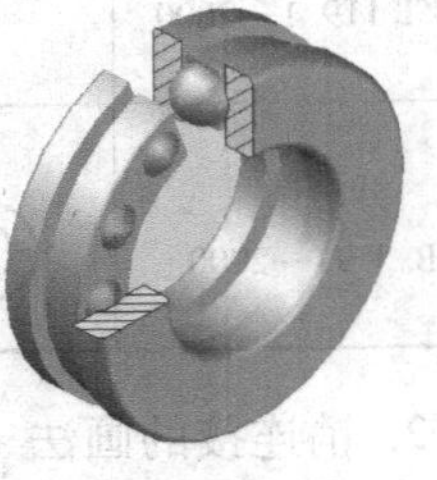 51000
类型名称和标准号	深沟球轴承 GB/T 276—2013	圆锥滚子轴承 GB/T 297—2015	推力球轴承 GB/T 301—2015
应用范围	用于承受径向载荷	用于承受径向和轴向载荷，但以径向为主	用于承受轴向载荷

滚动轴承是标准件，有专门的工厂生产，需要使用时可根据设计要求选型。因此不必画出其零件图，只在装配图中，根据外径 D、内径 d、宽度 B 等实际尺寸按国家标准规定的画法绘制。

二、滚动轴承的代号

滚动轴承的种类很多，为了便于选用，国家标准规定用代号表示滚动轴承，并打印在轴承端面上。代号能表示出滚动轴承的结构、尺寸、公差等级和技术性能等特性。GB/T 272—2017 规定了滚动轴承代号的表示方法。

滚动轴承代号由前置代号、基本代号和后置代号组成，其构成见表 1-6。

表 1-6 滚动轴承代号的构成

<table>
<tr><td colspan="6">滚动轴承代号</td></tr>
<tr><td rowspan="5">前置代号</td><td colspan="4">基本代号</td><td rowspan="5">后置代号</td></tr>
<tr><td colspan="3">轴承系列</td><td rowspan="4">内径代号</td></tr>
<tr><td rowspan="3">类型代号</td><td colspan="2">尺寸系列代号</td></tr>
<tr><td rowspan="2">宽度（或高度）系列代号</td><td rowspan="2">直径系列代号</td></tr>
<tr></tr>
</table>

1. 前置代号

轴承的前置代号用于表示轴承的分部件，用字母表示。如用 L 表示可分离轴承的可分离套圈，用 K 表示轴承的滚动体与保持架组件等，可参阅国标 GB/T 272—2017 中的轴承前置代号表。

2. 基本代号

基本代号是轴承代号的基础，由轴承类型代号、尺寸系列代号和内径代号组成。

（1）轴承类型代号

轴承类型代号见表 1-7。

表 1-7　轴承类型代号

代号	轴承类型	代号	轴承类型
0	双列角接触球轴承	N	圆柱滚子轴承 （双列或多列用字母 NN 表示）
1	调心球轴承		
2	调心滚子轴承和推力调心滚子轴承	U	外球面球轴承
3	圆锥滚子轴承	QJ	四点接触球轴承
4	双列深沟球轴承	C	长弧面滚子轴承（圆环轴承）
5	推力球轴承		
6	深沟球轴承		
7	角接触球轴承		
8	推力圆柱滚子轴承		

（2）尺寸系列代号　尺寸系列代号用数字表示，尺寸系列代号由轴承的宽（高）度系列代号和直径系列代号组合而成，当宽度系列为0系列（正常系列）时，多数轴承可不标出宽度系列代号0，但对于调心滚子轴承和圆锥滚子轴承，宽度系列代号0应标出。直径系列，即在结构、内径相同时，有各种不同的外径，如图1-27所示。

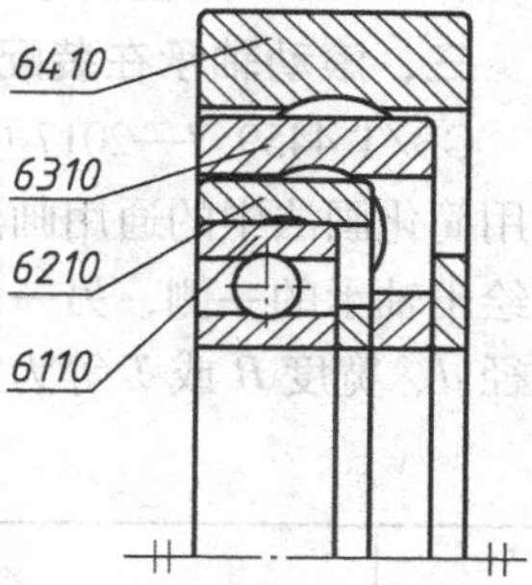

图 1-27　直径系列的对比

（3）内径代号　轴承内径代号用数字表示，相关规定见表1-8。

表 1-8　内径代号

轴承公称直径/mm		内径代号	示　例
0.6~10（非整数）		用公称内径（毫米）直接表示，在其与尺寸系列代号之间用“/”分开	深沟球轴承　617/0.6　d=0.6mm 深沟球轴承　618/2.5　d=2.5mm
1~9（整数）		用公称内径（毫米）直接表示，对于深沟球轴承及角接触球轴承直径系列7、8、9，内径与尺寸系列代号之间用“/”分开	深沟球轴承　625　d=5mm 深沟球轴承　618/5　d=5mm 角接触球轴承　707　d=7mm 角接触球轴承　719/7　d=7mm
10~17	10	00	深沟球轴承　6200　d=10mm
	12	01	调心球轴承　1201　d=12mm
	15	02	圆柱滚子轴承　NU 202　d=15mm
	17	03	推力球轴承　51103　d=17mm
20~480 （22、28、32 除外）		公称内径（毫米）除以5的商数，若商数为个位数，需在商数左边加“0”，如08	调心滚子轴承　22308　d=40mm 圆柱滚子轴承　NU 1096　d=480mm
≥500 以及 22、28、32		用公称内径（毫米）直接表示，但在与尺寸系列之间用“/”分开	调心滚子轴承　230/500　d=500mm 深沟球轴承　62/22　d=22mm

3. 后置代号

轴承的后置代号是用字母和数字等表示轴承的结构、公差及材料的特殊要求等。关于代号的其他规定，可查阅 GB/T 272—2017 中的有关内容。

4. 代号示例

例 1：调心滚子轴承 23224

2——类型代号，32——尺寸系列代号，24——内径代号，$d=24\times5=120$mm

例 2：深沟球轴承 6203

6——类型代号，2——尺寸系列代号，03——内径代号，$d=17$mm

例 3：深沟球轴承 617/0.6

6——类型代号，17——尺寸系列代号，0.6——内径代号，$d=0.6$mm

例 4：圆柱滚子轴承 N2210

N——类型代号，22——尺寸系列代号，10——内径代号，$d=50$mm

例 5：角接触球轴承 719/7

7——类型代号，19——尺寸系列代号，7——内径代号，$d=7$mm

三、滚动轴承在装配图中的画法

GB/T 4459.7—2017 中规定了滚动轴承的画法，即在装配图中轴承可采用规定画法，也可采用简化画法中的通用画法或特征画法，同一图样中应采用同一种画法。用规定画法绘制时，只绘出轴承的一侧，另一侧按通用画法绘制。表 1-9 为几种常用滚动轴承的画法。其中外径 D、内径 d、宽度 B 或 T 等为实际尺寸，可由滚动轴承标准中查出（参阅附表 B-14、B-15、B-16）。

表 1-9 常用滚动轴承的画法

<table>
<tr><th rowspan="2">名称</th><th colspan="2">简化画法</th><th rowspan="2">规定画法</th></tr>
<tr><th>通用画法</th><th>特征画法</th></tr>
<tr><td>深沟球轴承</td><td rowspan="2">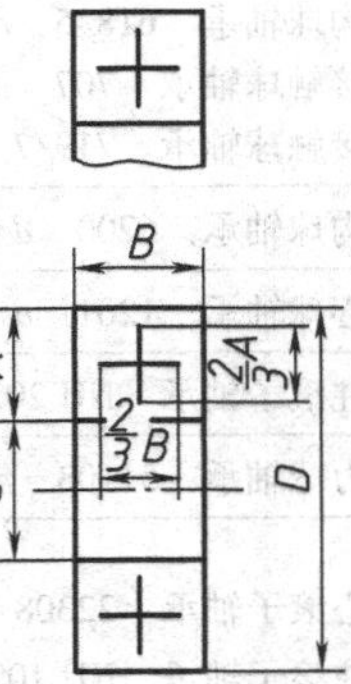</td><td>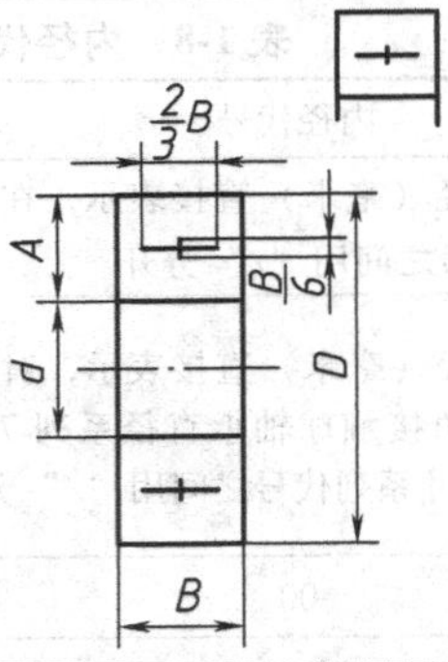</td><td>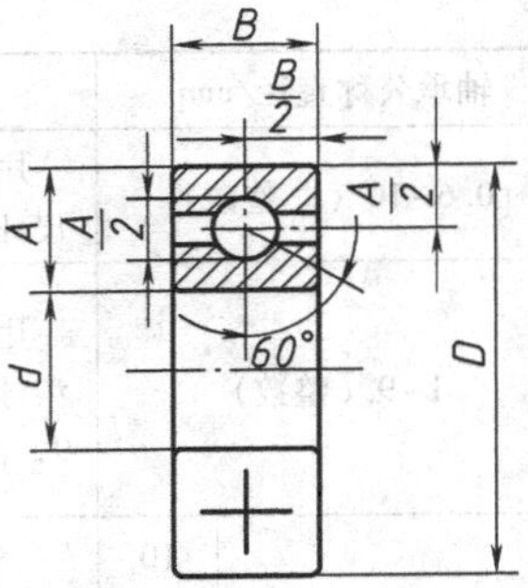</td></tr>
<tr><td>圆锥滚子轴承</td><td>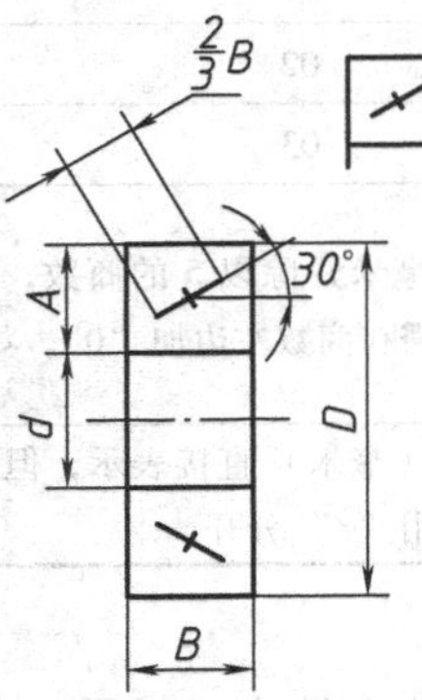</td><td>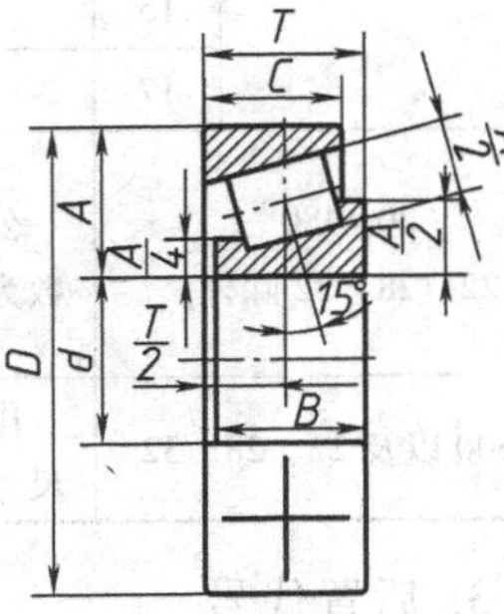</td></tr>
</table>

（续）

名称	简化画法		规定画法
	通用画法	特征画法	
推力球轴承	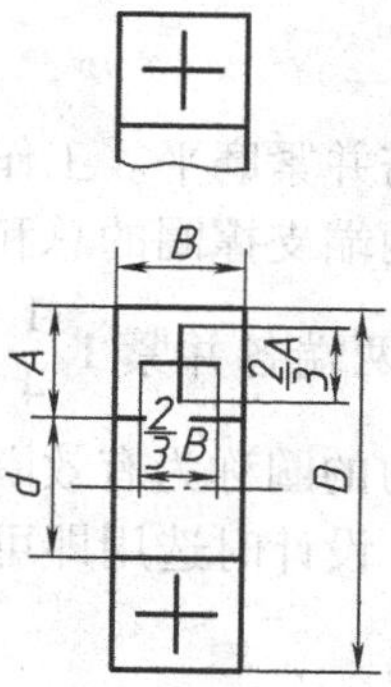	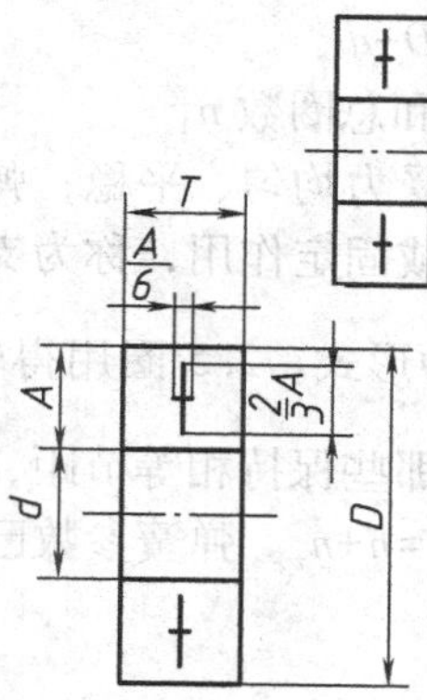	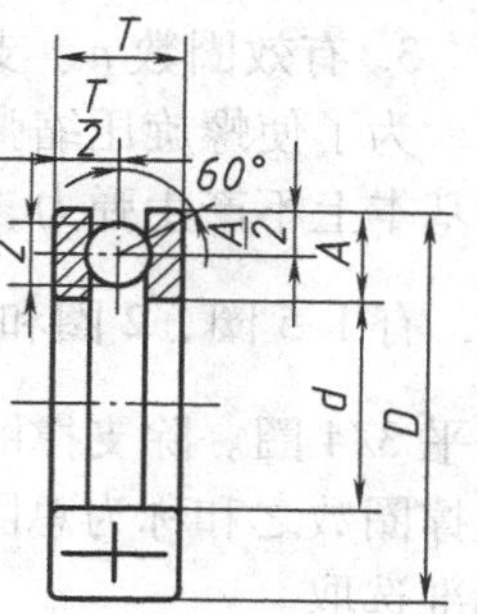

画滚动轴承时应注意的问题如下：

1）各种符号、矩形线框和轮廓线均画成粗实线。

2）矩形线框或外形轮廓的大小应与滚动轴承的外形尺寸一致。

3）规定画法中剖视图一般绘制在轴的上方，滚动体不画剖面线，其内、外圈剖面线应画成同方向、同间隔；轴的另一方按通用画法绘制。

第五节　弹簧（GB/T 1805—2001）

弹簧的用途很广，属于常用件，主要用于减振、夹紧、储存能量和测力等。

弹簧的种类很多，常见的有螺旋弹簧、涡卷弹簧、板弹簧等，如图 1-28 所示。根据受力情况不同，螺旋弹簧又分为压缩弹簧、拉伸弹簧和扭转弹簧三种。本节只介绍圆柱螺旋压缩弹簧的尺寸计算和规定画法，其他种类弹簧的画法，请查阅 GB/T 4459.4—2003。

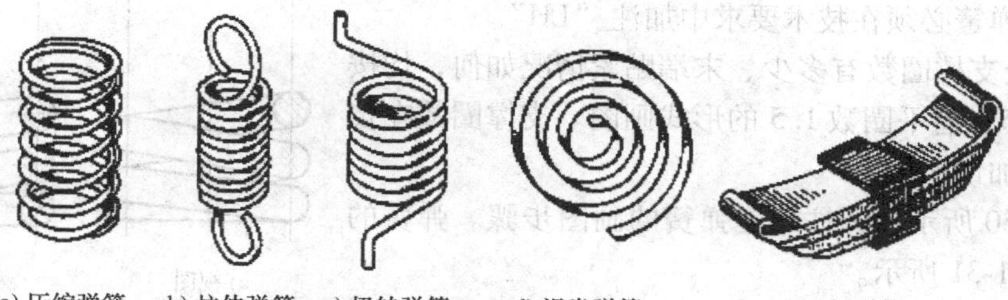

a) 压缩弹簧　b) 拉伸弹簧　c) 扭转弹簧　d) 涡卷弹簧　e) 板弹簧

图 1-28　常用弹簧的种类

一、圆柱螺旋压缩弹簧的各部分名称和尺寸关系

如图 1-29 所示，圆柱螺旋压缩弹簧的参数和有关尺寸计算如下：

1. 簧丝直径 d

簧丝直径指制造弹簧的钢丝直径，按标准选取。

2. 弹簧中径 D、弹簧内径 D_1 和弹簧外径 D_2

弹簧中径指弹簧的平均直径，按标准选取；弹簧内径指弹簧的最小直径，$D_1=D-d$；弹簧外径指弹簧的最大直径，$D_2=D+d$。

3. 有效圈数 n、支撑圈数 n_z 和总圈数 n_1

为了使螺旋压缩弹簧工作时受力均匀、平稳，弹簧两端需并紧磨平。工作时并紧磨平部分基本上不产生弹力，仅起支撑或固定作用，称为支撑圈。两端支撑圈的总和就是支撑圈数 n_z，有 1.5 圈、2 圈和 2.5 圈三种形式。2.5 圈用得较多，即两端各并紧 $1\frac{1}{4}$ 圈，其中包括磨平 3/4 圈。除支撑圈外，中间那些保持相等节距，产生弹力的圈称为有效圈。有效圈数与支撑圈数之和称为总圈数，即 $n_1=n+n_z$。弹簧参数已标准化，设计时选用即可。有效圈数按标准选取。

4. 节距 t

除支撑圈外，相邻两有效圈的轴向距离，按标准选取。

5. 自由高度 H_0

自由高度指弹簧在不受外力作用时的高度，计算式为

$$H_0=nt+(n_z-0.5)d$$

计算后取标准中的近似值。

6. 展开长度 L

展开长度指制造弹簧的钢丝长度，计算式为

$$L\approx n_1\sqrt{(\pi D)^2+t^2}$$

二、圆柱螺旋压缩弹簧的规定画法（GB/T 4459.4—2003）

1）在平行于螺旋弹簧轴线的投影面的视图中，其各圈的轮廓线画成直线，以代替螺旋线，如图 1-29 所示。

2）当弹簧有效圈数大于 4 圈时，其中间各圈可以省略，并允许适当缩短图形的长度。

3）螺旋弹簧有左旋和右旋之分，画图时均可画成右旋。但左旋弹簧必须在技术要求中加注“LH”。

4）不论支撑圈数有多少、末端贴紧情况如何，均按支撑圈数 2.5，磨平圈数 1.5 的形式画图。支撑圈数在技术要求中另加说明。

如图 1-30 所示为圆柱螺旋弹簧的画图步骤。弹簧的零件图如图 1-31 所示。

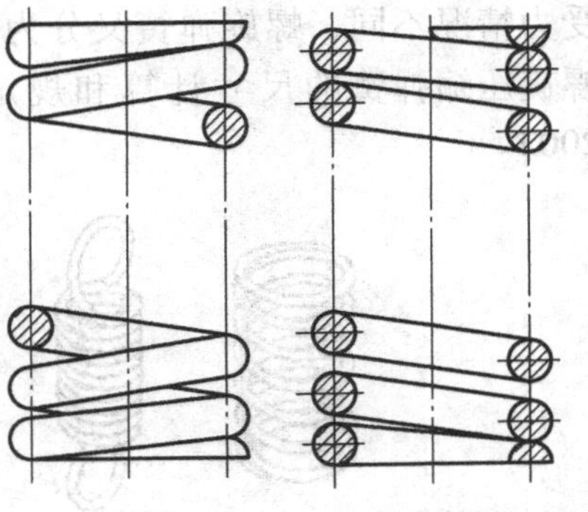

a) 视图　　b) 剖视图

图 1-29　圆柱螺旋压缩弹簧的规定画法

三、圆柱螺旋压缩弹簧在装配图中的规定画法

1）在装配图中，被弹簧挡住的结构一般不画，可见部分应画至弹簧外轮廓线或画至簧丝剖面的中心线处，如图 1-32a 所示。

2）在装配图中，当弹簧被剖切时，若簧丝直径≤2mm 时，断面可以涂黑表示，如图 1-32b 所示；当簧丝直径≤1mm 时，可采用示意画法，如图 1-32c 所示。

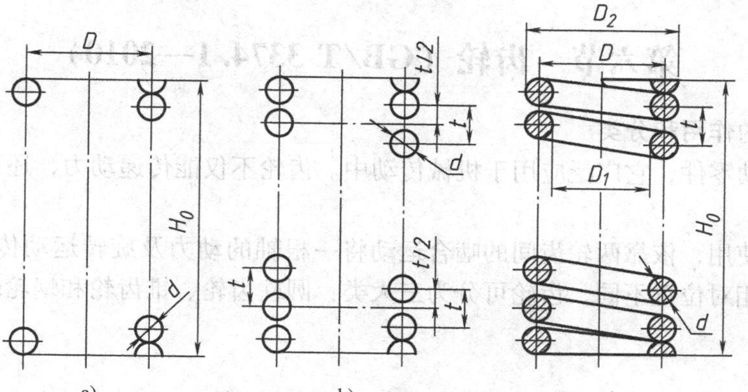

图 1-30 圆柱螺旋弹簧的画图步骤

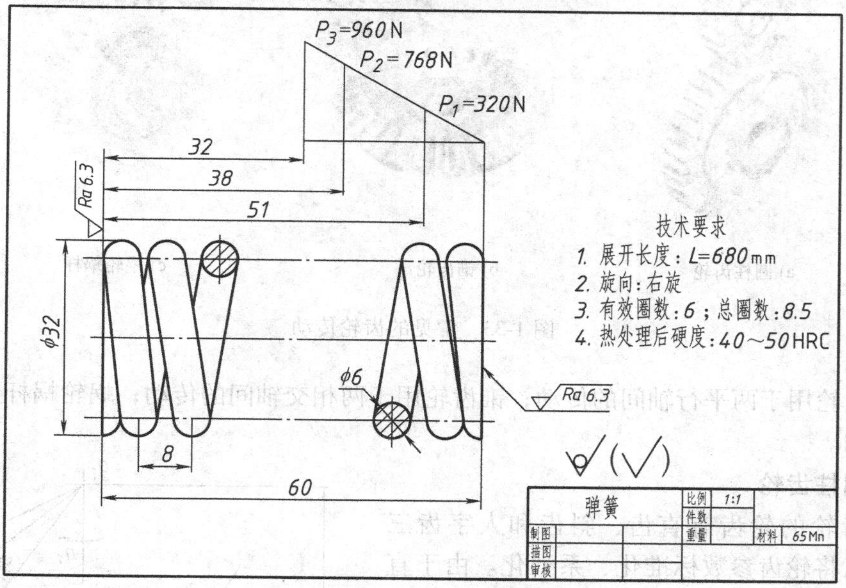

图 1-31 弹簧的零件图

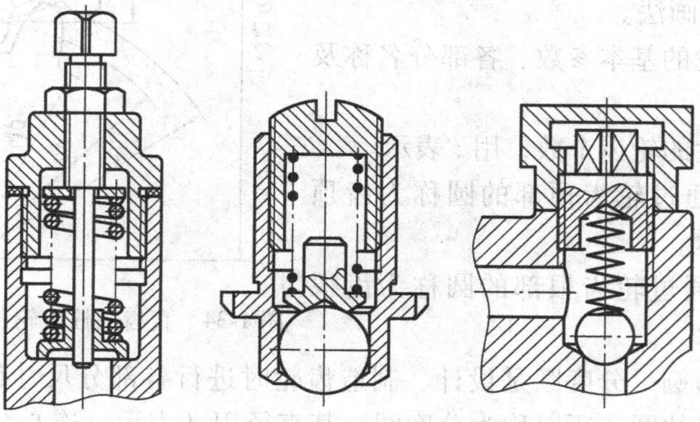

图 1-32 弹簧在装配图中的画法

第六节　齿轮（GB/T 3374.1—2010）

一、齿轮的作用和分类

齿轮是传动零件，它广泛应用于机械传动中。齿轮不仅能传递动力，还可以改变转速和转动方向。

齿轮成对使用，依靠两轮齿间的啮合运动将一根轴的动力及旋转运动传递给另一根轴，根据两轴线的相对位置不同，齿轮可分为三大类：圆柱齿轮、锥齿轮和蜗轮蜗杆，如图 1-33 所示。

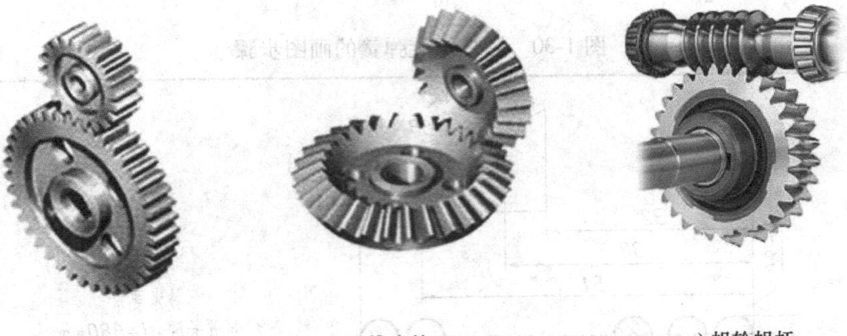

a) 圆柱齿轮　　b) 锥齿轮　　c) 蜗轮蜗杆

图 1-33　常见的齿轮传动

圆柱齿轮用于两平行轴间的传动；锥齿轮用于两相交轴间的传动；蜗轮蜗杆用于两交叉轴间的传动。

二、圆柱齿轮

圆柱齿轮的轮齿有直齿、斜齿和人字齿三种，国家已将轮齿参数标准化、系列化。由于直齿圆柱齿轮应用较广，下面着重介绍直齿圆柱齿轮的基本参数和规定画法。

1. 直齿圆柱齿轮的基本参数、各部分名称及代号（见图 1-34）

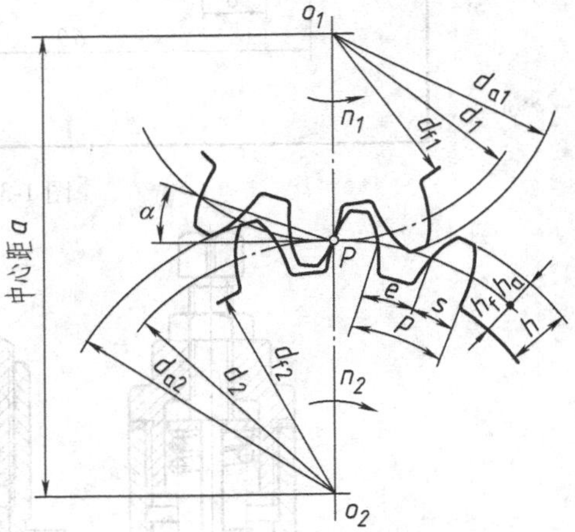

图 1-34　直齿圆柱齿轮各部分名称及尺寸代号

（1）齿数　齿轮的轮齿个数，用 z 表示。

（2）齿顶圆　通过轮齿顶部的圆称为齿顶圆。其直径用 d_a 表示。

（3）齿根圆　通过轮齿根部的圆称为齿根圆。其直径用 d_f 表示。

（4）分度圆和节圆　分度圆是设计、制造齿轮时进行各部分尺寸计算的基准圆，也是加工齿轮时用来分齿的圆，所以称为分度圆，其直径用 d 表示。连心线 O_1O_2 上两齿轮的啮合接触点 P 称为节点，过节点的两相切圆称为节圆，其直径用 d' 表示。对于标准齿轮，分度圆就是节圆，即 $d=d'$。

(5) 齿距、齿厚、槽宽 在分度圆上，相邻两齿对应两点间的弧长称为齿距，用 p 表示；轮齿的弧长称为齿厚，用 s 表示；轮齿之间的弧长称为槽宽，用 e 表示。标准齿轮 $s=e=p/2$，$p=s+e$。

(6) 模数 根据以上讨论，可知分度圆周长 $\pi d=pz$，这样 $d=(p/\pi)z$，令 $p/\pi=m$，则 $d=mz$。这里 m 就是齿轮的模数，单位为 mm。一对互相啮合的齿轮，其齿距 p 必须相等，所以它们的模数 m 也必须相等。模数 m 是设计、制造齿轮的重要参数。不同模数的齿轮，要用不同模数的刀具来加工制造。为了便于设计和加工，国家标准规定了模数 m 的系列值，圆柱齿轮和锥齿轮模数如表 1-10 所示。

表 1-10 齿轮模数

圆柱齿轮标准模数（摘自 GB/T 1357—2008，等同采用 ISO 标准）		
齿轮类型	模数系列	标准模数 m/mm
圆柱齿轮	第一系列（优先选用）	1，1.25，1.5，2，2.5，3，4，5，6，8，10，12，16，20，25，32，40，50
	第二系列	1.125，1.375，1.75，2.25，2.75，3.5，4.5，5.5，(6.5)，7，9，11，14，18，22，28，35，45
锥齿轮大端端面模数（摘自 GB/T 12368—1990，非等效采用 ISO 标准）		
适用类型	标准模数 m/mm	
直齿锥齿轮 斜齿锥齿轮	1，1.125，1.25，1.375，1.5，1.75，2，2.25，2.5，2.75，3，3.25，3.5，3.75，4，4.5，5，5.5，6，6.5，7，8，9，10，11，12，14，16，18，20，22，25，28，30，32，36，40，45，50	

(7) 齿高、齿顶高、齿根高 齿顶圆与齿根圆的径向距离称为齿高，用 h 表示；齿顶圆与分度圆之间的径向距离称为齿顶高，用 h_a 表示；齿根圆与分度圆之间的径向距离称为齿根高，用 h_f 表示。对于标准齿轮，齿顶高 $h_a=m$，齿根高 $h_f=1.25m$，齿高 $h=h_a+h_f=2.25m$。

模数 m 变化时，齿高 h 和齿距 p 随之变化，如图 1-35 所示。模数大，轮齿大；模数小，轮齿小；故模数的大小决定着轮齿的大小，也决定着齿轮的强度及传递力矩的大小。

(8) 压力角 在节点 P 处，相啮合两齿廓曲线的公法线与两节圆公切线所夹的锐角称为压力角，用 α 表示。我国采用的标准压力角为 20°。只有模数与压力角都相等的齿轮才能相互啮合。

(9) 中心距 两啮合齿轮轴线之间的距离称为中心距，用 a 表示。

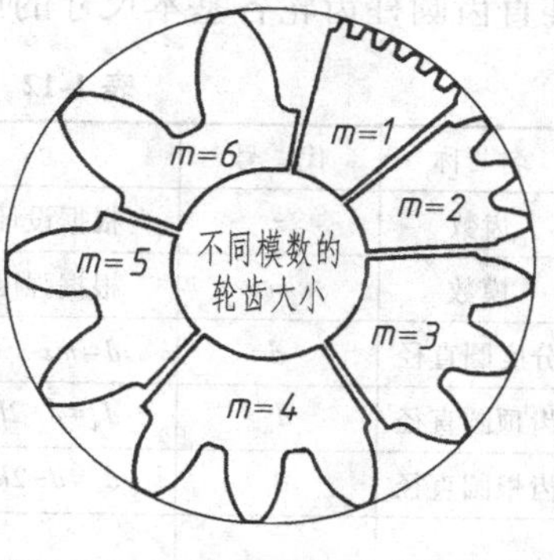

图 1-35 模数对轮齿大小的影响

(10) 传动比 主动齿轮转速 n_1 与从动齿轮转速 n_2 之比称为传动比，用 i 表示，即 $i=n_1/n_2$。两齿轮啮合时，在单位时间内两齿轮所转过的齿数相同，即 $n_1z_1=n_2z_2$，则 $i=n_1/n_2=z_2/z_1$。

常用的齿轮几何要素代号可以查阅 GB/T 2821—2003，等同采用 ISO 标准，标准规定了用于表示齿轮和齿轮装置的几何要素代号，并附有这些代号的组合示例，如表 1-11 所示。

表 1-11 常用的齿轮几何要素代号

代号	含 义	代号	含 义
a	中心距，标准中心距	h_f	齿根高
b	齿宽	i	传动比
b_1	小轮齿宽	m	模数，蜗杆轴向模数，蜗轮端面模数
b_2	大轮齿宽		
d	直径，分度圆直径	m_n	法向模数
d'	节圆直径	m_t	端面模数
d_a	齿顶圆直径	m_x	轴向模数
d_{a1}	小轮齿顶圆直径，蜗杆齿顶圆直径	n	转数
d_{a2}	大轮齿顶圆直径，蜗轮喉圆直径	p	齿距，分度圆齿距
d_b	基圆直径	q	蜗杆的直径系数
d_f	齿根圆直径	R	锥距，外锥距
d_{f1}	小轮齿根圆直径	s	齿厚，分度圆齿厚
d_{f2}	大轮齿根圆直径	u	齿数比
d_1	小轮分度圆直径，蜗杆分度圆直径	z	齿数
d'_1	小轮节圆直径，蜗杆节圆直径	z_1	小轮齿数，蜗杆头数
d_2	大轮分度圆直径，蜗轮分度圆直径	z_2	大轮齿数，蜗轮齿数
d'_2	大轮节圆直径，蜗轮节圆直径	α	压力角，齿形角，分度圆压力角
e	槽宽，分度圆槽宽，偏心距	α'	啮合角，工作压力角
h	齿高，全齿高，摆线轮齿高	β	螺旋角，分度圆螺旋角
h'	工作高度	δ	锥角，分锥角
h_a	齿顶高	γ	导程角，螺旋升角

在设计齿轮时，先要确定齿数和模数，其他各部分尺寸都可由齿数和模数计算出来。标准直齿圆柱齿轮各基本尺寸的计算公式，如表 1-12 所示。

表 1-12 标准直齿圆柱齿轮基本结构参数及计算公式

名 称	代 号	计算公式	说 明
齿数	z	根据设计要求或测绘而定	z、m 是齿轮的基本参数，设计计算时，先确定 z、m，然后得出其他各部分尺寸
模数	m	根据强度设计或测绘而得	
分度圆直径	d	$d=mz$	
齿顶圆直径	d_a	$d_a=d+2h_a=m(z+2)$	国家标准规定：齿顶高 $h_a=h_a^* m$
齿根圆直径	d_f	$d_f=d-2h_f=m(z-2.5)$	国家标准规定：齿根高 $h_f=(h_a^*+c^*)m$
中心距	a	$a=(d_1+d_2)/2=m(z_1+z_2)/2$	d_1、d_2 和 z_1、z_2 分别为两齿轮的分度圆直径和齿数

2. 圆柱齿轮的规定画法

（1） 单个圆柱齿轮的画法

单个圆柱齿轮通常用两个视图表示，轮体按投影原理绘制，轮齿部分应按下面规定绘制：

1） 在投影为圆的视图中，齿顶圆用粗实线绘制，分度圆用细点画线绘制，齿根圆用细实线绘制或省略不画，如图 1-36a 所示。

2）齿轮的非圆视图一般采用半剖或全剖视图。剖切平面通过齿轮轴线，轮齿一律按不剖处理。齿顶线和齿根线用粗实线绘制，分度线用细点画线绘制，并超出轮廓线约 3~5mm，如图 1-36b 所示。若不采用剖视，则齿根线用细实线画出或省略不画。

3）轮齿为斜齿或人字齿时，需在非圆视图的外形部分用三条与齿线方向一致的细实线表示齿向，如图 1-36c 所示。

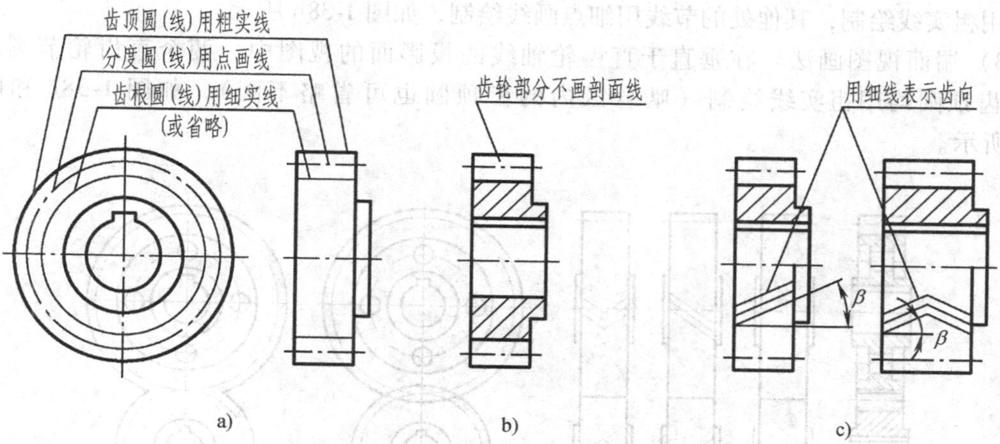

图 1-36　单个圆柱齿轮的画法

如图 1-37 所示为圆柱齿轮的零件图，除具有一般零件工作图的内容外，齿顶圆直径、分度圆直径及有关齿轮的基本尺寸必须直接注出，齿根圆直径规定不注。在图样右上角的参数表中，注写模数、齿数等基本参数。

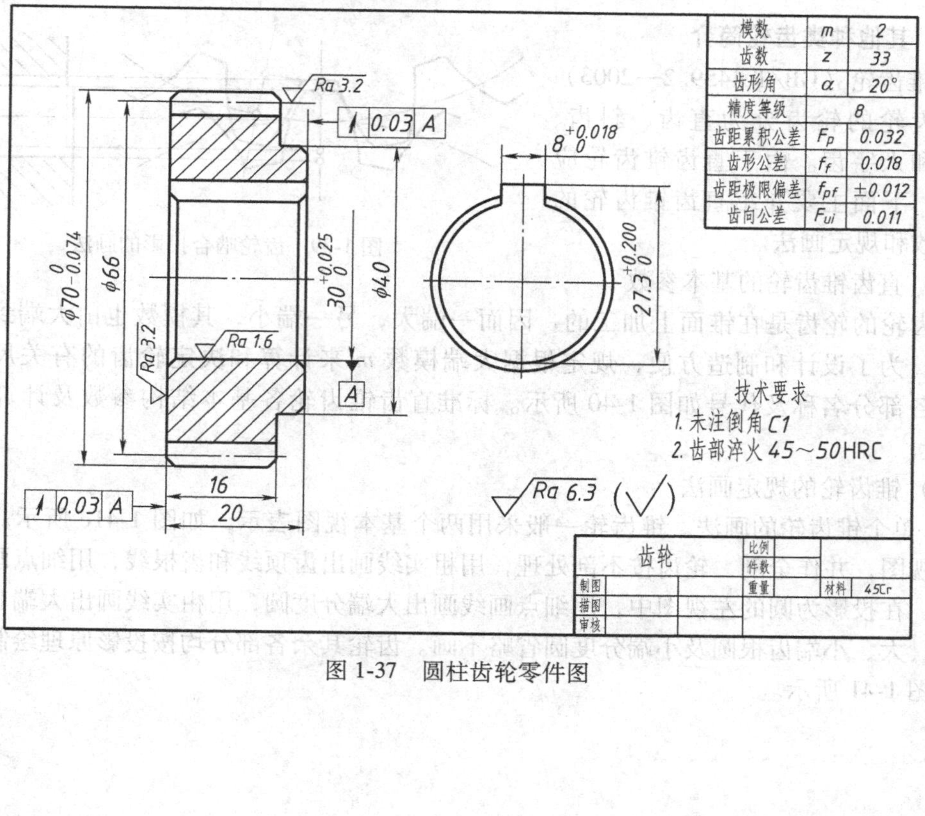

图 1-37　圆柱齿轮零件图

(2) 圆柱齿轮啮合的画法

1）剖视画法。当剖切平面通过两啮合齿轮的轴线时，在啮合区内，将一个齿轮的轮齿用粗实线绘制，另一个齿轮的轮齿被遮挡的部分用细虚线绘制（也可省略不画），不被遮挡的部分用粗实线绘制，如图 1-38a 所示，其投影关系如图 1-39 所示。

2）视图画法。在平行于直齿轮轴线的投影面的视图中，啮合区内的齿顶线不必画出，节线用粗实线绘制，其他处的节线用细点画线绘制，如图 1-38b 所示。

3）端面视图画法。在垂直于直齿轮轴线的投影面的视图中，两个直齿轮节圆应相切，齿顶圆均用粗实线绘制（啮合区内的齿顶圆也可省略不画），如图 1-38c 和图 1-38d 所示。

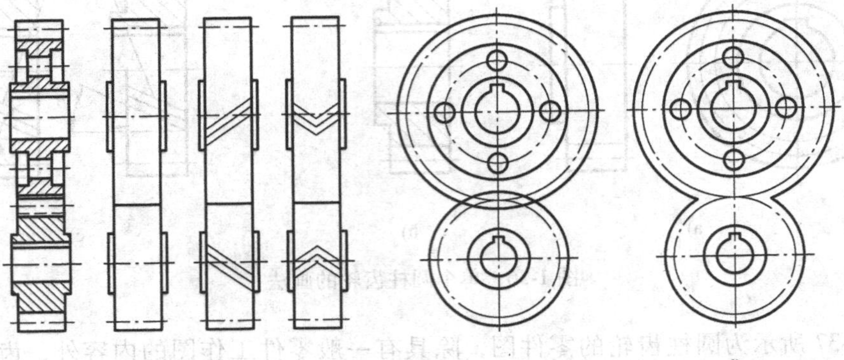

图 1-38 圆柱齿轮啮合的画法

三、其他种类齿轮简介

1. 锥齿轮（GB/T 4459.2—2003）

锥齿轮的轮齿分为直齿、斜齿、螺旋齿和人字齿。由于直齿锥齿轮应用较广，下面主要介绍直齿锥齿轮的基本参数和规定画法。

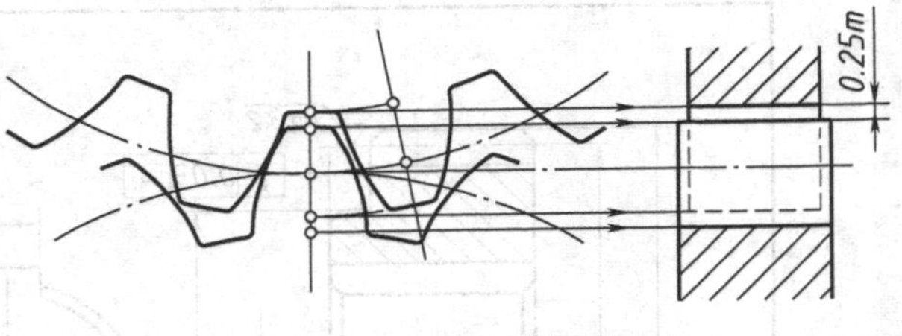

图 1-39 齿轮啮合投影的画法

(1) 直齿锥齿轮的基本参数

锥齿轮的轮齿是在锥面上加工的，因而一端大，另一端小，其模数也由大端到小端逐渐变小。为了设计和制造方便，规定根据大端模数 m 来计算和决定轮齿的有关尺寸。锥齿轮的各部分名称及代号如图 1-40 所示。标准直齿锥齿轮各基本结构参数及计算公式见表 1-13。

(2) 锥齿轮的规定画法

1）单个锥齿轮的画法。锥齿轮一般采用两个基本视图表示，如图 1-41c 所示。非圆视图为主视图，并作全剖，轮齿按不剖处理，用粗实线画出齿顶线和齿根线，用细点画线画出分度线。在投影为圆的左视图中，用细点画线画出大端分度圆，用粗实线画出大端和小端的齿顶圆，大、小端齿根圆及小端分度圆省略不画。齿轮其余各部分均按投影原理绘制。画图步骤如图 1-41 所示。

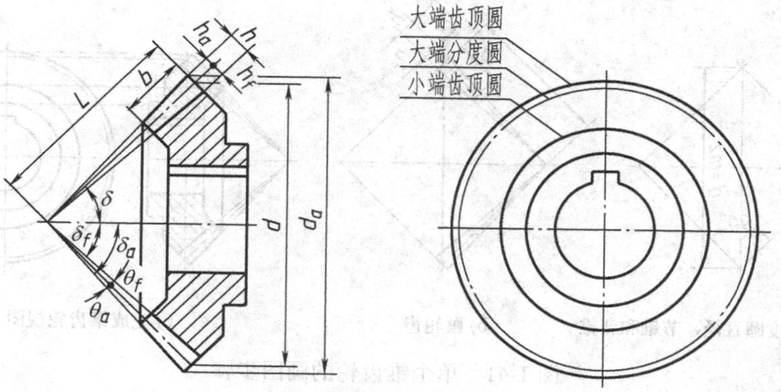

图 1-40　锥齿轮各部分名称及代号

表 1-13　标准直齿锥齿轮各基本结构参数及计算公式

名称	符号	计算公式及参数选择
大端模数	m_e	按 GB/T 12368—1990 取标准值
传动比	i_{12}	$i_{12}=\frac{z_2}{z_1}=\tan\delta_2$，单级 $i<7$
分度圆锥角	δ_1，δ_2	$\delta_2=\arctan\frac{z_2}{z_1}$，$\delta_1=90°-\delta_2$
分度圆直径	d_1，d_2	$d_1=m_e z_1$，$d_2=m_e z_2$
齿顶高	h_a	$h_a=m_e$
齿根高	h_f	$h_f=1.2m_e$
全齿高	h	$h=2.2m_e$
顶隙	c	$c=0.2m_e$
齿顶圆直径	d_{a1}，d_{a2}	$d_{a1}=d_1+2m_e\cos\delta_1$，$d_{a2}=d_2+2m_e\cos\delta_2$
齿根圆直径	d_{f1}，d_{f2}	$d_{f1}=d_1-2.4m_e\cos\delta_1$，$d_{f2}=d_2-2.4\cos\delta_2$
外锥距	R_e	$R_e=\sqrt{r_1^2+r_2^2}=\frac{m_e}{2}\sqrt{z_1^2+z_2^2}$
齿宽	b	$b\leqslant\frac{R_e}{3}$，$b\leqslant 10m_e$
齿顶角	θ_a	$\theta_a=\arctan\frac{h_a}{R_e}$（不等顶隙齿）；$\theta_a=\theta_f$（等顶隙齿）
齿根角	θ_f	$\theta_f=\arctan\frac{h_f}{R_e}$
根锥角	δ_{f1}，δ_{f2}	$\delta_{f1}=\delta_1-\theta_f$，$\delta_{f2}=\delta_2-\theta_f$
顶锥角	δ_{a1}，δ_{a2}	$\delta_{a1}=\delta_1+\theta_a$，$\delta_{a2}=\delta_2+\theta_a$

2）锥齿轮啮合的画法。锥齿轮啮合时，两齿轮的模数相等，两分度圆锥面相切。常见情况是轴线垂直相交，即 $\delta_1+\delta_2=90°$，两分度圆锥顶点交于一点。画图步骤如图 1-42 所示，齿轮轮齿部分和啮合区的画法与直齿圆柱齿轮的啮合画法相同，在如图 1-42c 所示的左视图中，要注意一齿轮的节线和另一齿轮的节圆应相切。

2. 蜗轮、蜗杆（GB/T 4459.2—2003）

蜗轮与蜗杆通常用于垂直交叉的两轴之间的传动（如图 1-33 所示的常见齿轮传动），蜗杆是主动件，蜗轮是从动件，它们的齿向都是螺旋形的。蜗轮、蜗杆实际上都是斜齿的圆柱齿轮，为了增加与蜗杆啮合的接触面积，蜗轮的轮齿顶面常制成圆弧形。蜗杆的头数相当于螺杆

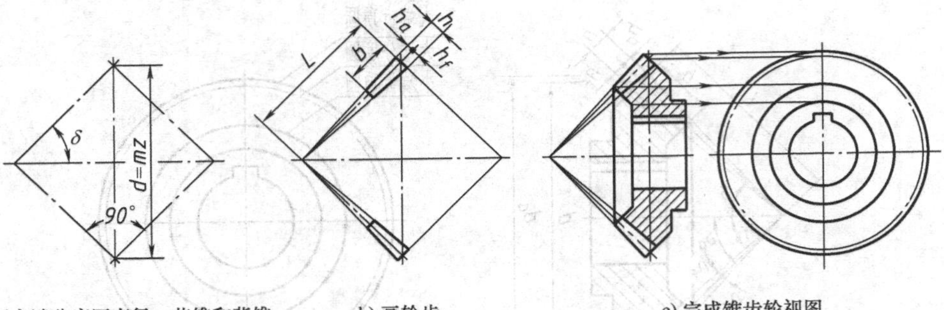

a) 画大端分度圆直径、节锥和背锥　　b) 画轮齿　　c) 完成锥齿轮视图

图 1-41　单个锥齿轮的画图步骤

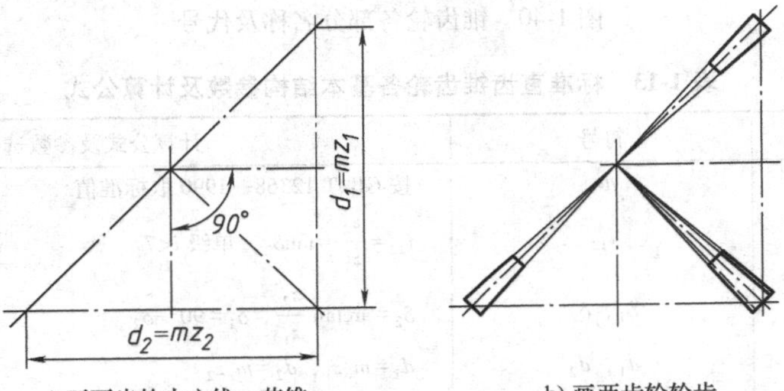

a) 画两齿轮中心线、节锥　　b) 画两齿轮轮齿

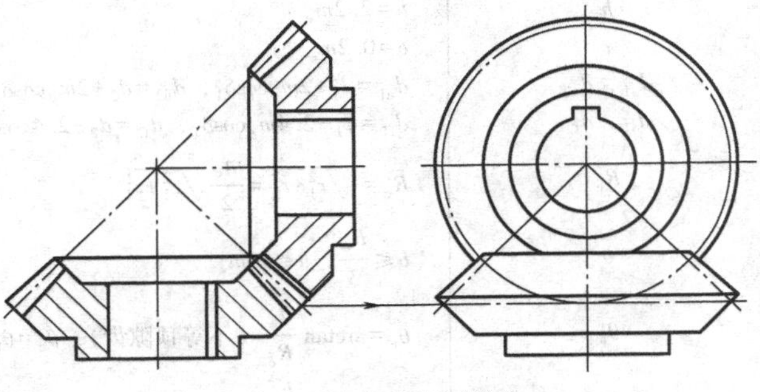

c) 完成啮合视图

图 1-42　锥齿轮啮合的画法及画图步骤

上螺纹的线数，有单头和多头之分。蜗轮蜗杆的传动比 $i = n_1/n_2 = z_2$(蜗轮齿数)$/z_1$(蜗杆头数)。单头蜗杆转一圈，蜗轮只转一个齿，其传动比较大，且传动平稳，但效率较低。

（1）蜗轮、蜗杆的画法

1）蜗杆的规定画法：在平行于蜗杆轴线的视图中，齿顶线用粗实线，齿根线用细实线，分度圆用细点画线绘制，反映端面的左视图一般省略不画，但为了表明蜗杆的牙型，一般采用局部剖视图或局部放大图画出几个牙型，如图 1-43 所示。

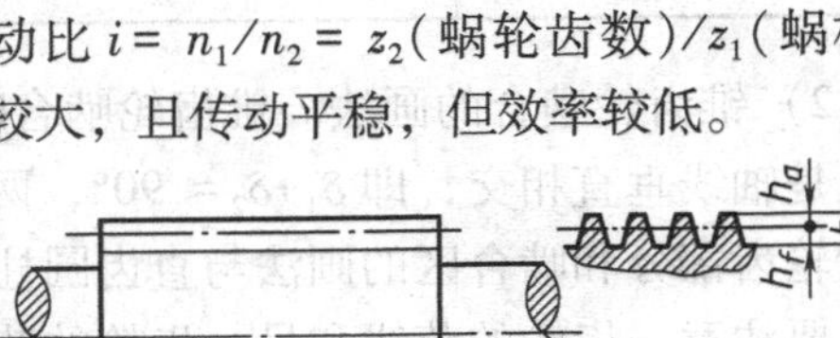

图 1-43　蜗杆的画法

2）蜗轮的规定画法：一般取平行于蜗轮轴线的剖视图作为主视图。其轮齿部分画法与圆柱齿轮画法类似，轮齿按不剖处理，齿顶线和齿根线用粗实线，分度线用细点画线。在端面圆视图中，只画蜗轮最大外圆和分度圆，如图 1-44 所示，其中 d_{ae} 是蜗轮齿顶的最外圆直径。

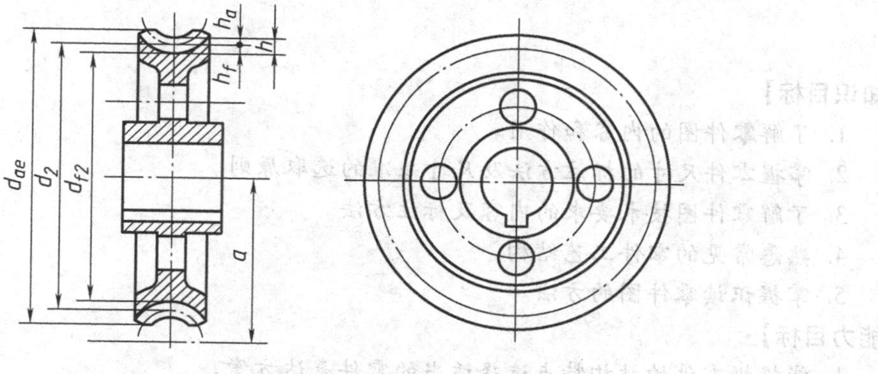

图 1-44　蜗轮的画法

（2）蜗轮、蜗杆的啮合画法　如图 1-45 所示为蜗轮、蜗杆的啮合画法。在蜗杆投影为圆的视图中，啮合区内只画蜗杆，不画蜗轮；在蜗轮为圆的视图中，蜗轮的分度圆与蜗杆分度线相切，啮合区一般采用局部剖，将剖开的蜗杆投影画全，蜗轮的外圆及齿顶圆省略不画；若采用视图，蜗轮的外圆和蜗杆的齿顶线用粗实线绘制。在蜗杆投影为圆的全剖视图中，啮合区蜗杆的轮齿用粗实线绘制，蜗轮轮齿被蜗杆遮住的部分省略不画。

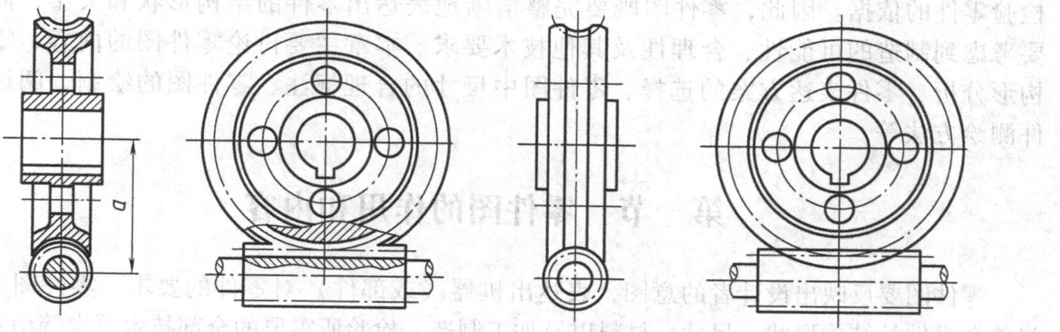

a) 剖视画法　　b) 外形画法

图 1-45　蜗轮、蜗杆的啮合画法

3. 齿轮、齿条

当齿轮的直径无限大时，其齿顶圆、齿根圆、分度圆和齿廓曲线都成了直线，齿轮就变成了齿条。

齿轮和齿条啮合时，齿轮旋转，齿条作直线运动。齿轮齿条啮合画法和圆柱齿轮啮合画法基本相同，如图 1-46 所示，齿轮的分度圆与齿条的分度线相切。

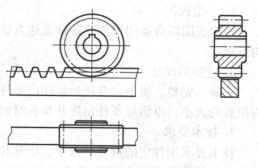

图 1-46　齿轮、齿条啮合画法

第二章　零　件　图

【知识目标】

1. 了解零件图的内容和作用。

2. 掌握零件尺寸的标注方法及尺寸基准的选取原则。

3. 了解零件图技术要求的内容及标注方法。

4. 熟悉常见的零件工艺结构。

5. 掌握识读零件图的方法。

【能力目标】

1. 能根据零件的结构特点选择适当的零件表达方案。

2. 能根据零件的结构和加工特点正确选择尺寸基准，并按国标要求标注尺寸。

3. 能将常见的工艺结构正确地表达在图样上。

4. 能看懂中等复杂程度的零件图。

零件是组成机器或部件的最小单元，任何机器（或部件）都是由若干个零件组成的。表达零件的图样称为零件图，它是设计部门提交给生产部门的重要技术文件，是制造和检验零件的依据。因此，零件图既要完整清晰地表达出零件的结构形状和大小，同时还要考虑到制造的可能性、合理性及其他技术要求。本章主要讨论零件图的内容、零件的构形分析、零件表达方案的选择、零件图中尺寸的合理标注、零件图的绘制、阅读和零件测绘方法等。

第一节　零件图的作用和内容

零件图要反映出设计者的意图，表达出机器（或部件）对零件的要求。零件图主要反映单个零件的结构形状、尺寸、材料以及加工制造、检验所需要的全部技术要求等信息，是直接用于生产的重要技术文件。如图 2-1b 是一幅端盖的零件图，从图中可以看出，一张零件图应包括以下内容：

1. 一组视图

一组视图综合运用机件的各种表达方法，正确、完整、清晰、简便地表达零件的内外结构形状。

2. 完整的尺寸

正确、完整、清晰、合理地标注出零件的全部尺寸，用以确定零件各部分结构形状和相对位置的大小，以满足零件制造和检验时的需要。

3. 技术要求

技术要求用规定的符号、数字、字母和文字注解，说明零件在制造、检验、装配时应达到的一些技术要求，如表面结构、尺寸公差、几何公差、材料和热处理以及其他特殊要

a) 端盖立体图

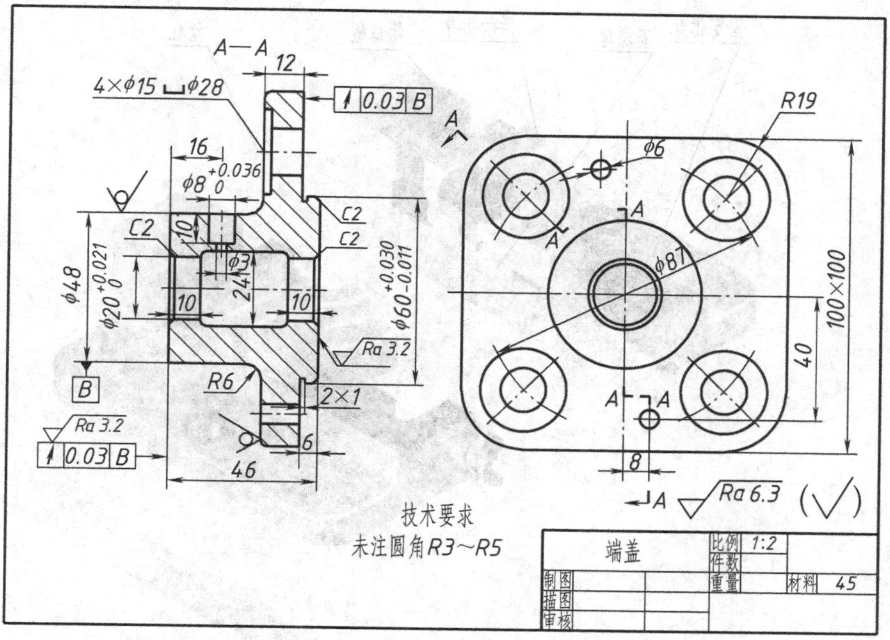

b) 端盖零件图

图 2-1 端盖

求等。

4. 标题栏

标题栏用于说明零件的名称、材料、数量、图样比例、图号及图样有关责任人的姓名、日期等。

第二节 零件的构形分析与设计

对一个零件的几何形状、尺寸、工艺结构和材料选择等进行分析和造型的过程称为零件的构形设计。零件的结构形状，是由它在机器中的功能要求、工艺要求、装配要求及使用要求决定的，而在具体零件的结构设计过程中，这些因素有时会相互矛盾，设计者在全面考虑几个要求的同时，更应协调其主次关系，从而确定零件的合理形状。我们把确定零件合理结构形状的过程称为零件的构形。零件的构形分析就是从设计要求和工艺要求出发，对零件的不同结构逐一分析其功用。

一、设计要求确定零件的主体构形

零件是组成机器（或部件）的基本单元。每个零件都有一定的作用，可以起支承、容纳、传动、连接、定位、密封和防松等一项或几项功能，零件的功能是零件主体构形的主要依据。

如图 2-2 所示的台虎钳，是用来夹持工件进行加工的装备，其主要零件有：固定钳身、活动钳身、钳口板、丝杠和套螺母等。其功能为：固定钳身——支承，活动钳身——容纳，丝杠、套螺母——传动，螺钉、螺母——连接，开口销——防松。

丝杠的主体构形分析如下：

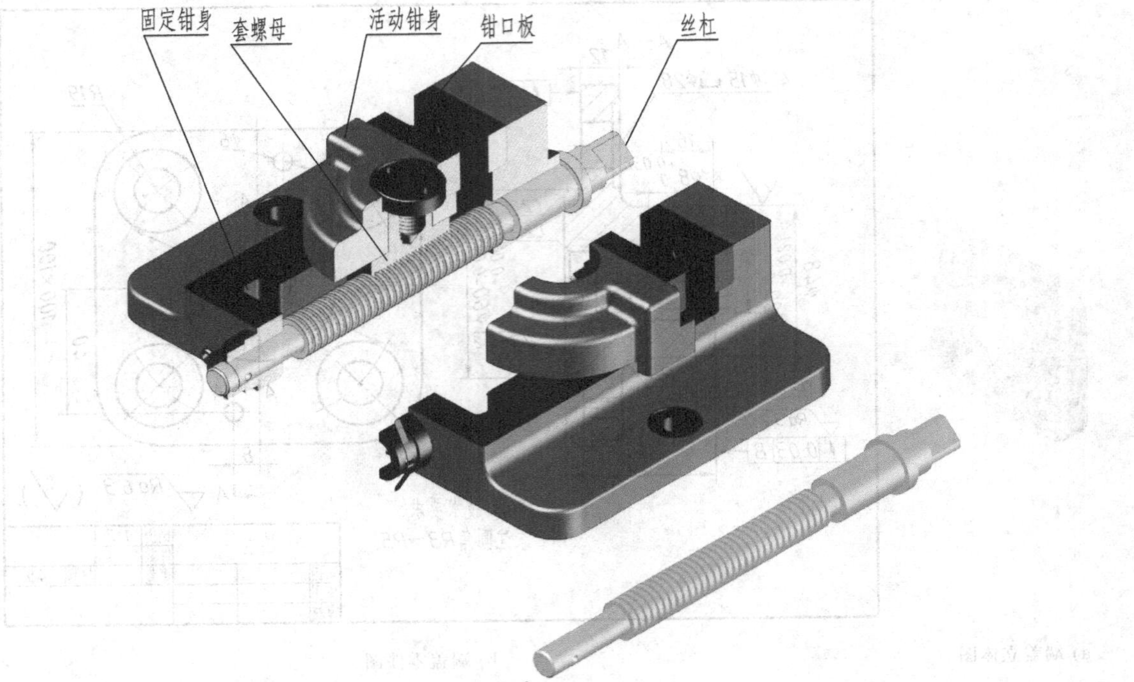

图 2-2 台虎钳的立体图

主要功用：在固定钳身的支承下，转动丝杠，套螺母带动活动钳身沿固定钳身移动，通过钳口闭合（张开）来夹紧（松开）工件。

主体构形：丝杆主要起传动作用，采用矩形螺纹。为了使固定钳身支承轴，在丝杠两端各做一段光轴，为了固定丝杠的轴向位置，增加一轴肩，在轴的另一端加工螺纹，用螺母、垫圈将丝杠与固定钳身连接固定，为防止转动丝杠时打滑，将轴端圆柱面改为平面结构。丝杠主体构形如图 2-2 所示。

二、工艺要求决定零件的局部构形

确定了零件的主体结构后，还要考虑到零件的制造、加工、测量以及装配和调整工作能否顺利、方便，这就要求从加工工艺方面确定零件的局部构形。若零件上局部构形不合理，往往会使制造工艺复杂化，甚至造成废品。因此，应充分考虑到工艺构形的合理性。在零件上常见的一些工艺结构，多数是通过铸造或机械加工获得的。

1. 铸造工艺结构

（1）起模斜度　铸造时，为了便于将木模从砂型中取出，在木模的内、外壁上沿起模方向设计出一定的斜度，称为起模斜度。起模斜度自然产生在铸件上，如图 2-3a 所示。起模斜度在零件图上一般不画出、不标注，若有特殊要求，则应画出，如图 2-3b 所示，必要时可在技术要求中用文字说明。起模斜度的大小一般为 1°~3°。

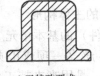

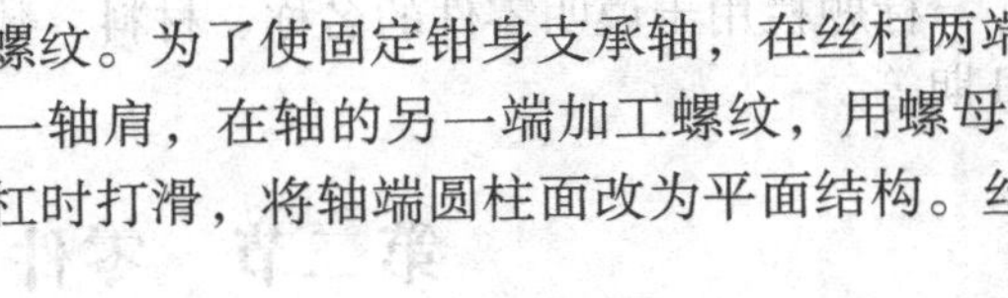

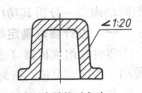

a) 无特殊要求　b) 有一定结构要求时

图 2-3 起模斜度

（2）铸造圆角 在铸造零件时，为防止浇注时砂型落砂及铸件在冷却收缩时产生缩孔或裂纹，在铸件各表面相交处都应做成圆角，如图 2-4 所示。圆角半径一般取壁厚的 0.2~0.4 倍（或查机械设计手册）。同一铸件上圆角半径的种类应尽可能少，小的铸造圆角在图中一般不标注，集中在技术要求中统一注写。

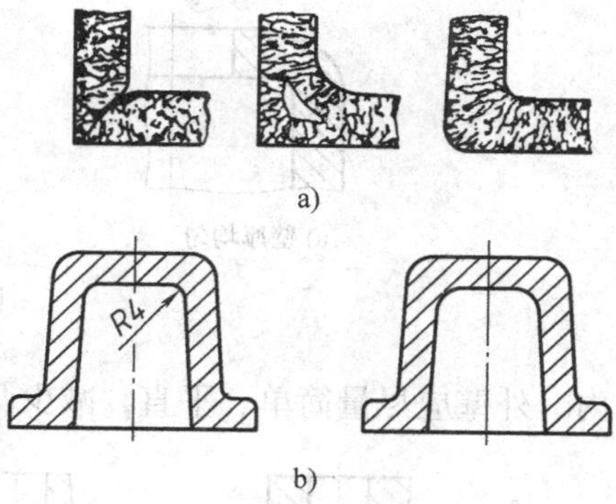

图 2-4 铸造圆角

（3）过渡线 由于铸造圆角的存在，使得铸件各表面的交线变得不够明显、清晰，画图时仍应画出这些交线以区分不同表面，这种线称为过渡线。过渡线用细实线绘制，其画法与相贯线的画法相同，按没有圆角时画出相贯线的投影，画到理论上的交点为止，交线两端或一端空出且不与轮廓线的圆角相交。常见过渡线的画法如图 2-5 所示。

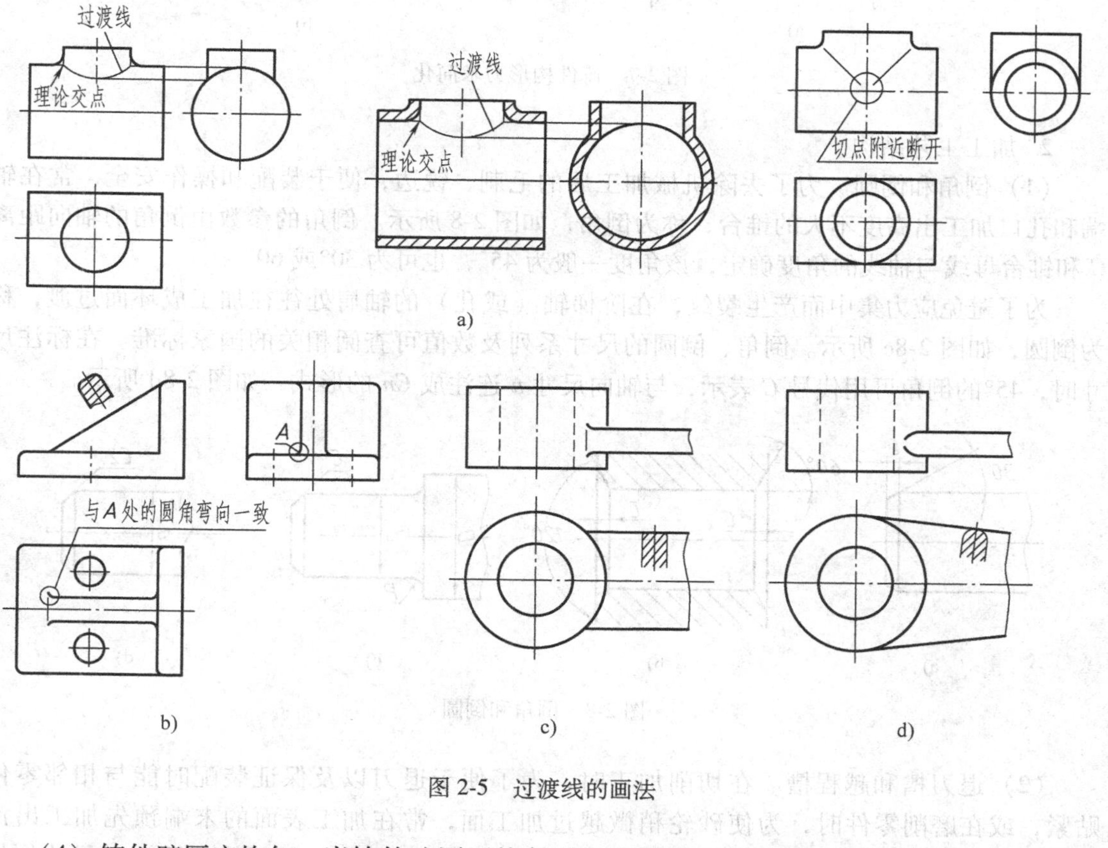

图 2-5 过渡线的画法

（4）铸件壁厚应均匀 当铸件壁厚不均匀时，浇注后因冷却速度不同将产生裂纹和缩孔。为了保证铸件质量，在构形设计中，应尽量使铸件壁厚均匀，如图 2-6a 所示，当有不同壁厚的要求时，要逐渐过渡，防止壁厚相差过大，如图 2-6b 所示，以防止由于壁厚不均匀导致金属冷却速度不同而产生缩孔和裂纹等缺陷，如图 2-6c 所示。

（5）铸件构形力求简化 为了便于制模、造型、清砂、去除浇冒口和机械加工，铸件

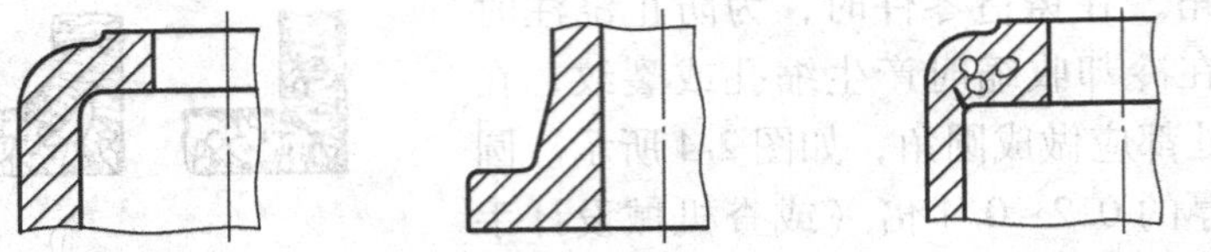

a) 壁厚均匀　b) 逐渐过渡　c) 壁厚不均的缺陷

图 2-6　铸件的壁厚

的内、外壁应尽量简单、平直，减少凸起和分支部分，如图 2-7 所示。

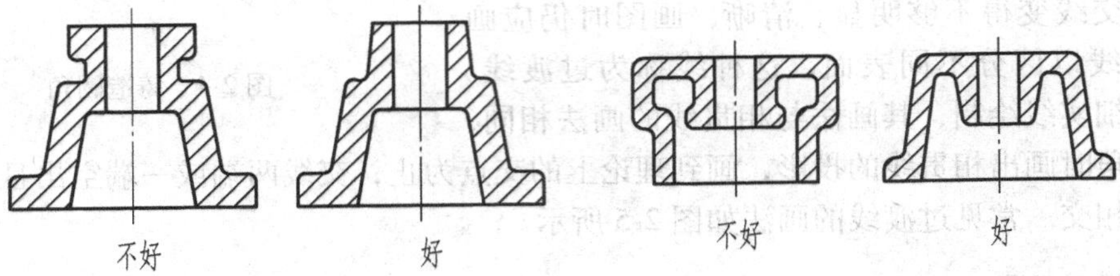

a)　b)

图 2-7　铸件构形力求简化

2. 加工工艺结构

（1）倒角和倒圆　为了去除机械加工后的毛刺、锐边，便于装配和操作安全，常在轴端和孔口加工出高度不大的锥台，称为倒角，如图 2-8 所示。倒角的参数由倒角的轴向距离 C 和锥台母线与轴线的角度确定，该角度一般为 45°，也可为 30°或 60°。

为了避免应力集中而产生裂纹，在阶梯轴（或孔）的轴肩处往往加工成环面过渡，称为倒圆，如图 2-8c 所示。倒角、倒圆的尺寸系列及数值可查阅相关的国家标准。在标注尺寸时，45°的倒角可用代号 C 表示，与轴向尺寸 n 连注成 Cn 的形式，如图 2-8d 所示。

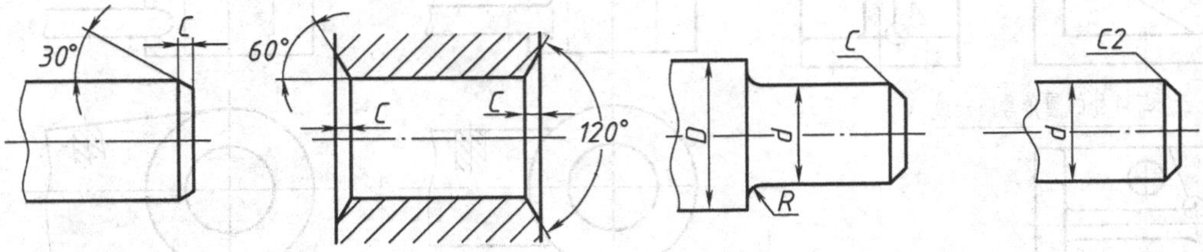

a)　b)　c)　d)

图 2-8　倒角和倒圆

（2）退刀槽和越程槽　在切削加工时，为了便于退刀以及保证装配时能与相邻零件贴紧，或在磨削零件时，为使砂轮稍微越过加工面，常在加工表面的末端预先加工出沟槽，此沟槽称为退刀槽或砂轮越程槽，如图 2-9 所示。退刀槽和越程槽的结构和尺寸须根据轴径（或孔径）查阅有关国家标准，并按“槽宽×直径”或“槽宽×槽深”的形式标注。

（3）凸台与沉孔　为了保证零件间良好的接触性能，零件间的接触面都应进行加工。为了减少加工面积，降低成本，提高接触性能，常在接触部位设置凸台或凹坑结构，如图 2-

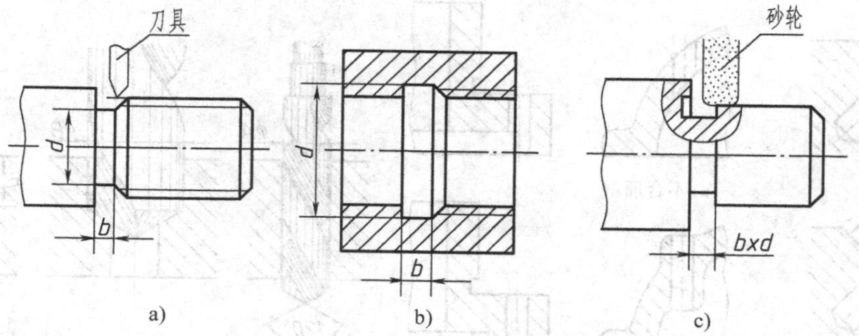

图 2-9 退刀槽和越程槽

10a 和图 2-10b 所示。凸台最好设计在同一平面上，以方便加工，如图 2-10c 所示。凹坑又称沉孔，其加工方法如图 2-11 所示。

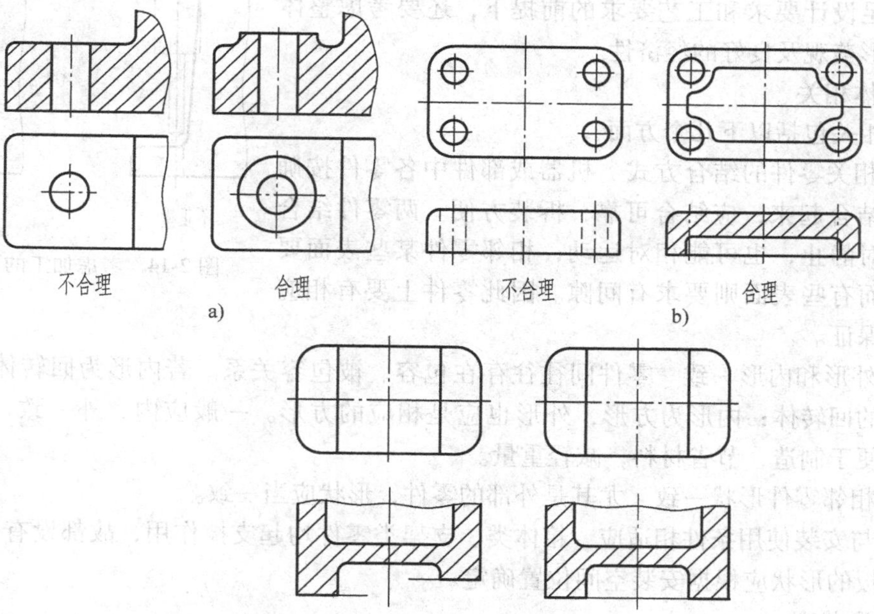

图 2-10 凸台结构

（4）钻孔结构 零件上各种各样的孔多数是利用钻头加工出来的。钻孔时，钻头的轴线应与被加工表面垂直，如图 2-12 所示。在曲面或斜面上钻孔时，应增设凸台或凹坑，以保证钻孔准确定位，避免钻头折断。如图 2-13 所示为用钻头加工阶梯孔的过程，其过渡处应有 120°的锥角。钻孔时，还应考虑加工的可能性，如图 2-14 所示。

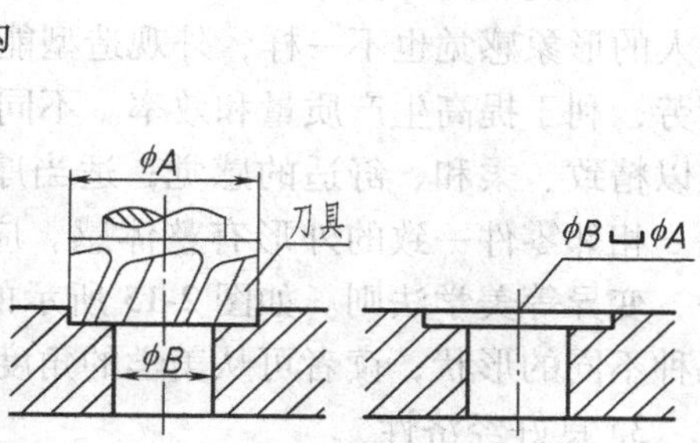

图 2-11 沉孔结构的加工方法

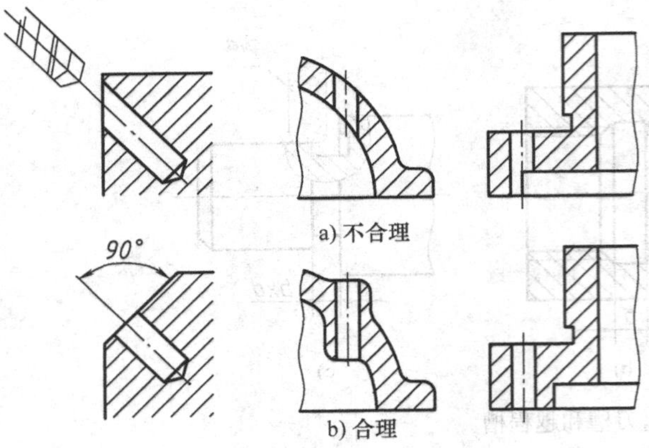

图 2-12　钻孔的合理结构

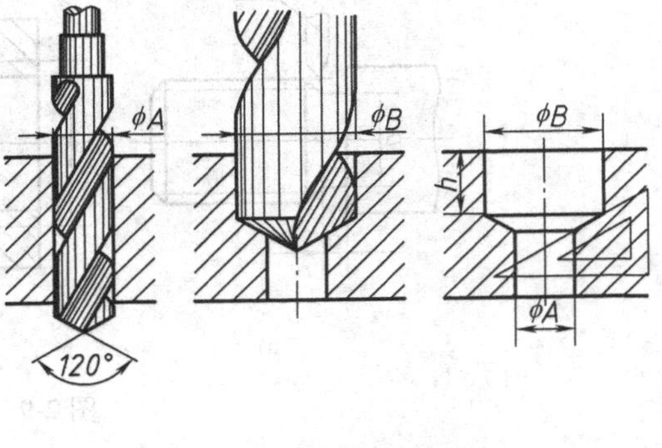

图 2-13　阶梯孔的形成

三、构形设计需要考虑的其他因素

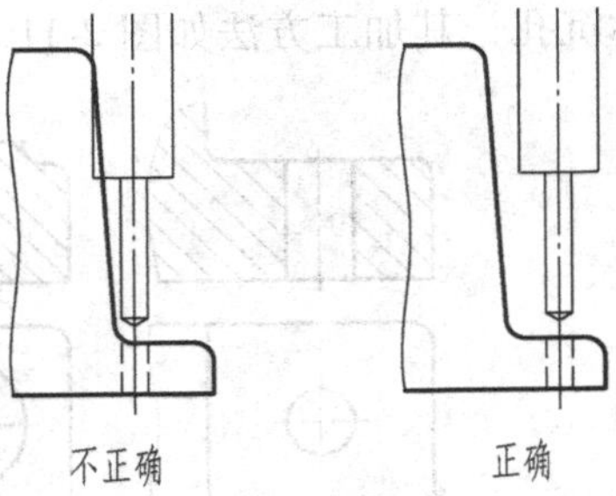

图 2-14　考虑加工的可能性

在满足设计要求和工艺要求的前提下，还要考虑整体相关、外形美观及良好的经济性。

1. 整体相关

整体相关包括以下几个方面：

（1）相关零件的结合方式　机器或部件中各零件按确定的方式结合起来，应结合可靠，拆装方便。两零件结合时可能相对静止，也可能相对运动；相邻零件某些表面要求接触，而有些表面则要求有间隙。因此零件上要有相应的结构来保证。

（2）外形和内形一致　零件间往往存在包容、被包容关系。若内形为回转体，外形也应是相应的回转体；内形为方形，外形也应是相应的方形。一般应内、外一致，且壁厚均匀，同时便于制造，节省材料，减轻重量。

（3）相邻零件形状一致　尤其是外部的零件，形状应当一致。

（4）与安装使用条件相适应　箱体类、支架类零件均起支撑作用，故都设有安装底板，其安装底板的形状应根据安装空间位置确定。

2. 外形美观

外形美观是零件细部构形的另一个主要依据。实现同一功能的零件可以有不同的形状，给人的形象感觉也不一样，外观造型能起到很重要的作用。美观的造型使人心情愉快，减少疲劳，利于提高生产质量和效率。不同的外形会产生不同的视觉效果，如采用圆角过渡，给人以精致、柔和、舒适的感觉；适当厚度和形状的支撑肋板给人以牢固、稳定、轻巧的感觉。相邻零件一致的外形有整体感。应该对不同主体零件灵活采用均衡、稳定、对称、统一、变异等美学法则。如图 2-15 所示的四孔盖板，在保证使用功能的前提下，可以设计成几种不同的形状，读者可从美学的角度分析外观。

3. 良好经济性

从产品的性能、工艺条件、生产效率和材料来源等诸方面综合分析，应尽可能做到形状简单、制造容易、材料来源方便且价格低廉，以降低成本，提高生产效率。还要考虑所设计

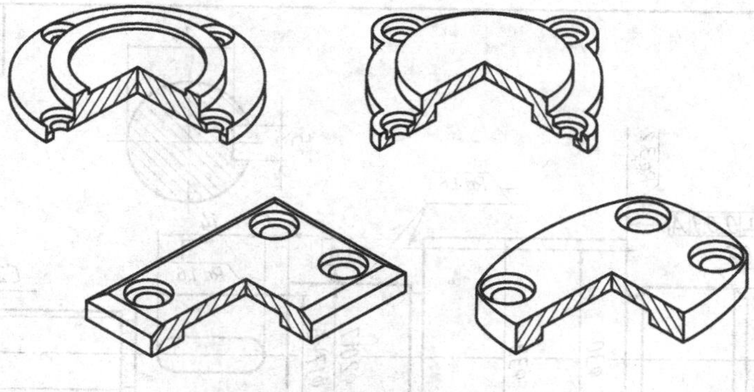

图 2-15 四孔盖板的构形方案

的产品，在制造、使用直到整个生命周期中，是否会给人类环境带来危害，尽量降低产品对环境带来的不良影响。

第三节 零件图的视图选择

零件图的视图选择就是选用一组合适的图形（包括视图、剖视图、断面图及其他各种表达方法），正确、完整、清晰地表达零件的内、外结构形状及各部分的相对位置关系，并力求绘图简单，读图方便。要达到这个基本要求，就要根据零件的结构形状、加工方法及在机器（或部件）中所处的位置，选择一个较好的表达方案，它包括：主视图的选择、其他视图的数量及表达方法的选择。

一、主视图的选择

主视图是一组视图的核心。在表达零件时，应该先确定主视图，然后再确定其他视图。选择主视图应先确定零件的安放位置，然后确定主视图投射方向。

1. 主视图的位置

主视图的位置应符合以下两个原则：

（1）加工位置原则　选择主视图时应尽量与零件加工过程中的装夹位置一致，这样便于工人看图操作。如轴、套、轮和盘等回转体零件主要是在车床、磨床上加工，故主视图应按轴线水平放置。如图 2-16 所示的齿轮轴，其零件图如图 2-17 所示，主视图按加工位置选择。

（2）工作位置（或自然安放位置）原则　零件在机器或部件中所处的位置称为工作位置。对于加工位置多变的零件，如叉架、箱体类零件，在选择主视图时，应尽量与零件的工作位置（或自然安放位置）一致。如图 2-18a 所示为连杆的工作情况，比较如图 2-18b 和图 2-18c 所示的两种情况，显然选如图 2-18b 所示的按工作位置作为主视图投影方向较合适，这样读图比较形象，也便于安装。

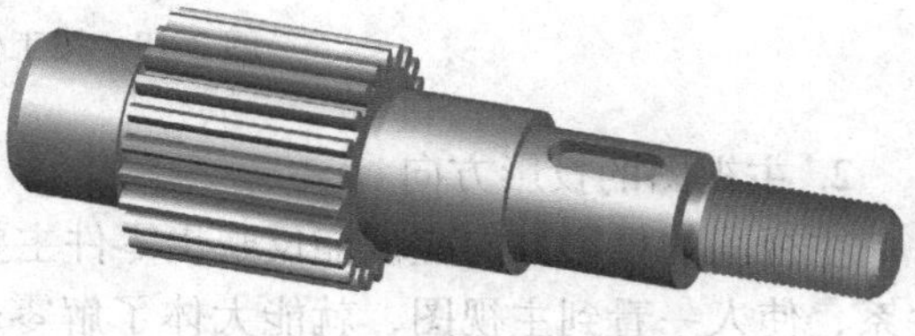

图 2-16 齿轮轴立体图

在机器中工作位置倾斜的零件，其主视图应将其放正。

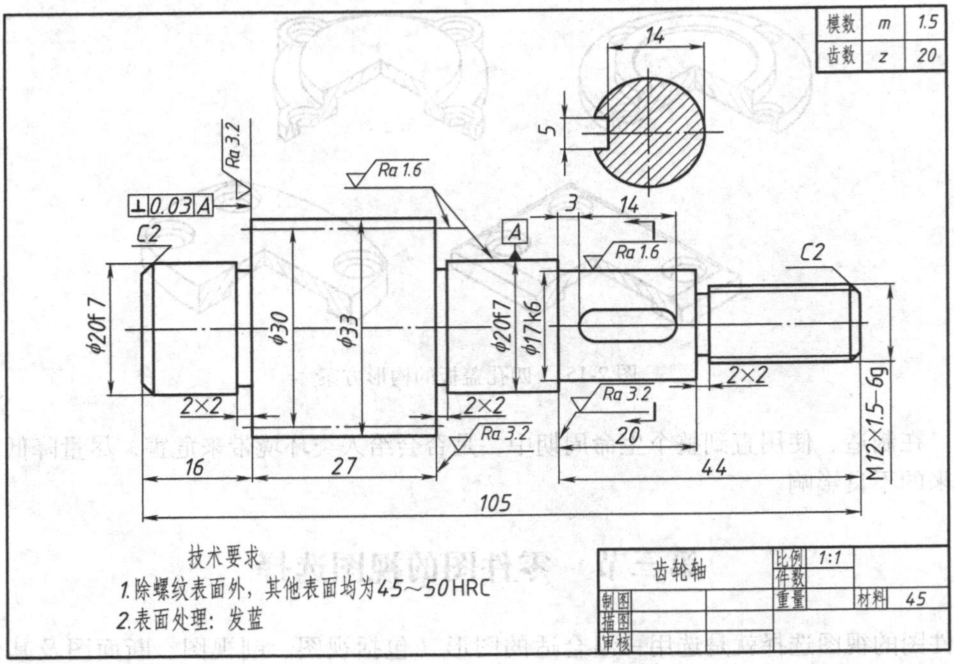

图 2-17　齿轮轴零件图

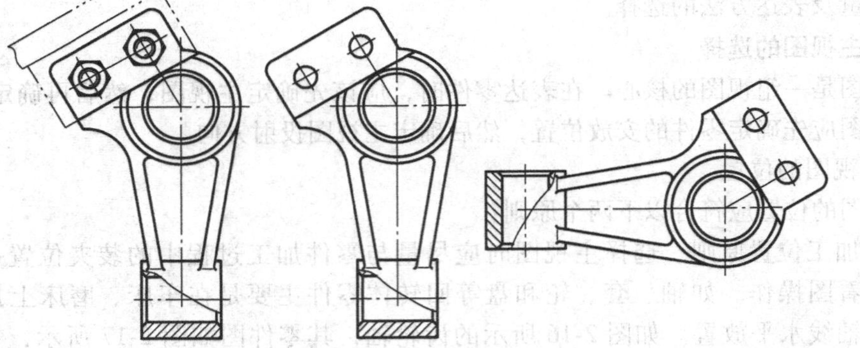

a)　b)　c)

图 2-18　按工作位置选择主视图

2. 主视图的投影方向

主视图的投影方向应该能反映出零件主要部分的结构形状，以及各结构之间的相互位置关系，使人一看到主视图，就能大体了解零件的基本形状和构形特点。如图 2-19 所示的滑动轴承盖，比较分别以 *A* 向和 *B* 向作为投影方向选择主视图的情况，显然 *A* 向能充分反映其构形特征，作为主视图比较好。

二、其他视图的选择

一般情况下，仅有主视图是不能完全地表达零件结构形状的，还需其他视图的配合，其他视图各自有明确的表达目的和重点。选择其他视图时可考虑以下几点：

1）优先考虑基本视图，并采用相应的剖视。对于内繁外简的零件可用全剖视图表达，对于内外均复杂且投影不重叠的零件，可用半剖视图或局部剖视图。

2）对于零件尚未表达清楚的局部形状或细部结构，采用局部视图、斜视图或局部放大图等来表达，并尽可能按投影关系配置在相关视图附近。

3）应尽量少用细虚线表达零件的不可见部分。如果零件上某处局部结构用细虚线表达，可以减少视图，且不会造成看图困难时，细虚线可以画出。

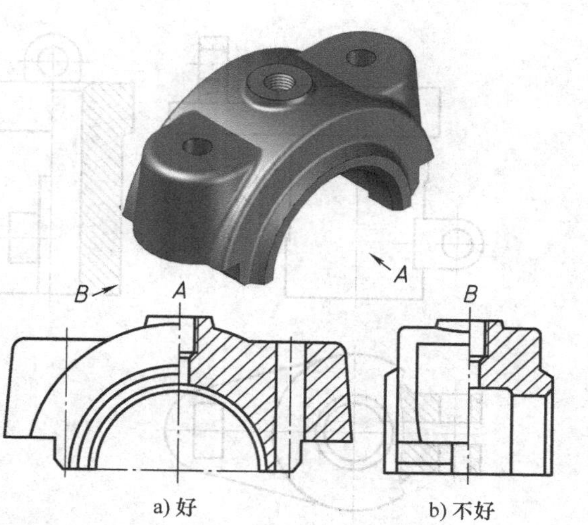

图 2-19 滑动轴承盖主视图的投射方向

总之，零件越复杂，视图数量越多，在完整、清晰地表达零件结构形状的前提下，可选择不同的表达方案，尽量减少视图的数量，使表达简洁、精练。

三、表达方案示例

当零件的结构形状比较复杂时，表达方案一般不只一个。应本着表达零件要正确、完整、清晰、简便的原则，在多种方案中进行比较，从中选择一个较优的表达方案。

试比较如图 2-20 所示的支架的表达方案。

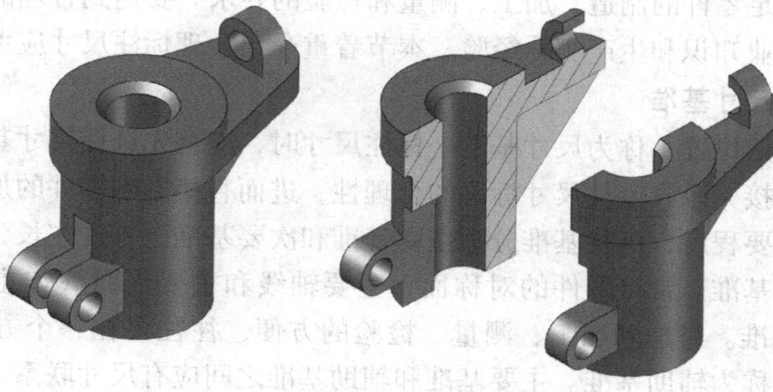

图 2-20 支架立体图

方案一：如图 2-21a 所示，共用了三个基本视图，主视图主要表达支架的外部结构形状，俯、左视图表达内部结构形状，同时补充表达了外部形状。虽然做到了正确、完整、清晰，但主、左视图有重复。

方案二：如图 2-21b 所示，共用了两个基本视图（剖视）和一个局部视图，主视图采用了局部剖视，表达支架的内、外结构形状，取代了方案一中左视图的内部结构表达。局部视图 *A* 表达了右侧立板的形状。与方案一比较，方案二不仅表达得正确、完整、清晰，而且简便，是一个较好的表达方案。

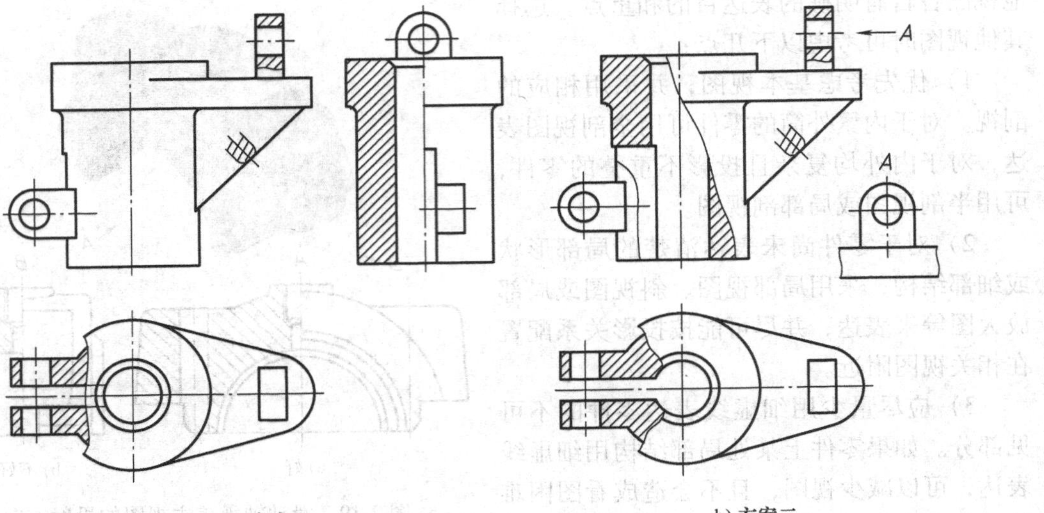

a) 方案一　　b) 方案二

图 2-21　支架表达方案比较

第四节　零件图的尺寸标注

零件图上的尺寸标注除了要求正确、完整、清晰外，还应使尺寸标注合理。所谓合理，就是所标注的尺寸应满足设计要求和工艺要求，也就是既满足零件在机器中能很好地承担工作的要求，又能满足零件的制造、加工、测量和检验的要求。要达到合理的要求，设计人员需要具有一定的专业知识和生产实际经验。本节着重介绍合理标注尺寸应考虑的几个问题。

一、合理选择尺寸基准

标注尺寸的起始位置，称为尺寸基准。标注尺寸时，应首先选择尺寸基准。尺寸基准的选择是否合理，直接关系到零件尺寸标注的合理性，进而直接影响零件的加工质量。

根据基准的重要程度，可将基准分为主要基准和次要基准。零件在长、宽、高三个方向上应各有一个主要基准。常将零件的对称面、主要轴线和重要平面（如主要加工面、安装面等）作为主要基准。考虑到加工、测量、检验的方便，往往要在一个方向上再增加几个基准，增加的基准称为辅助基准。主要基准和辅助基准之间应有尺寸联系。

尺寸基准按用途可分为设计基准和工艺基准两类。

（1）设计基准　根据零件的构形和设计要求而选定的基准称为设计基准。一般是机器或部件中确定零件位置的面和线，如对称面，安装孔的轴线、端面等。

（2）工艺基准　为保证加工精度和方便加工与测量而选定的基准称为工艺基准。一般是在加工过程中用作零件定位和加工及测量起点的一些点、线和面。

通常将设计基准作为主要基准，工艺基准作为辅助基准。标注尺寸时，最好能把设计基准和工艺基准统一起来，这样，既能满足设计要求，又能满足工艺要求。当二者不能统一时，应以保证设计要求为主。对轴套类、轮盘类等以回转体为主的零件，尺寸基准分径向和轴向，径向基准为轴线，轴向基准取定位轴肩或端面。叉架类、箱体类零件，结构复杂，一般以其安装基面、对称面或端面作为长、宽、高三个方向的尺寸基准。

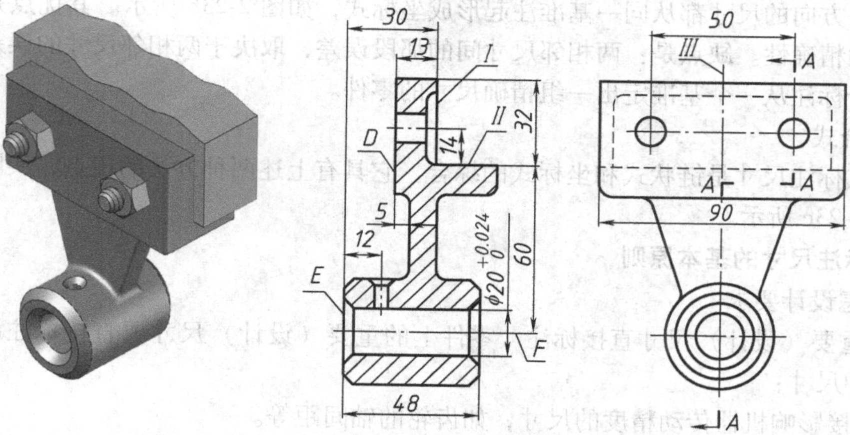

图 2-22 设计基准和工艺基准示例

如图 2-22 所示的轴承挂架，其工作状况是：两个对称的挂架固定在机架上，用以支承转轴。为保证两挂架的 $\phi20$ 孔轴线在同一直线上，用安装面 *I*、*II* 和对称面 *III* 来定位。因此 *I*、*II*、*III* 三个平面是轴承挂架的设计基准。从加工考虑，*I*、*II* 面又是加工 *D* 面和 $\phi20$ 孔的工艺基准。这时设计基准和工艺基准统一。除三个方向的主要基准外，还应有一些辅助基准。*D*、*E* 面和 *F* 轴线就是辅助基准。图 2-22 中以 *D* 面为辅助基准标注的尺寸有 5，*D* 面与 *I* 面的联系尺寸（主、辅基准的联系尺寸）为 13；以 *E* 面为辅助基准标注的尺寸有 12、48，*E* 面与 *I* 面的联系尺寸为 30。以 *F* 轴线为辅助基准标注的尺寸有 $\phi20^{+0.024}_{0}$，*F* 轴线与 *II* 面的联系尺寸为 60。

二、标注尺寸的形式

根据需求不同，标注尺寸的形式可分为链状式、坐标式和综合式三种，如图 2-23 所示。

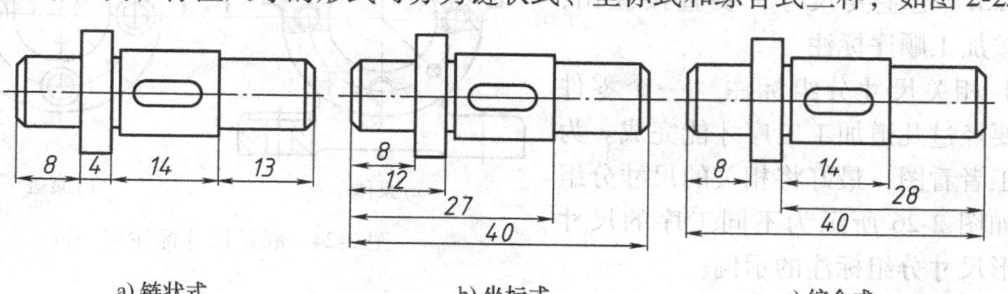

a) 链状式 b) 坐标式 c) 综合式

图 2-23 标注尺寸的形式

1. 链状式

把同一方向的尺寸逐段首尾相接连续注写形成链状式，如图 2-23a 所示。其优点是：保证每一段尺寸的精度，每段加工误差只影响其本身，不受其他尺寸段误差的影响。缺点是：总体尺寸的误差是各段误差之和，总体尺寸不易控制。在机械制造中，链状式常用于标注中心轴线之间的距离、阶梯状零件中尺寸要求十分精确的各段以及用组合刀具加工的零件等。

2. 坐标式

把同一方向的尺寸都从同一基准注起形成坐标式，如图 2-23b 所示。其优点是：能保证每一尺寸的精确性。缺点是：两相邻尺寸间的那段误差，取决于两相邻尺寸的误差之和。坐标式常用于标注从一个基准定出一组精确尺寸的零件。

3. 综合式

综合式标注尺寸是链状式和坐标式的综合。它具有上述两种方法的优点，实际中应用最多，如图 2-23c 所示。

三、标注尺寸的基本原则

1. 考虑设计要求

（1）重要（设计）尺寸直接标注　零件上的重要（设计）尺寸要直接标注出来，一般指以下几种尺寸：

1）直接影响机器传动精度的尺寸，如齿轮的轴间距等。

2）直接影响机器性能的尺寸，如齿轮泵主动轴的中心高等。

3）两零件相互配合的尺寸，如轴与孔的配合尺寸等。

4）零件安装位置的尺寸，如螺栓孔的中心距、孔的分布圆直径等。

（2）相邻零件联系尺寸的基准和标注应一致　在相互连接的各零件间总有一个或几个相关表面，联系尺寸就是保证这些相关表面的定形、定位一致的尺寸。如齿轮泵泵体和泵盖的端面就是相关表面，其尺寸 R_1 与 R_2、L_1 与 L_2、α_1 与 α_2 等联系尺寸均应一致，如图 2-24 所示。

2. 考虑工艺要求

（1）按加工顺序标注尺寸　按加工顺序标注尺寸，符合加工过程，便于加工测量。如图 2-25 所示的齿轮轴，只有长度尺寸 25f7 是主要尺寸，要直接注出，其余都按加工顺序标注。

（2）相关尺寸分组标注　一个零件往往需要经过几道加工工序才能完成。为方便加工者看图，最好将相关的尺寸分组标注。如图 2-26 所示为不同工序的尺寸和内外形尺寸分组标注的示例。

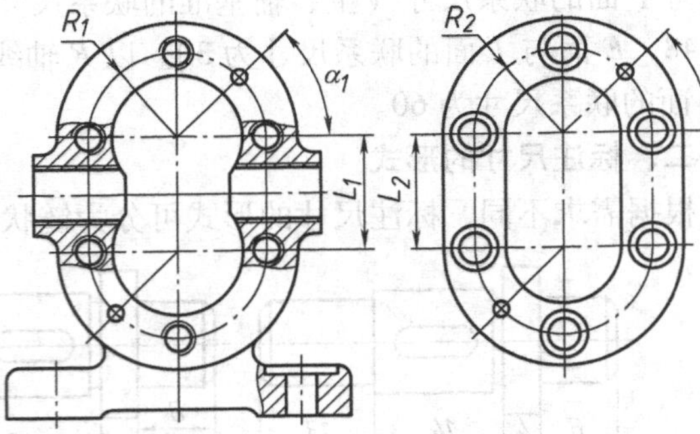

a) 泵体　　b) 泵盖

图 2-24　联系尺寸标注应一致

3. 标注尺寸要便于测量

标注尺寸应考虑测量的方便。尽量做到使用普通量具就能测量。如图 2-27a 所示图例中尺寸不便测量，需采用专用量具测量。因此，这类尺寸应按如图 2-27b 所示进行标注。

4. 避免出现封闭的尺寸链

封闭尺寸链是头尾相接，绕成一整圈的一组尺寸。每个尺寸可看成是链中的一环，如图 2-28a 所示。这种尺寸标注会出现误差积累，而且误差可能恰好积累在某一重要的尺寸上，从而导致零件成次品或废品。因此，实际标注尺寸时，应在尺寸链中选一个尺寸精度要求不高的环不注尺寸，将其他各环尺寸误差累积到该环上，此环称为开口环，如图 2-28b 所示。开口环有时也注上尺寸并加括号，作为参考尺寸，如图 2-28c 所示。

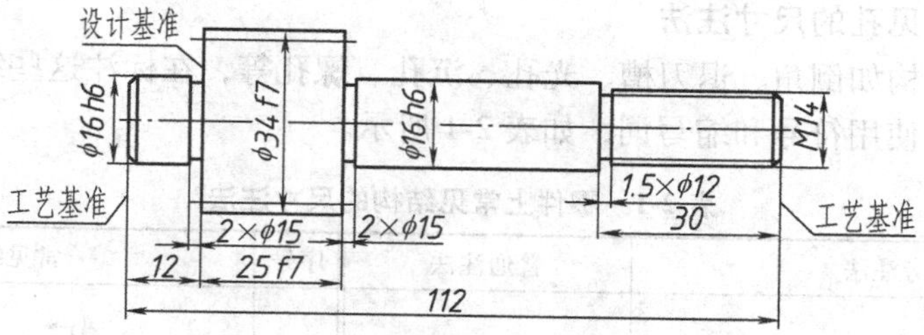

a) 零件图

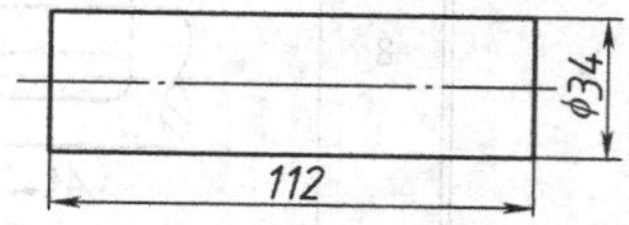

b) 备料

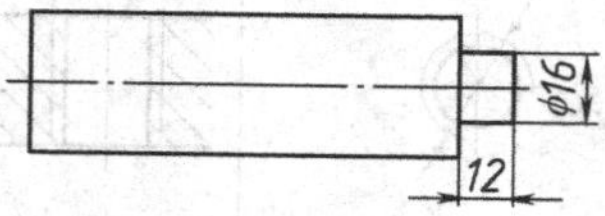

c) 加工左端轴径

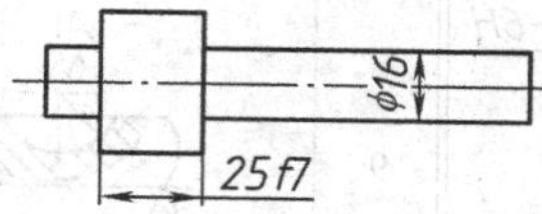

d) 调头，保证尺寸25mm、φ16mm轴径

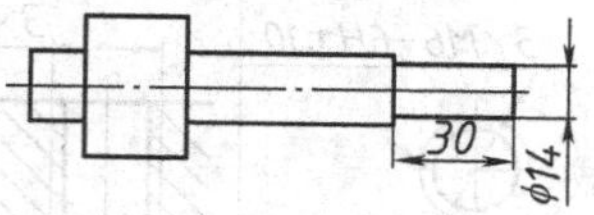

e) 加工长为30mm的螺纹轴径

图 2-25　齿轮轴按加工顺序标注尺寸

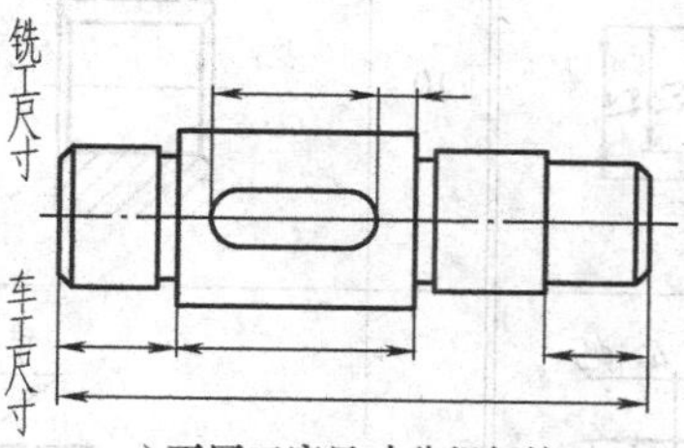

a) 不同工序尺寸分组标注

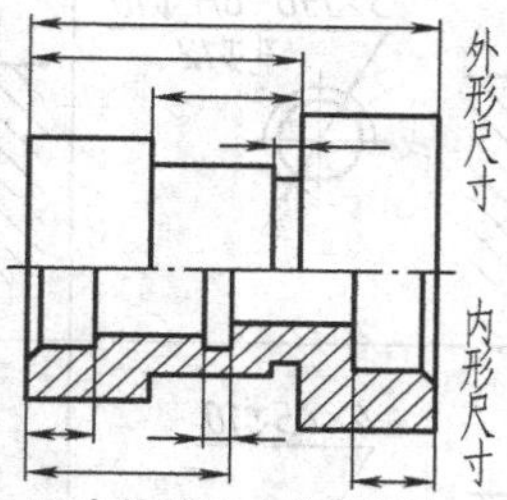

b) 内外形尺寸分组标注

图 2-26　相关尺寸的分组标注

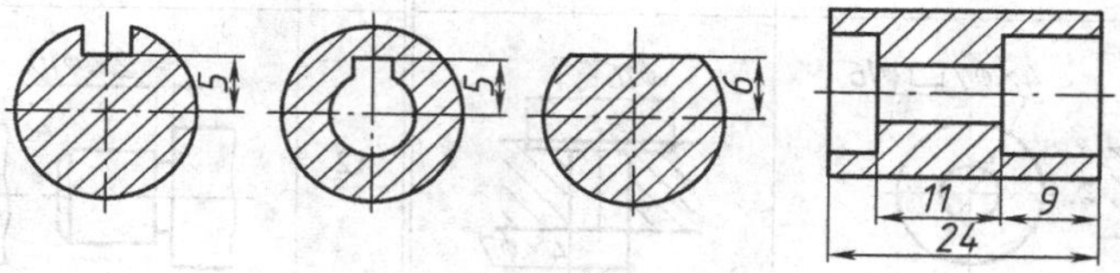

a) 不便于测量

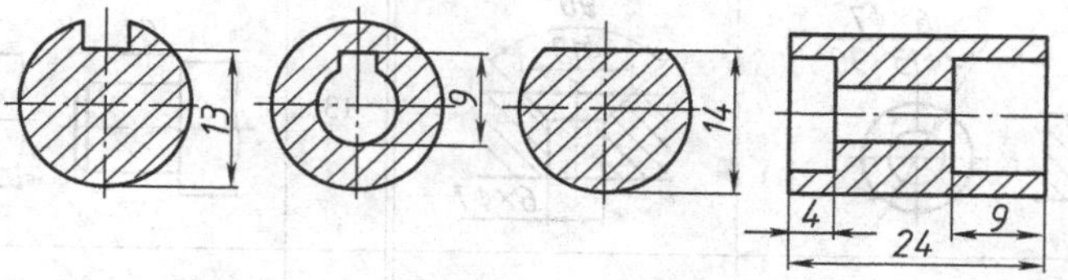

b) 便于测量

图 2-27　标注尺寸要便于测量

四、零件上常见孔的尺寸注法

零件上常见结构如倒角、退刀槽、光孔、沉孔、螺孔等，在标注这些结构的尺寸时，尽可能按标准格式，使用符号和缩写词，如表2-1所示。

表2-1　零件上常见结构的尺寸注法

序号	旁注法	普通注法	序号	常见结构注法
1	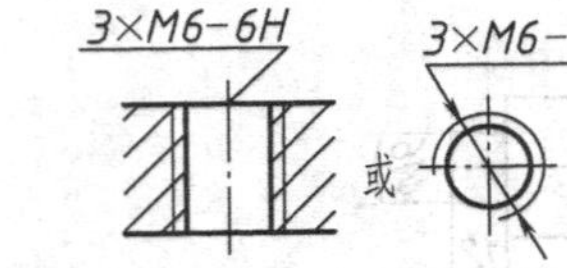	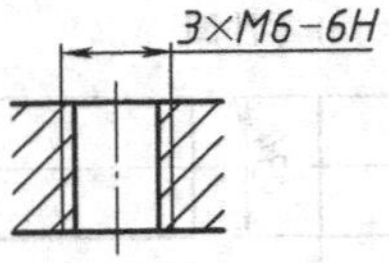	8	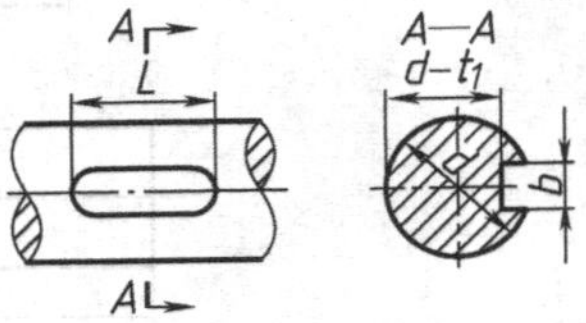
2	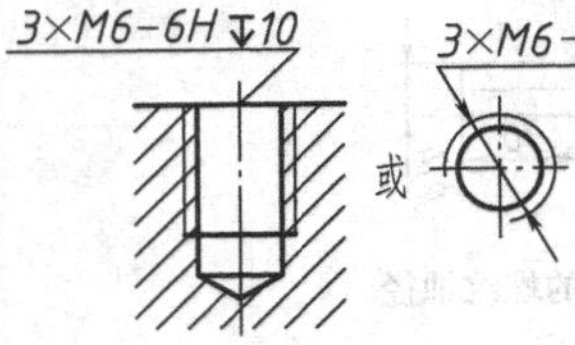	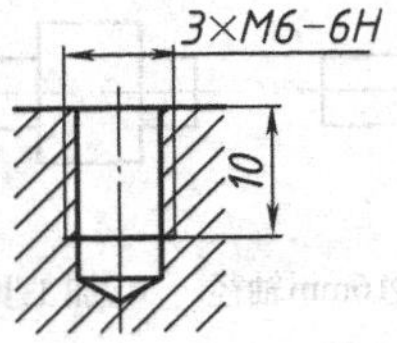	9	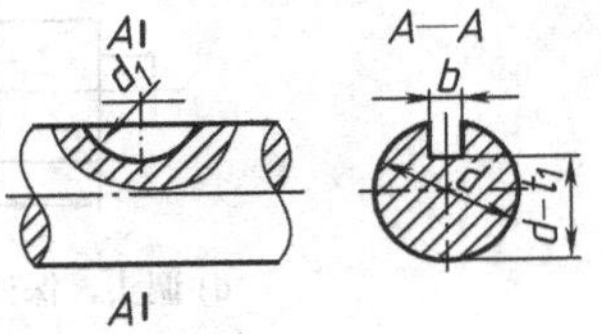
3	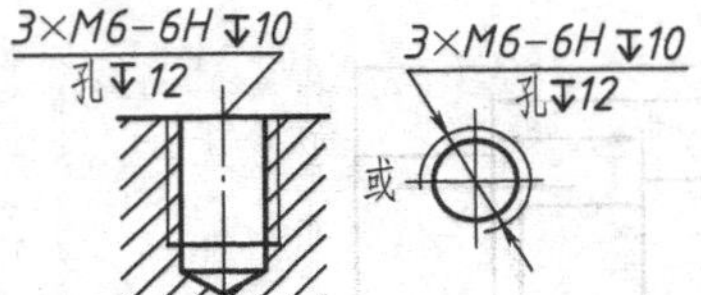	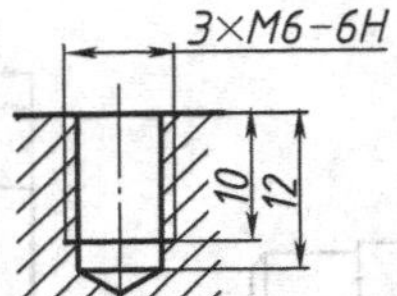	10	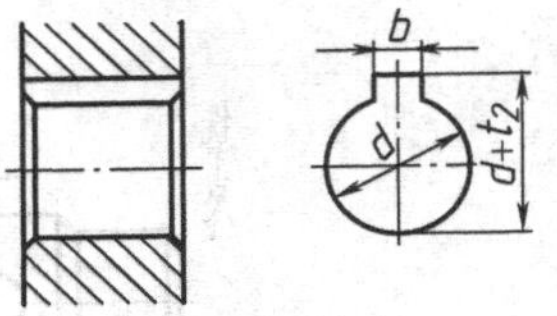
4	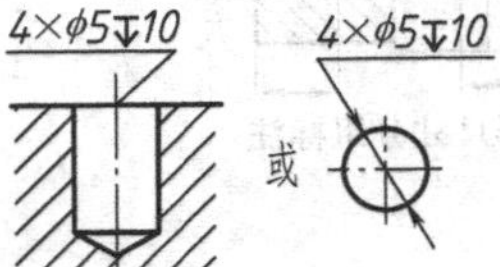	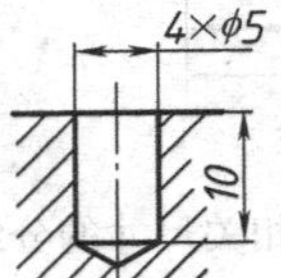	11	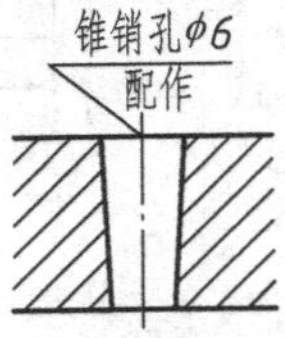
5	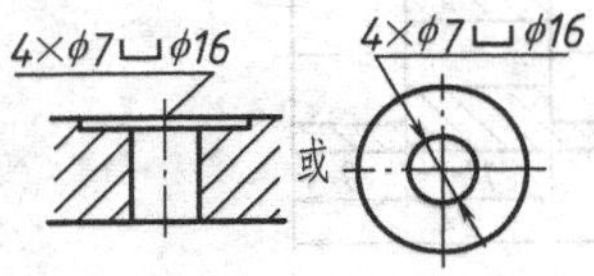	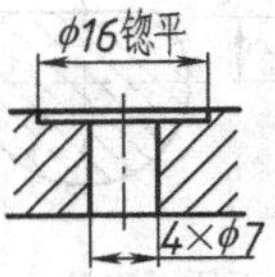	12	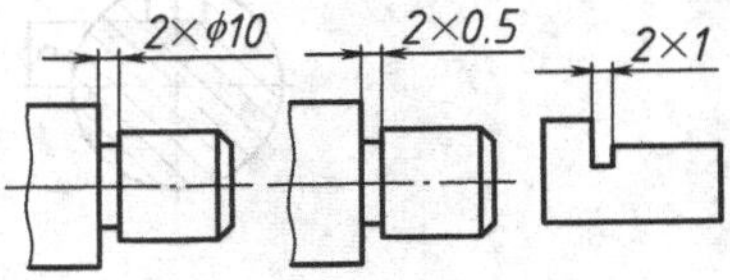
6	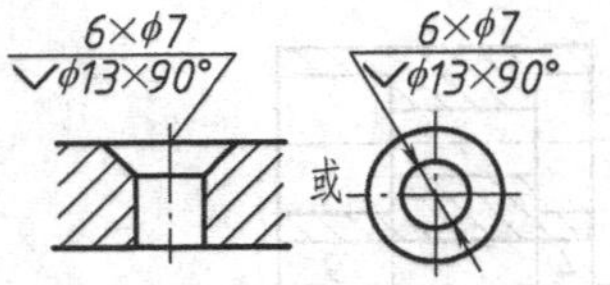	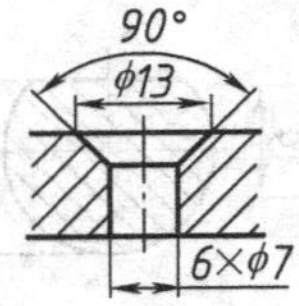	13	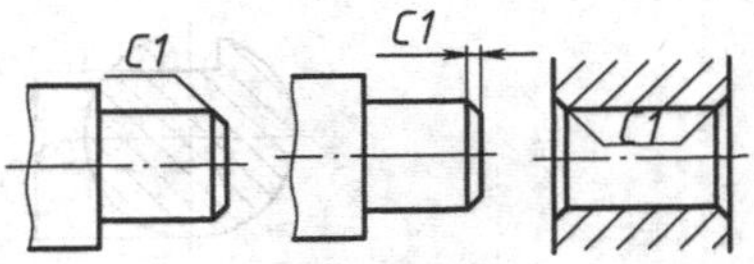
7	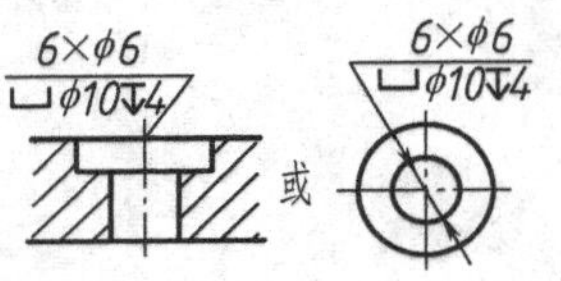	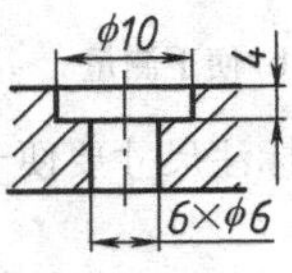	14	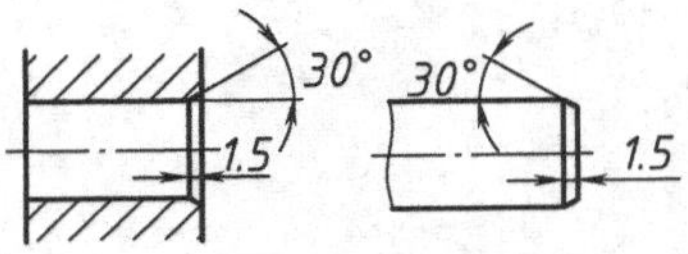

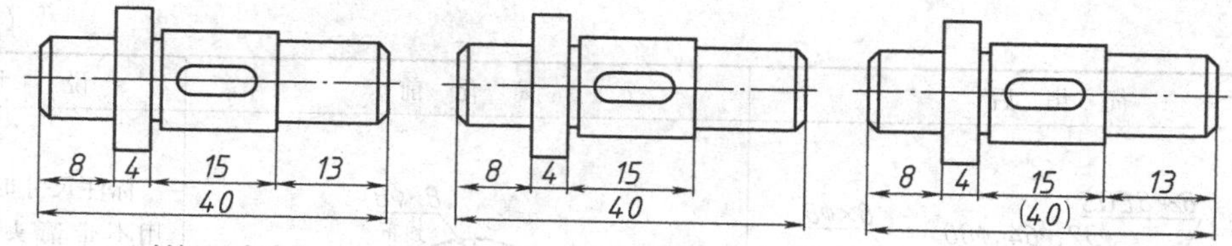

a) 封闭尺寸链　　b) 开口环　　c) 参考尺寸

图 2-28　尺寸链

实际应用中，为提高设计绘图效率及图样的清晰度，在不致引起误解的情况下，GB/T 16675. 2—2012 规定了若干简化画法，如表 2-2 所示。

表 2-2　通用简化注法

<table>
<tr><th>简 化 后</th><th>简 化 前</th><th>说 明</th></tr>
<tr><td>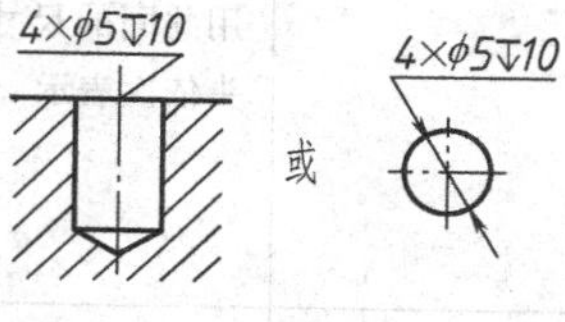
4×φ5↧10
或
4×φ5↧10</td><td>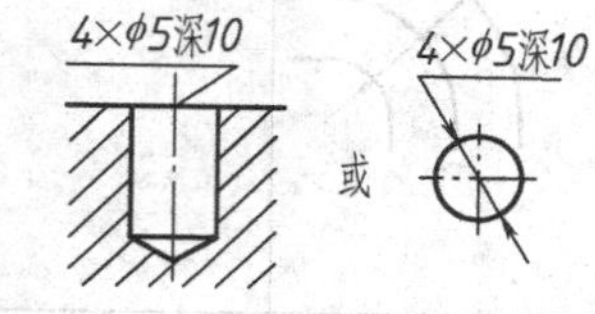
4×φ5深10
或
4×φ5深10</td><td rowspan="3">↧——深度
⌴——沉孔或锪平
⌵——埋头孔
各类孔可采用旁注和符号相结合的方法标注</td></tr>
<tr><td>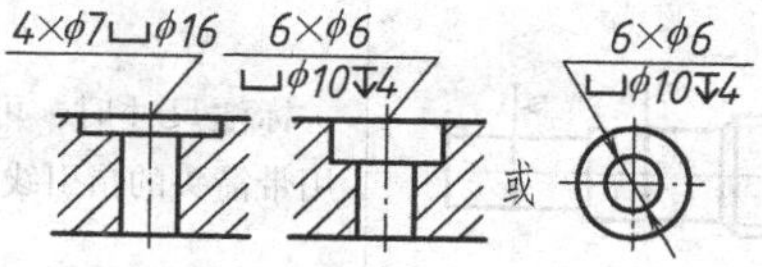
4×φ7⌴φ16
6×φ6
⌴φ10↧4
或
6×φ6
⌴φ10↧4</td><td>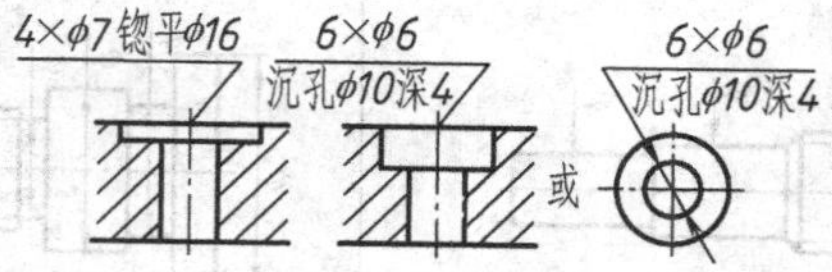
4×φ7锪平φ16
6×φ6
沉孔φ10深4
或
6×φ6
沉孔φ10深4</td></tr>
<tr><td>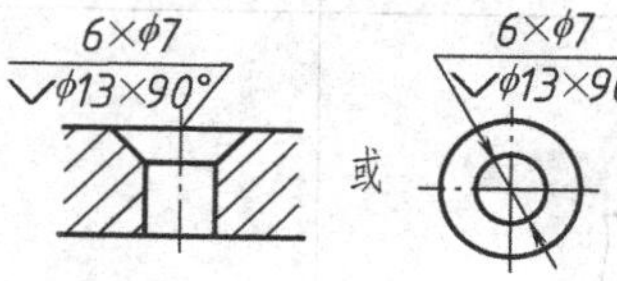
6×φ7
⌵φ13×90°
或
6×φ7
⌵φ13×90°</td><td>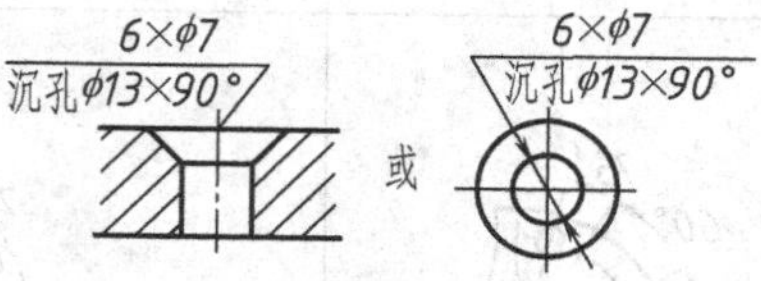
6×φ7
沉孔φ13×90°
或
6×φ7
沉孔φ13×90°</td></tr>
<tr><td>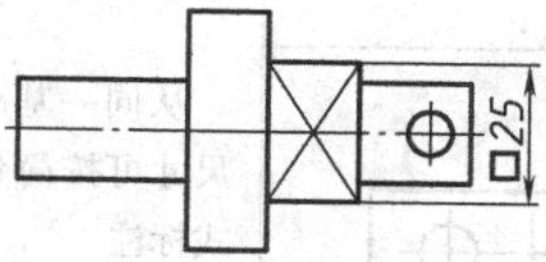
□25</td><td>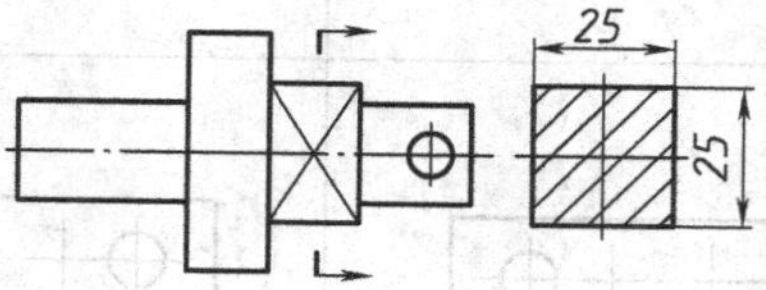
25
25</td><td>标注正方形结构尺寸时，可在正方形边长尺寸数字前加注“□”符号
□——正方形</td></tr>
<tr><td>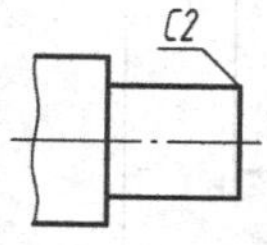
C2</td><td>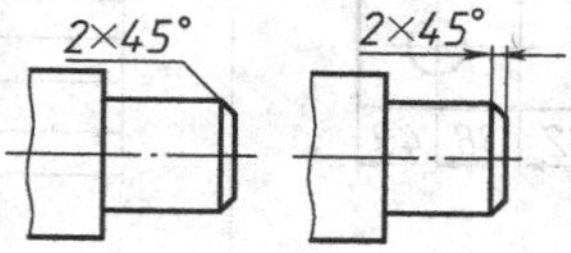
2×45°
2×45°</td><td>在不致引起误解时，零件图中的倒角可以省略不画，其尺寸也可简化
C——45°倒角</td></tr>
</table>

（续）

<table>
<tr><th>简化后</th><th>简化前</th><th>说明</th></tr>
<tr>
<td>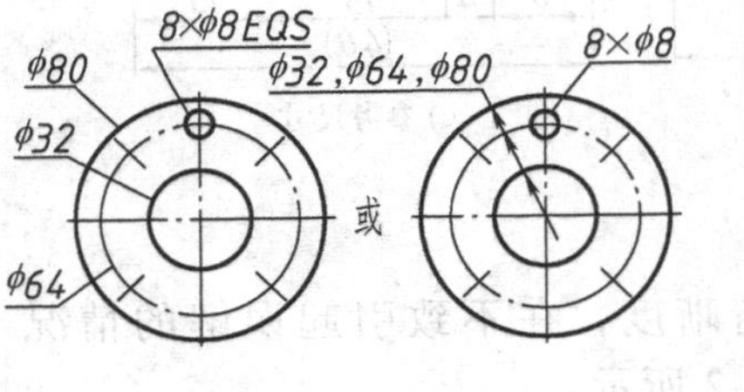
</td>
<td>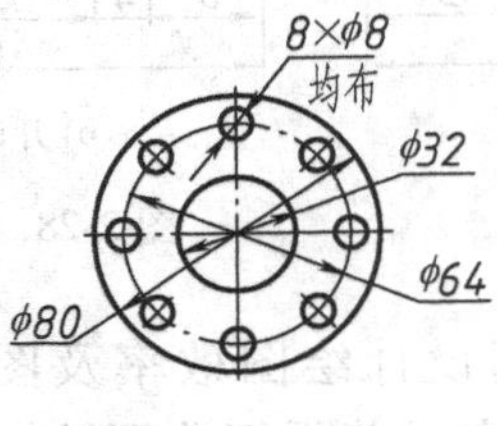
</td>
<td>标注尺寸时，可采用不带箭头的指引线；一组同心圆，也可用共同的尺寸线和箭头
EQS——均布</td>
</tr>
<tr>
<td>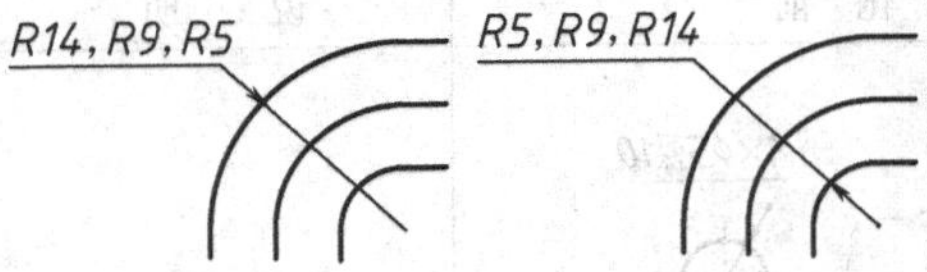
</td>
<td>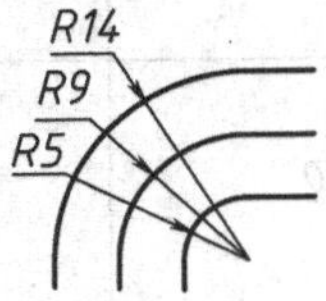
</td>
<td>一组同心圆弧，可用共同的尺寸线和箭头依次表示</td>
</tr>
<tr>
<td>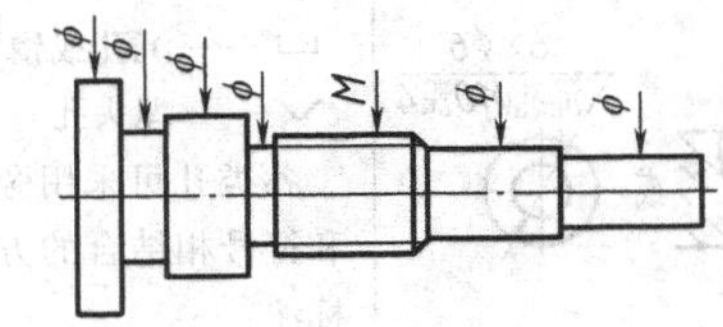
</td>
<td>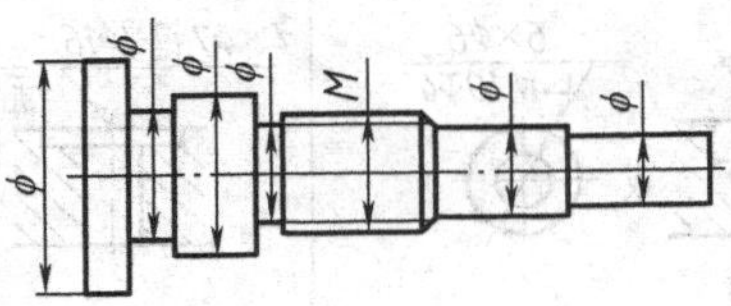
</td>
<td>标注尺寸时，可采用带箭头的指引线</td>
</tr>
<tr>
<td>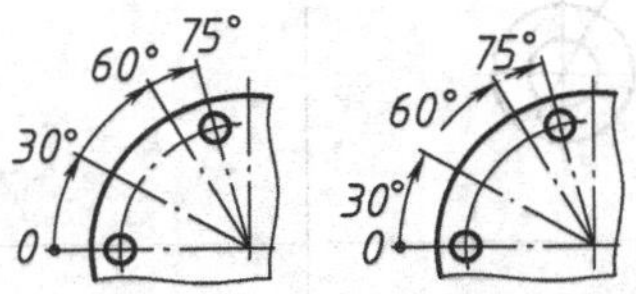
</td>
<td>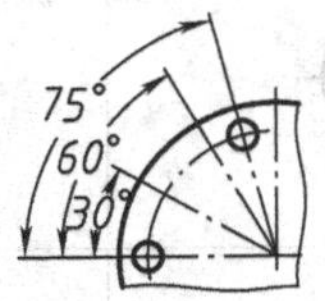
</td>
<td rowspan="2">从同一基准出发的尺寸可按简化后的形式标注</td>
</tr>
<tr>
<td>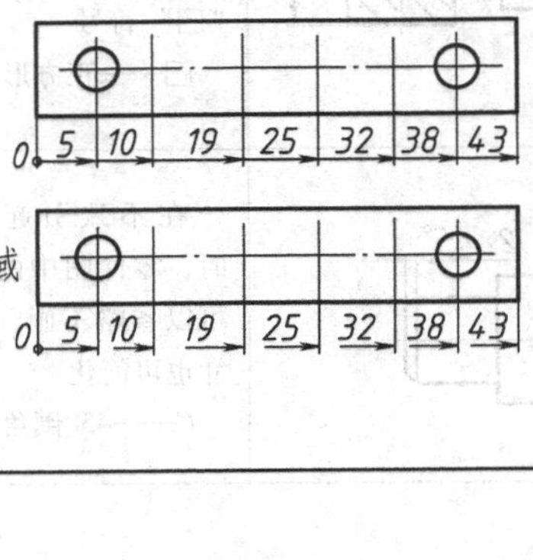
</td>
<td>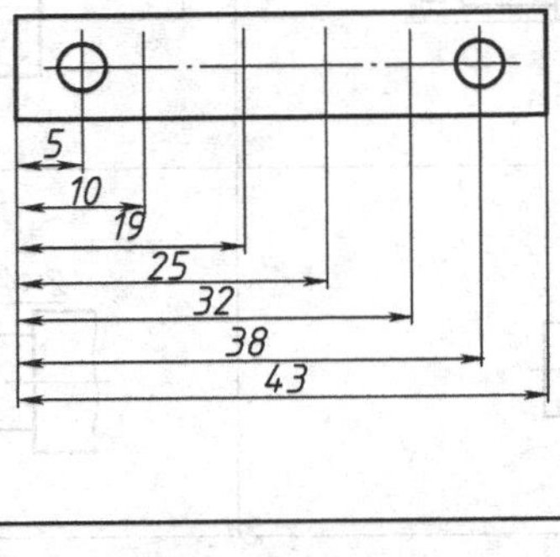
</td>
</tr>
</table>

第五节　典型零件分析

由于零件在机器中的作用各不相同，因此它们的结构形状也就多种多样。为了便于研究，根据零件的形状和结构特征，通常将零件分为四大类：轴套类、轮盘类、叉架类和箱体类。

一、轴套类零件

1. 结构分析

轴套类零件一般由若干段同轴线的不同直径的回转体组成，包括各种轴和空心套，如图 2-29 所示的泵轴。轴套类零件主要起支承、传递动力和轴向定位的作用，其径向尺寸较小，轴向尺寸较大。根据设计、加工、安装等要求，常有螺纹、键槽、销孔、退刀槽、中心孔、油槽和倒角等局部结构。

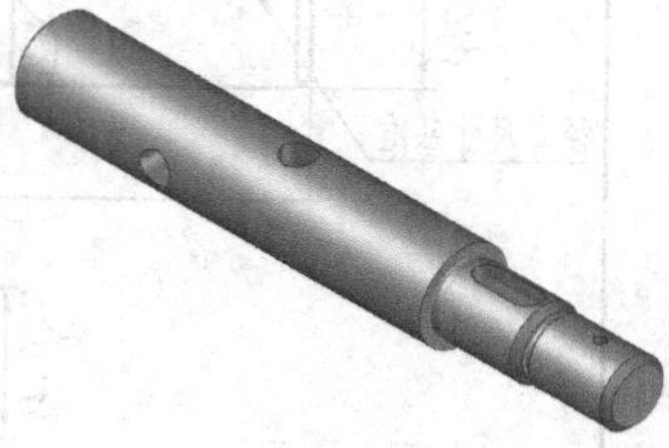

图 2-29　泵轴立体图

2. 表达方案分析

1）轴套类零件主要在车床或磨床上加工，主视图按加工放置（轴线水平）放置，以垂直于轴线方向作为主视图的投射方向。一般小直径一端在右，平键键槽向前，半圆键键槽向上，以利于形状特征的表达，如图 2-30 所示。用一个基本视图并分别标注尺寸 ϕ，就可以把各段轴的直径大小和相对位置基本上表达清楚。

2）用断面图、局部视图、局部剖视或局部放大图等表达键槽、退刀槽和其他细小结构。

3）空心轴套因存在内部结构，可用剖视表达。

4）径向较长而断面相同，或长度有规律变化的轴，可用折断画法。

因此，轴套类零件通常采用一个主视图，以及若干个断面图、局部视图或局部放大图等表达。

3. 尺寸标注分析

1）轴套类零件宽度和高度的主要基准是回转轴线，长度方向的主要基准常根据设计要求选择某一轴肩端面。例如，安装齿轮或轴承定位的轴肩端面，而辅助基准可以是两端面或其他精度稍低的轴肩端面。

2）重要尺寸应直接注出。例如，安装齿轮或轴承的轴径长度尺寸、总长尺寸，而其余尺寸可按加工顺序标注。

3）不同工序的加工尺寸，内外结构的形状尺寸应分开标注。

4）对于零件上的标准结构，如键槽、退刀槽、越程槽和倒角等，应查阅设计手册按标准进行标注。

二、轮盘类零件

1. 结构分析

轮盘类零件的主体部分由回转体组成，其轴向尺寸小，径向尺寸大，包括各种轮和盘盖，如齿轮、带轮、手轮、端盖、法兰盘等，如图 2-31 所示的泵盖。轮盘类零件主要传递

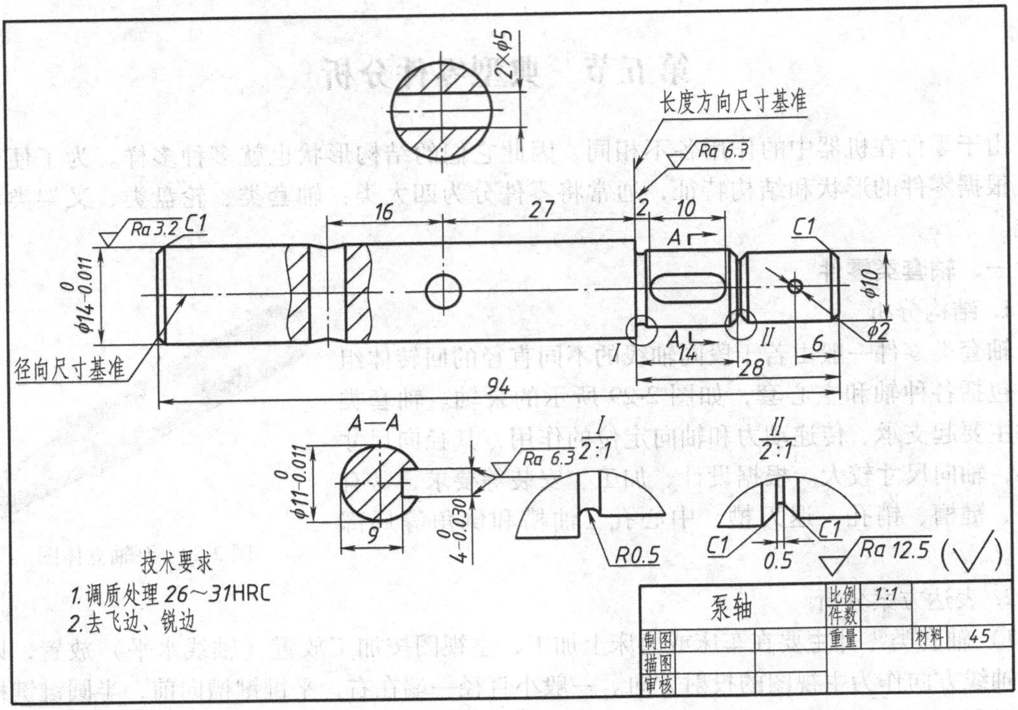

图 2-30 泵轴零件图

动力和扭矩，盘类零件主要起支承、定位和密封作用。轮盘类零件上常有键槽、凸台、退刀槽、均匀分布的小孔、肋和轮辐等结构。

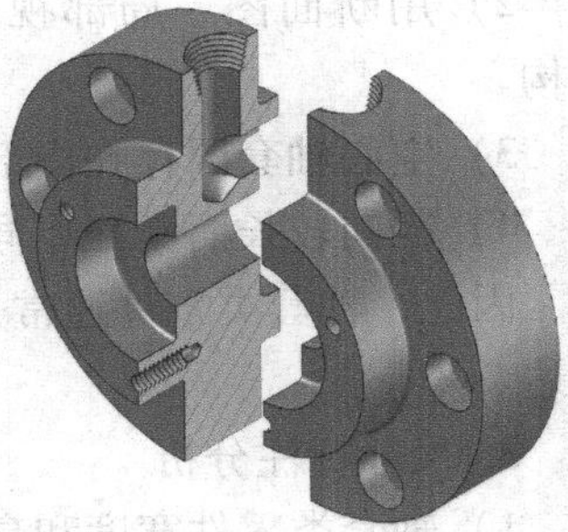

图 2-31 泵盖立体图

2. 表达方案分析

1）轮盘类零件，主要是在车床上加工，应按加工位置选主视图，即轴线水平放置；对于非回转体的盘盖，可按工作位置确定主视图。

2）轮盘类零件一般需要两个基本视图，如图 2-32 所示。主视图采用单一剖切面或几个相交的剖切平面等剖切方法，以表达内部结构形状，左视图（或右视图）表达端面外形轮廓和其上分布的孔、肋、轮辐的位置，并常采用简化画法。

3）对于肋、轮辐可用移出断面或重合断面表达。

因此，轮盘类零件通常采用两个视图来表达，也可采用局部视图或局部放大图来表达其局部结构。

3. 尺寸标注分析

1）轮盘类零件常以回转体的轴线或形体的对称面作为径向尺寸的主要基准，而厚度方向一般选择经过加工的精度较高的结合面作为主要基准。

2）轮盘类零件上均布孔的定位尺寸（如定位圆直径，槽和销孔的定位尺寸）应标注齐全，不能遗漏。

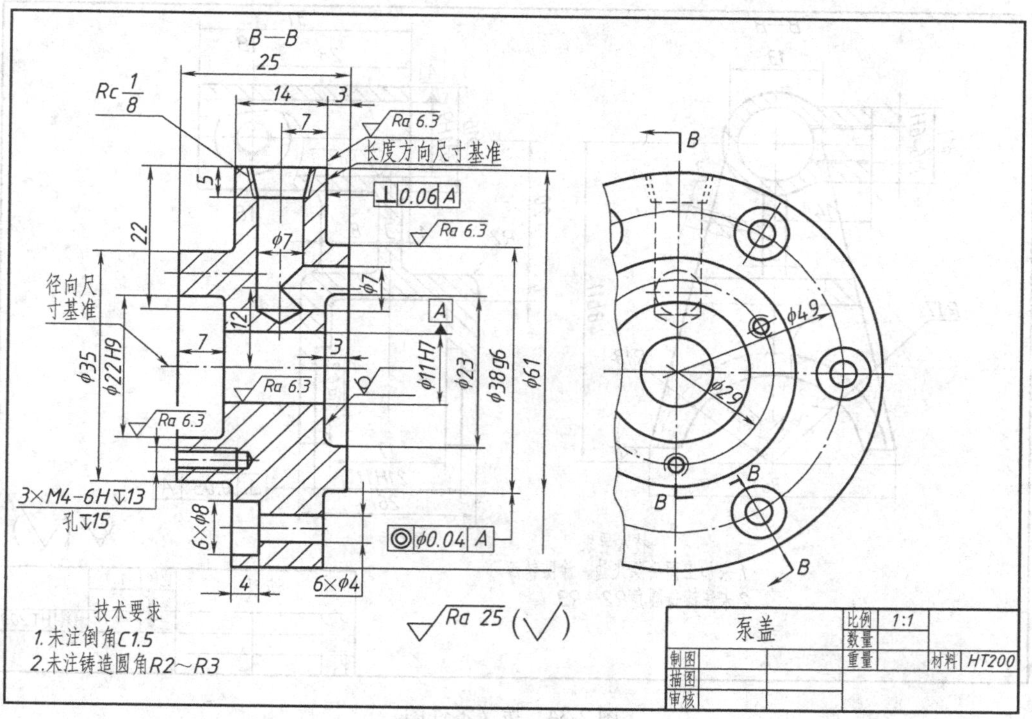

图 2-32 泵盖零件图

3）相邻零件间的联系尺寸的基准和标注应一致。

三、叉架类零件

1. 结构分析

叉架类零件包括各种拨叉、连杆、支架和支座等，如图 2-33 所示的拨叉。拨叉主要用在运动机构上，起操纵、调速作用；支架主要起支承、连接作用。这类零件形式多样，结构复杂，常有螺孔、肋、槽等结构。其主体结构按功能不同分为三部分：工作部分、安装固定部分和连接部分。连接部分多为倾斜结构和不同截面形状的肋或实心杆件。叉架类零件常为铸件和锻件，有铸造圆角、起模斜度、凸台和凹坑等常见结构。

2. 表达方案分析

1）叉架类零件形状较为复杂，需经多道工序加工。主视图一般按形状特征和工作位置确定。主视图常采用局部剖视图，以表达工作部分和安装部分的内部结构。

2）叉架类零件一般需要两个以上的基本视图，如图 2-34 所示，并常采用斜视图（或斜剖视图）、局部视图、局部剖视图和断面图等来表达零件的细部结构。

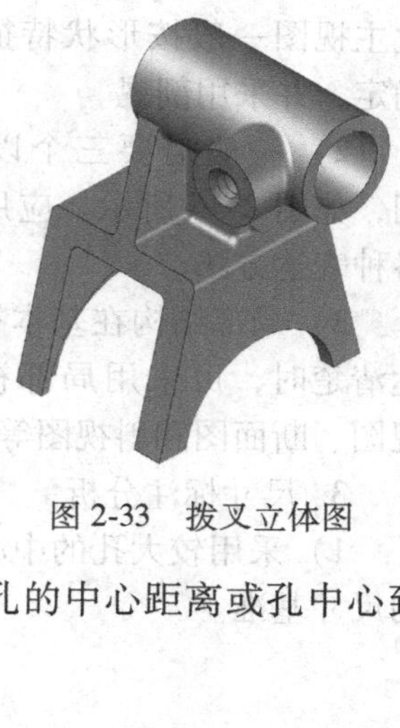

图 2-33 拨叉立体图

3. 尺寸标注分析

1）一般选较大孔的中心线、轴线、对称平面或较大的加工平面作为长、宽、高三个方向的尺寸基准。

2）由于定位尺寸较多，应注意保证主要部分的定位精度。各孔的中心距离或孔中心到

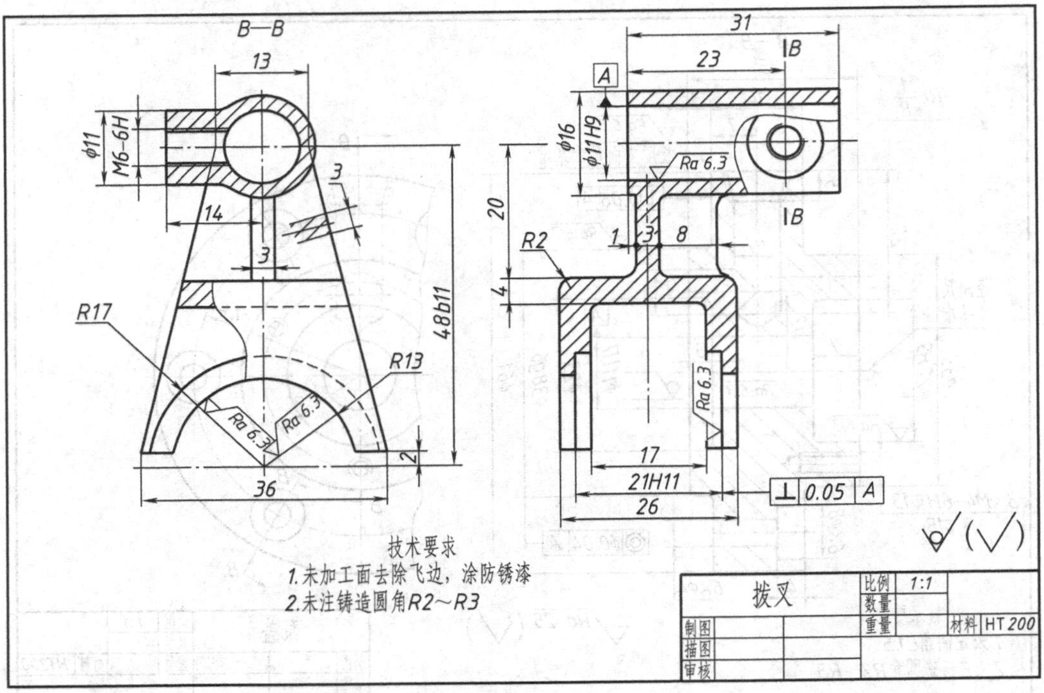

图 2-34 拨叉零件图

平面的距离以及平面到平面的距离应直接标注。

3）采用形体分析法，对每一部分的定形尺寸进行集中标注，这样便于制模。

四、箱体类零件

1. 结构分析

箱体类零件在机器或部件上起支承、容纳和定位作用。这类零件的结构比较复杂，常有较大空腔、轴承孔、肋板、凸台和安装板等结构，一般多为铸件，具有铸造圆角、起模斜度、凸缘、凹坑和肋等常见结构，如图 2-35 所示。

2. 表达方案分析

1）箱体类零件加工工序复杂，因此主视图一般按形状特征和工作位置确定，并采用剖视。

2）一般需要三个以上的基本视图，如图 2-36 所示。应用机件常用的各种表达方法。

3）局部结构在基本视图上不能表达清楚时，可采用局部视图、局部剖视图、断面图和斜视图等加以表达。

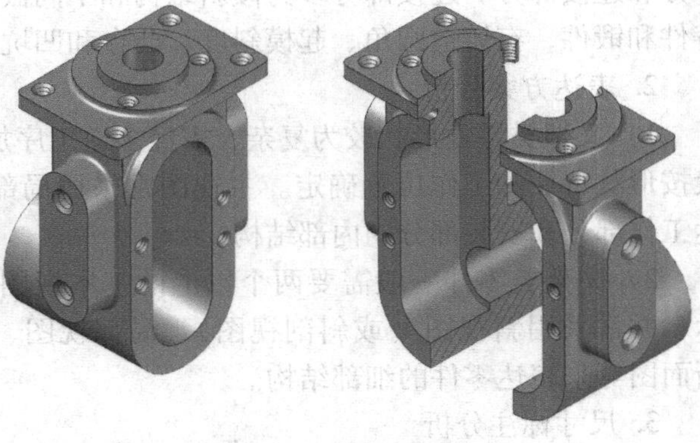

图 2-35 底座立体图

3. 尺寸标注分析

1）采用较大孔的中心线、轴线、对称平面和较大的加工平面作为长、宽、高三个方向的尺寸基准。

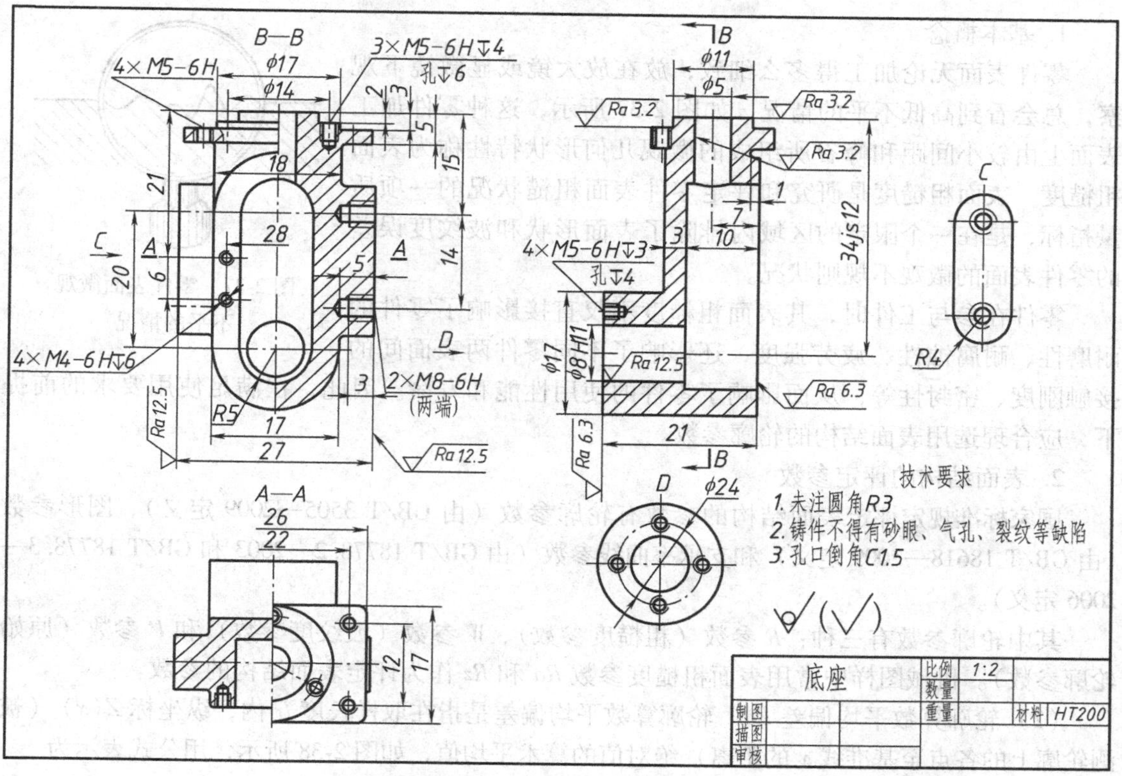

图 2-36　底座零件图

2）箱体类零件定位尺寸多，因此辅助基准也较多，应根据加工、测量方便确定。孔的中心距等定位尺寸要由主要基准直接注出。

3）定形尺寸可采用形体分析法逐个标注，局部结构应集中标注，以免遗漏。

第六节　零件图的技术要求

零件图上除了有表达零件形状的图形和表达零件大小的尺寸外，还必须有制造该零件时应达到的一些技术要求。技术要求主要包括：表面结构、尺寸公差、几何公差、材料的热处理、表面处理以及其他有关制造零件的要求等。

技术要求一般采用规定的代（符）号、数字、字母等标注在零件图上，当不能用代（符）号标注时，允许在“技术要求”标题下用文字进行说明。技术要求涉及的专业知识面很广，本节主要介绍表面结构、极限与配合和尺寸公差，对几何公差作简要介绍。

一、表面结构

表面结构是由粗糙度轮廓（*R* 轮廓）、波纹度轮廓（*W* 轮廓）和原始轮廓（*P* 轮廓）构成的零件表面特征。每种轮廓都定义于一定的波长范围内，这个波长范围称为该轮廓的传输带。表面结构可以较全面地反映一个零件的表面质量。国家标准以这三种轮廓为基础，建立了一系列参数，定量描述表面结构的要求，并能用仪器检测有关参数值，以评定实际表面是否合格。

1. 基本概念

零件表面无论加工得多么细致，放在放大镜或显微镜下观察，总会看到高低不平的情况，如图 2-37 所示，这种零件加工表面上由较小间距和峰谷所组成的微观几何形状特性称为表面粗糙度。表面粗糙度是研究和评定零件表面粗糙状况的一项质量指标，是在一个限定的区域内排除了表面形状和波纹度误差的零件表面的微观不规则状况。

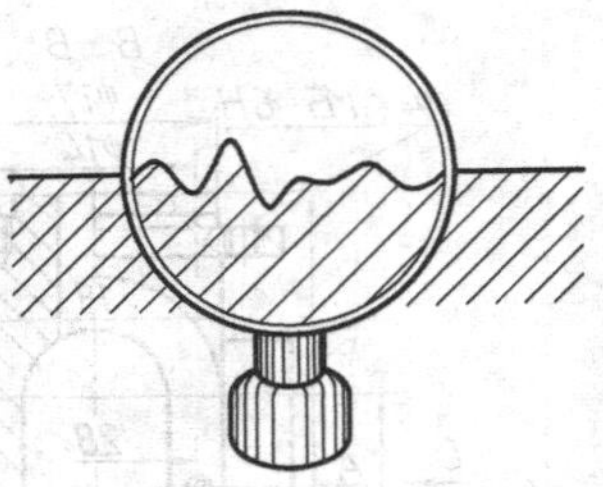

图 2-37 零件表面微观不平的情况

零件在参与工件时，其表面粗糙度不仅直接影响了零件的耐磨性、耐腐蚀性、疲劳强度，还影响了不同零件两表面间的接触刚度、密封性等，从面影响了零件的使用性能和寿命。因此，在满足使用要求的前提下，应合理选用表面结构的轮廓参数。

2. 表面结构的评定参数

国家标准规定评定表面结构的参数有轮廓参数（由 GB/T 3505—2009 定义）、图形参数（由 GB/T 18618—2009 定义）和支承率曲线参数（由 GB/T 18778. 2—2003 和 GB/T 18778. 3—2006 定义）。

其中轮廓参数有三种：*R* 参数（粗糙度参数）、*W* 参数（波纹度参数）和 *P* 参数（原始轮廓参数）。机械图样中常用表面粗糙度参数 *Ra* 和 *Rz* 作为评定表面结构的参数。

（1）轮廓算数平均偏差 *Ra* 轮廓算数平均偏差是指在取样长度 *lr* 内，纵坐标 $Z(x)$（被测轮廓上的各点至基准线 *x* 的距离）绝对值的算术平均值，如图 2-38 所示，用公式表示为

$$Ra = \frac{1}{lr}\int_0^{lr} |Z(x)| \mathrm{d}x$$

（2）轮廓最大高度 *Rz* 轮廓最大高度是指在一个取样长度内，最大轮廓峰高和最大轮廓谷深之和，如图 2-38 所示。

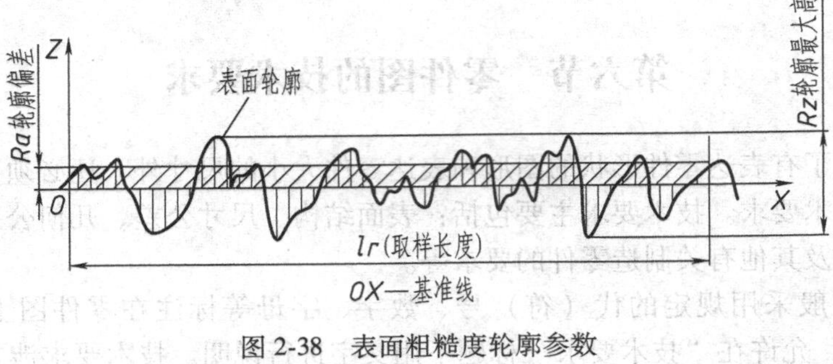

图 2-38 表面粗糙度轮廓参数

在实际生产中，以轮廓算术平均偏差 *Ra* 用得最多，国家标准 GB/T 1031—2009 给出的 *Ra* 值和 *Rz* 值系列，如表 2-3 所示。

表 2-3 *Ra* 值和 *Rz* 值系列 （单位：μm）

Ra	0.012，0.025，0.050，0.100，0.20，0.40，0.80，1.60，3.2，6.3，12.5，25，50，100
Rz	0.025，0.050，0.100，0.20，0.40，0.80，1.60，3.2，6.3，12.5，25，50，100，200，400

表 2-4 列出了 *Ra* 值及相应的加工方法。

表 2-4 *Ra* 值及相应的加工方法

加工方法	*Ra* 值（第一系列）/μm													
	0.012	0.025	0.05	0.10	0.20	0.40	0.80	1.60	3.2	6.3	12.5	25	50	100
砂模铸造														
压力铸造														
热轧														
刨削														
钻孔														
镗孔														
铰孔														
周铣														
端铣														
车外圆														
车端面														
磨外圆														
磨端面														
研磨抛光														

（3）表面粗糙度参数值的选用　在选择零件表面粗糙度的参数值时，应该既能满足零件表面的功能要求，又要考虑经济合理性。通常参照生产中的实例，用类比的方法来选用。一般选用原则如下：

1）在满足功用的前提下，尽量选用较大的表面粗糙度参数值，以降低生产成本。

2）在同一零件上，接触表面比非接触表面的粗糙度参数值小；若配合性质相同，则尺寸小的表面比尺寸大的表面粗糙度参数值要小；若公差等级相同，轴比孔的表面粗糙度参数值要小；有相对运动的表面比无相对运动的表面粗糙度参数值要小；运动速度高、单位压力大的摩擦表面比运动速度低、单位压力小的摩擦表面粗糙度参数值要小。密封表面比非密封表面的粗糙度参数值要小，受循环载荷的表面其粗糙度参数值要小。

3. 标注表面结构的图形符号和代号

（1）表面结构图形符号　表面结构图形符号有基本图形符号、扩展图形符号和完整图形符号，各符号的画法如图 2-39 所示，各符号的尺寸如表 2-5 所示，各图形符号及其含义如表 2-6 所示。

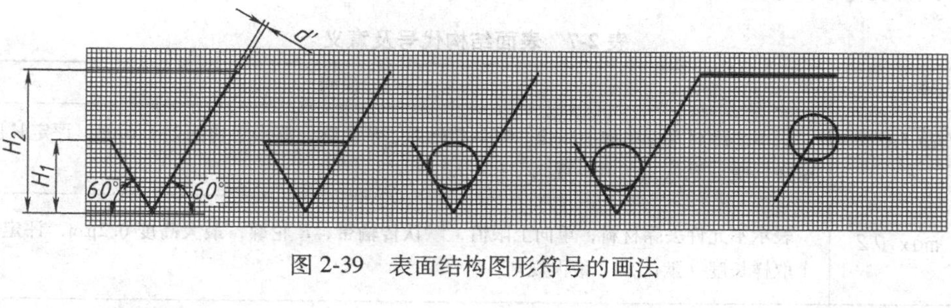

图 2-39　表面结构图形符号的画法

表 2-5　表面结构图形符号的尺寸　　　　（单位：mm）

轮廓线的线宽 b	0.35	0.5	0.7	1	1.4	2	2.8
符号的线宽 d' 数字与字母的笔划宽度 d	0.25	0.35	0.5	0.7	1	1.4	2
数字与字母的高度 h	2.5	3.5	5	7	10	14	20
高度 H_1	3.5	5	7	10	14	20	28
高度 H_2	8	11	15	21	30	42	60

表 2-6　表面结构图形符号及意义

符号名称	符号样式	含义及说明
基本图形符号		未指定工艺方法的表面；基本图形符号仅用于简化代号标注，当通过一个注释解释时可单独使用，没有补充说明时不能单独使用
扩展图形符号		用去除材料的方法获得表面，如通过车、铣、刨、磨等机械加工的表面；仅当其含义是“被加工表面”时可单独使用
		用不去除材料的方法获得表面，如铸、锻等；也可用于保持上道工序形成的表面，不管这种状况是通过去除材料或不去除材料形成的
完整图形符号		在基本图形符号或扩展图形符号的长边上加一横线，用于标注表面结构特征的补充信息
工件轮廓各表面图形符号	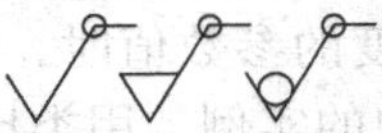	当在某个视图上组成封闭轮廓的各表面有相同的表面结构要求时，应在完整图形符号上加一圆圈，标注在图样中工件的封闭轮廓线上

（2）表面结构代号　在完整图形符号中注写了参数代号、极限值等要求后，就构成了表面结构代号。必要时还应标注补充要求，如传输带、取样长度、加工工艺、表面纹理及方向、加工余量等，这些要求的注写位置如图 2-40 所示。

其中，a——注写表面结构的单一要求；格式为传输带或取样长度/表面结构参数代号极限值，如 0.025-0.8/*Rz*　6.3；

b——注写第二个表面结构要求；内容和格式与 a 相同；

c——注写加工方法、表面处理、涂层或其他加工工艺要求等，如车、磨、镀等加工表面；

d——注写加工纹理和纹理方向符号；

e——注写加工余量（单位：mm）。

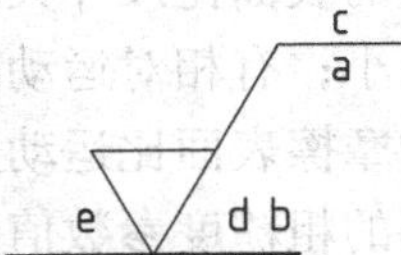

图 2-40　表面结构代号

表面结构代号及意义如表 2-7 所示。

表 2-7　表面结构代号及意义

代号	意义/说明
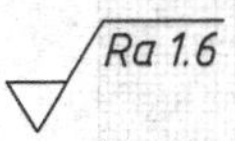 Ra 1.6	表示去除材料，单向上限值，默认传输带，*R* 轮廓，算术平均偏差 1.6μm，评定长度为 5 个取样长度（默认），“16%规则”（默认）
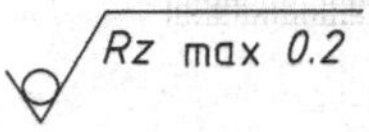 Rz max 0.2	表示不允许去除材料，单向上限值，默认传输带，*R* 轮廓，最大高度 0.2μm，评定长度为 5 个取样长度（默认），“最大规则”

（续）

代号	意义/说明
U Ra max 3.2 L Ra 0.8	表示不允许去除材料，双向极限值，两极限值均使用默认传输带，*R* 轮廓，上限值：算术平均偏差 3.2μm，评定长度为 5 个取样长度（默认），“最大规则”，下限值：算术平均偏差 0.8μm，评定长度为 5 个取样长度（默认），“16%规则”（默认）
铣 -0.8/Ra3 6.3 ⊥	表示去除材料，单向上限值，传输带：根据 GB/T 6062—2009，取样长度 0.8mm，*R* 轮廓，算术平均偏差 6.3μm，评定长度包含 3 个取样长度，“16%规则”（默认），加工方法：铣削，纹理垂直于视图所在的投影面

4. 表面结构要求的标注

（1）基本规则

1）表面结构要求对每一表面一般只标注一次。

2）表面结构应尽可能注在相应的尺寸及其公差的同一视图上。

3）除非另有说明，表面结构要求是对完工零件表面的要求。

（2）标注方法

1）表面结构要求应注在可见轮廓线、尺寸线、尺寸界线或它们的延长线上，符号的尖端必须从材料外指向被标注表面。必要时，表面结构符号也可用带箭头或黑点的指引线引出标注。

2）表面结构的注写和读取方向与尺寸的注写和读取方向一致，其数字的大小和方向必须与图中尺寸数字的大小和方向一致。

表面结构要求的标注方法示例如表 2-8 所示。

表 2-8 表面结构要求的标注方法示例

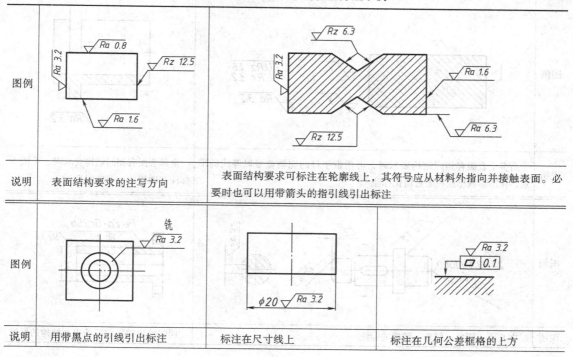

图例	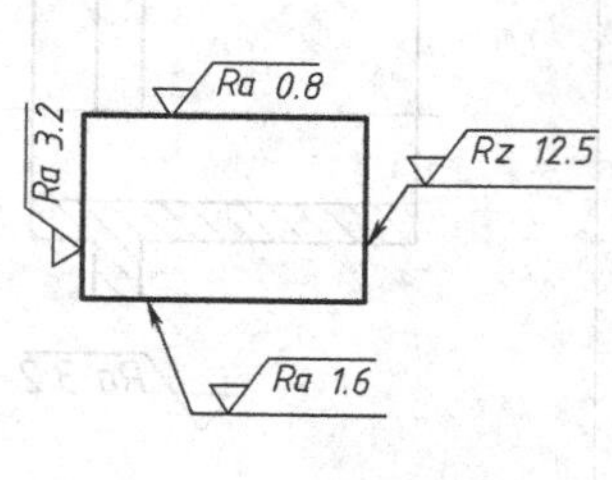	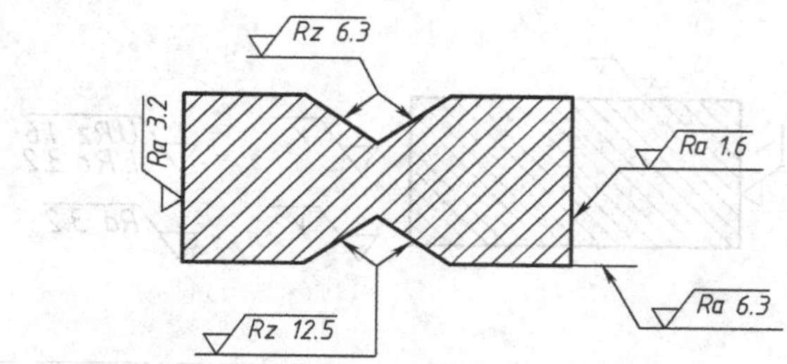	
说明	表面结构要求的注写方向	表面结构要求可标注在轮廓线上，其符号应从材料外指向并接触表面。必要时也可以用带箭头的指引线引出标注	
图例	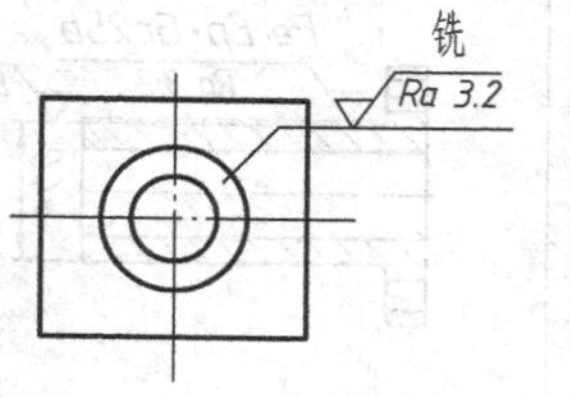	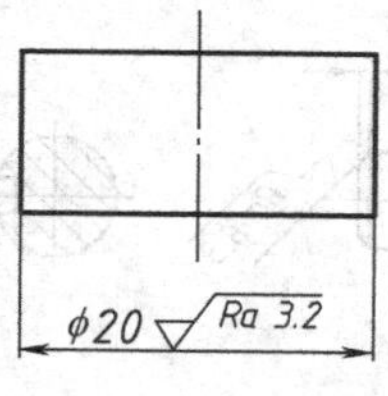	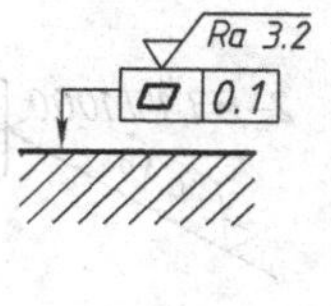
说明	用带黑点的引线引出标注	标注在尺寸线上	标注在几何公差框格的上方

（续）

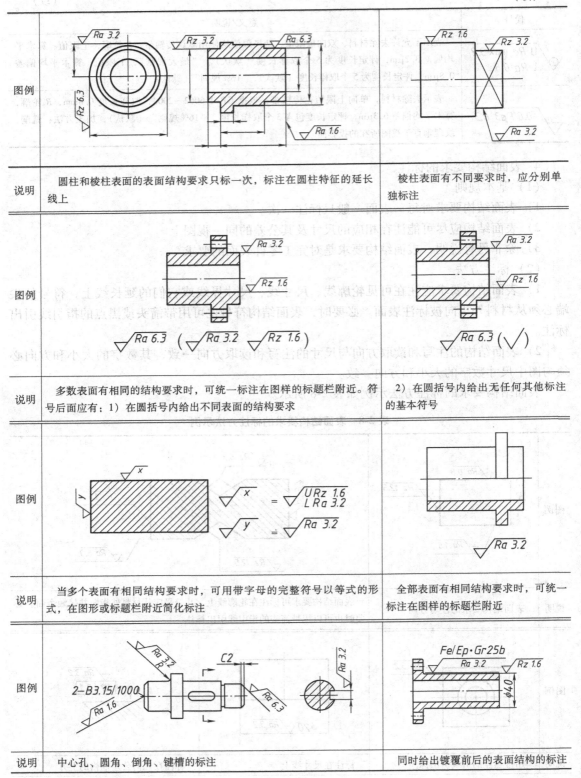

图例	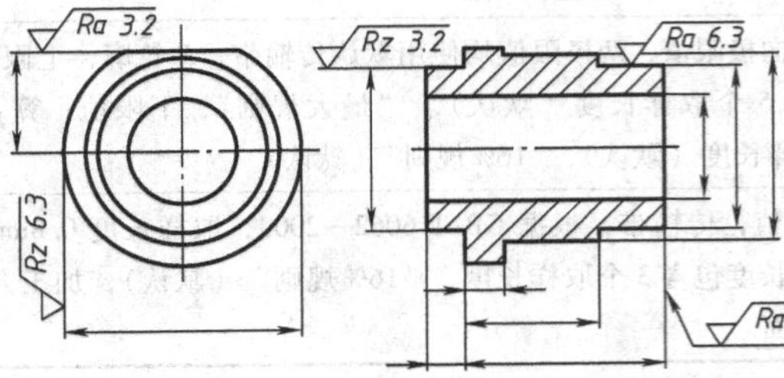	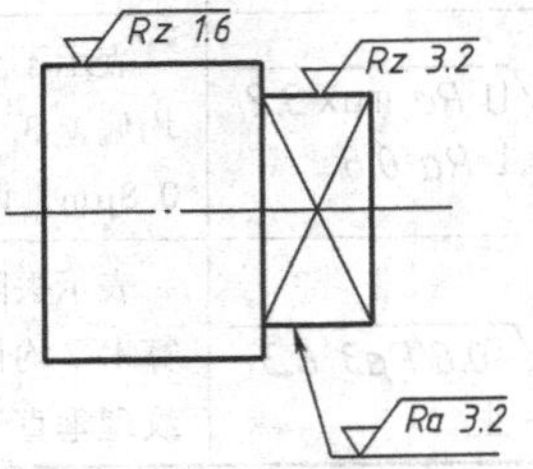
说明	圆柱和棱柱表面的表面结构要求只标一次，标注在圆柱特征的延长线上	棱柱表面有不同要求时，应分别单独标注
图例	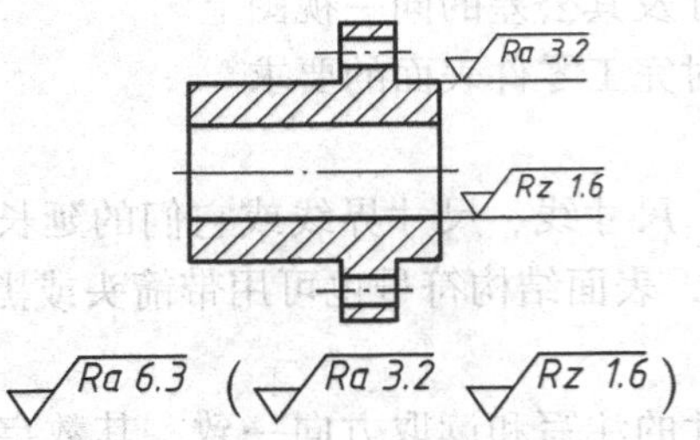	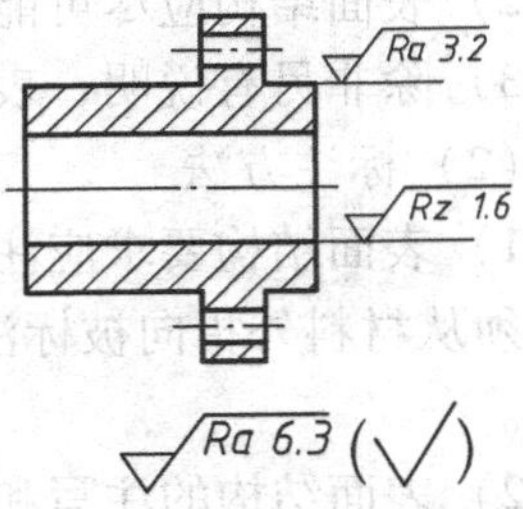
说明	多数表面有相同的结构要求时，可统一标注在图样的标题栏附近。符号后面应有：1）在圆括号内给出不同表面的结构要求	2）在圆括号内给出无任何其他标注的基本符号
图例	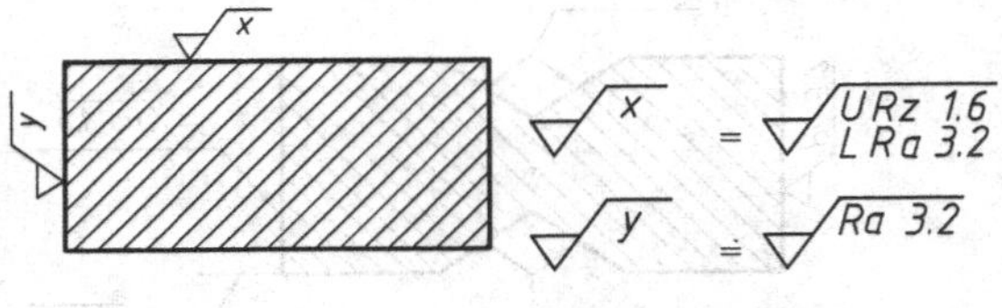	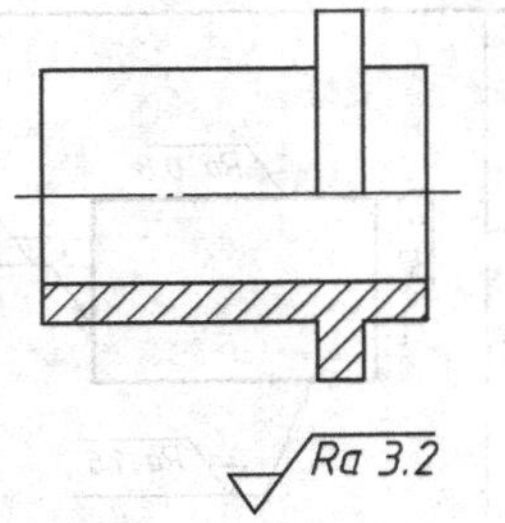
说明	当多个表面有相同结构要求时，可用带字母的完整符号以等式的形式，在图形或标题栏附近简化标注	全部表面有相同结构要求时，可统一标注在图样的标题栏附近
图例	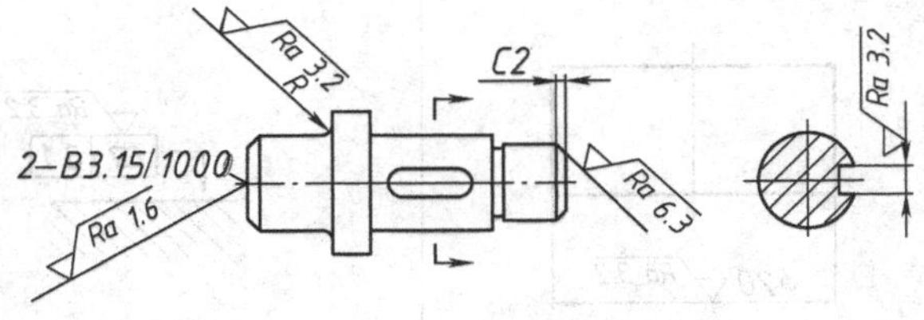	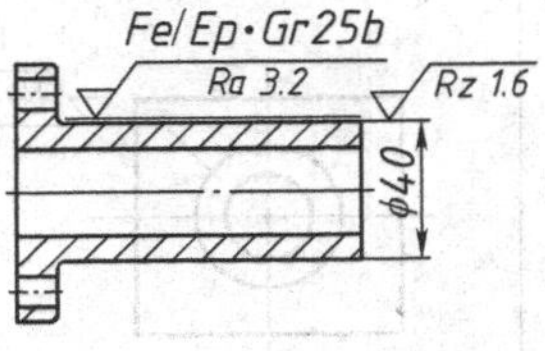
说明	中心孔、圆角、倒角、键槽的标注	同时给出镀覆前后的表面结构的标注

二、极限与配合

1. 零件的互换性

在一批相同规格和型号的零件中，不需选择或修配，任取一件就能顺利地装配并能达到使用要求，零件的这种性质称为互换性。零件具有互换性，对于机械工业现代化协作生产、专业化生产、提高劳动效率以及保证产品质量的稳定性，提供了重要条件。

2. 极限与配合的概念

在零件的加工过程中，由于机床的精度、刀具的磨损、测量的误差等因素的影响，不可能把零件的尺寸加工得绝对准确。为了保证零件的互换性，必须将零件尺寸的加工误差限制在一定范围内，规定出尺寸的允许变动量，这个范围既要保证相互结合的尺寸之间形成一定的关系，以满足不同的使用要求，又要在制造上经济合理，这便形成了“极限与配合”制度。极限与配合是机械图样的一项重要的技术要求，也是检验产品质量的重要技术指标。

3. 有关极限的术语和定义

（1）轴　轴通常指工件的圆柱形外表面，也包括非圆柱形外表面（由两平行平面或切面形成的被包容面）。

（2）孔　孔通常指工件的圆柱形内表面，也包括非圆柱形内表面（由两平行平面或切面形成的包容面）。

（3）公称尺寸　（D，d）公称尺寸是由图样规范确定的理想形状要素的尺寸，它是计算极限尺寸和确定尺寸偏差的起始尺寸。

（4）实际要素　实际要素指由接近实际（组成）要素所限定的工件实际表面的组成要素部分。

（5）极限尺寸　极限尺寸是允许零件实际要素变化的两个极限值。尺寸要素允许的最大尺寸称为上极限尺寸，尺寸要素允许的最小尺寸称为下极限尺寸。实际要素应位于上、下极限尺寸之间。

（6）零线　零线表示公称尺寸的一条直线，以其为基准确定偏差和公差。通常，零线沿水平方向绘制，零线之上的偏差为正，零线之下的偏差为负，如图 2-41 所示。

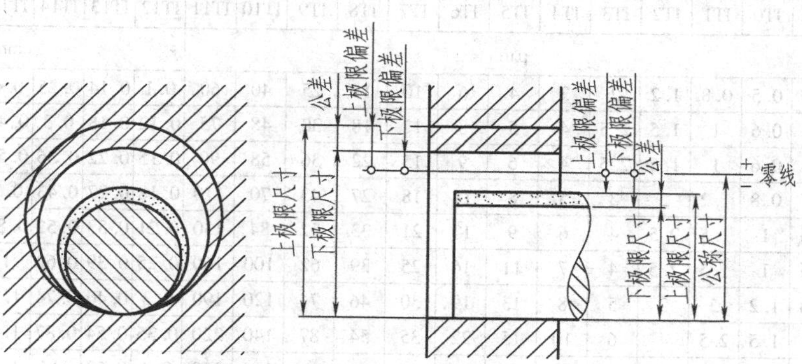

图 2-41　公称尺寸、偏差、公差之间的关系示意图

（7）尺寸偏差（简称偏差）　尺寸偏差是某一尺寸减其公称尺寸所得的代数差。上极限尺寸和下极限尺寸减去公称尺寸所得的代数差，分别称为上极限偏差和下极限偏差。

上极限偏差 = 上极限尺寸-公称尺寸

下极限偏差 = 下极限尺寸-公称尺寸

（8）尺寸公差（简称公差） 尺寸公差指允许尺寸的变动量。

尺寸公差 = 上极限尺寸-下极限尺寸= 上极限偏差-下极限偏差

国家标准规定用 ES 和 es 分别表示孔和轴的上极限偏差，用 EI 和 ei 分别表示孔和轴的下极限偏差，IT 表示公差。若用符号表示，即

对于孔 IT=ES-EI

对于轴 IT=es-ei

因为上极限尺寸总是大于下极限尺寸，所以尺寸公差一定为正值。

（9）公差带 如图 2-41 所示，公差带指由代表上极限偏差和下极限偏差或上极限尺寸和下极限尺寸的两条直线之间所限定的一个区域。它是由公差大小和其相对零线位置来确定的。为便于分析，一般将尺寸公差与公称尺寸的关系按放大比例画成简图，称为公差带图，如图 2-42 所示。

（10）标准公差 国家标准规定的用以确定公差带大小的标准化数值，称为标准公差，如表 2-9 所示。用公差等级来确定尺寸的精确程度。国家标准将公差等级分为 20 级，其代号为 IT01、IT0、IT1～IT18。其尺寸精确程度从 IT01 到 IT18 依次降低。从表 2-9 中可以看出，标准公差值取决于公称尺寸的大小和标准公差等级。同一公差等级，公称尺寸越大，标准公差值也越大，但认为具有同等精确程度。

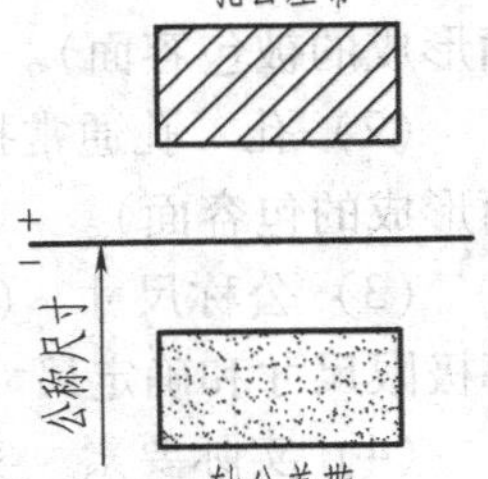

图 2-42 公差带表示法

选用公差等级的原则是，在满足使用要求的前提下，尽可能选用较低的公差等级，以降低生产成本。IT01～IT12 级用于配合尺寸，IT13～IT18 级用于非配合尺寸。在一般机器的配合尺寸中，孔用 IT6～IT12，轴用 IT5～IT12。

表 2-9 标准公差数值（GB/T 1800.1—2009）

公称尺寸/mm		标准公差等级																			
		IT01	IT0	IT1	IT2	IT3	IT4	IT5	IT6	IT7	IT8	IT9	IT10	IT11	IT12	IT13	IT14	IT15	IT16	IT17	IT18
大于	至	μm													mm						
—	3	0.3	0.5	0.8	1.2	2	3	4	6	10	14	25	40	60	0.1	0.14	0.25	0.4	0.6	1	1.4
3	6	0.4	0.6	1	1.5	2.5	4	5	8	12	18	30	48	75	0.12	0.18	0.3	0.48	0.75	1.2	1.8
6	10	0.4	0.6	1	1.5	2.5	4	6	9	15	22	36	58	90	0.15	0.22	0.36	0.58	0.9	1.5	2.2
10	18	0.5	0.8	1.2	2	3	5	8	11	18	27	43	70	110	0.18	0.27	0.43	0.7	1.1	1.8	2.7
18	30	0.6	1	1.5	2.5	4	6	9	13	21	33	52	84	130	0.21	0.33	0.52	0.84	1.3	2.1	3.3
30	50	0.6	1	1.5	2.5	4	7	11	16	25	39	62	100	160	0.25	0.39	0.62	1	1.6	2.5	3.9
50	80	0.8	1.2	2	3	5	8	13	19	30	46	74	120	190	0.3	0.46	0.74	1.2	1.9	3	4.6
80	120	1	1.5	2.5	4	6	10	15	22	35	54	87	140	220	0.35	0.54	0.87	1.4	2.2	3.5	5.4
120	180	1.2	2	3.5	5	8	12	18	25	40	63	100	160	250	0.4	0.63	1	1.6	2.5	4	6.3
180	250	2	3	4.5	7	10	14	20	29	46	72	115	185	290	0.46	0.72	1.15	1.85	2.9	4.6	7.2
250	315	2.5	4	6	8	12	16	23	32	52	81	130	210	320	0.52	0.81	1.3	2.1	3.2	5.2	8.1
315	400	3	5	7	9	13	18	25	36	57	89	140	230	360	0.57	0.89	1.4	2.3	3.6	5.7	8.9
400	500	4	6	8	10	15	20	27	40	63	97	155	250	400	0.63	0.97	1.55	2.5	4	6.3	9.7

(11) 基本偏差 基本偏差可以确定公差带的位置。基本偏差是国家标准规定的用以确定公差带相对于零线位置的上极限偏差或下极限偏差，一般指靠近零线的那个极限偏差。当公差带在零线上方时，基本偏差为下极限偏差；反之，则为上极限偏差，如图 2-43 所示。

为了满足各种配合要求，国家标准对孔和轴分别规定了 28 个基本偏差，基本偏差系列如图 2-44 所示。其代号用拉丁字母表示，大写为孔，小写为轴。从图 2-44 中可以看出，孔的基本偏差 A ~ H 为下极限偏差，J ~ ZC 为上极限偏差；轴的基本偏差 a ~ h 为上极限偏差，j ~ zc 为下极限偏差；JS 和 js 的公差带对称分布于零线两边，上、下极限偏差分别为±IT/2。

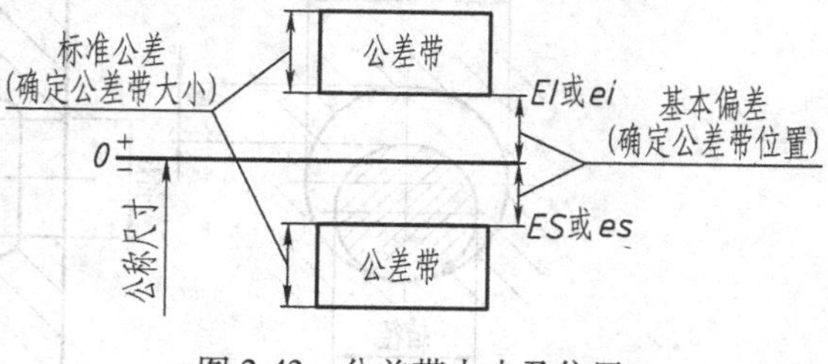

图 2-43 公差带大小及位置

基本偏差系列只给出公差带靠近零线的一端，而另一端则取决于所选标准公差的大小。其计算式为

孔 ES=EI+IT 或 EI=ES-IT

轴 es=ei+IT 或 ei=es-IT

GB/T 1800. 1—2009 给出了轴与孔的极限偏差数值，见附录 C 中附表 C-2 和附表 C-3。

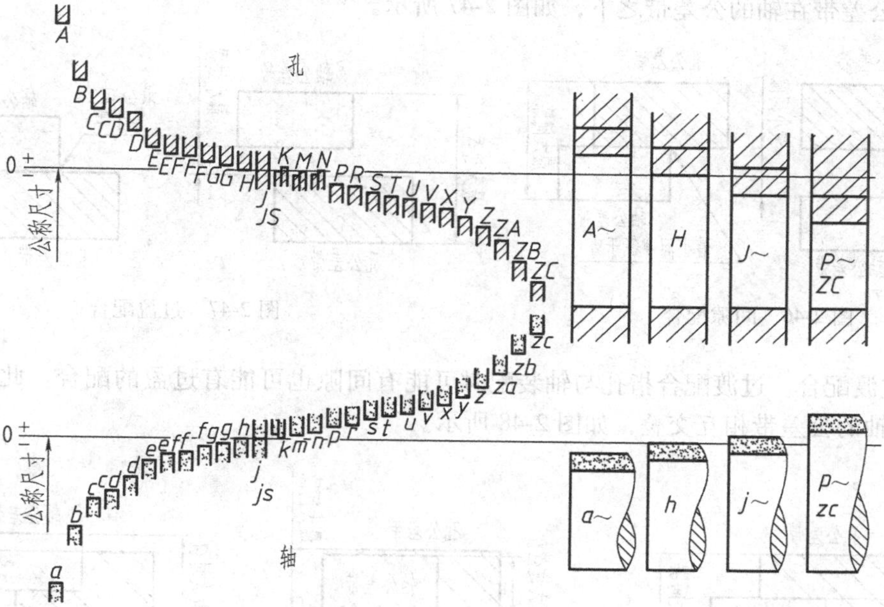

图 2-44 基本偏差系列

(12) 公差带代号 孔、轴的公差带代号由基本偏差代号与公差等级数字组成。

例如：ϕ40H8、ϕ40f7

其含义为：ϕ40——孔、轴的公称尺寸；H8——孔的公差带代号；f7——轴的公差带代号；H——孔的基本偏差代号；f——轴的基本偏差代号；8、7——孔和轴的公差等级。

4. 配合的有关术语

(1) 配合 公称尺寸相同的、相互结合的孔和轴公差带之间的关系，称为配合。孔和轴公差带之间的关系反映了配合的松紧，其配合的松紧程度可用“间隙”或“过盈”来表示。孔的尺寸减去相配合的轴的尺寸，为正时称为间隙，为负时称为过盈，如图 2-45 所示。

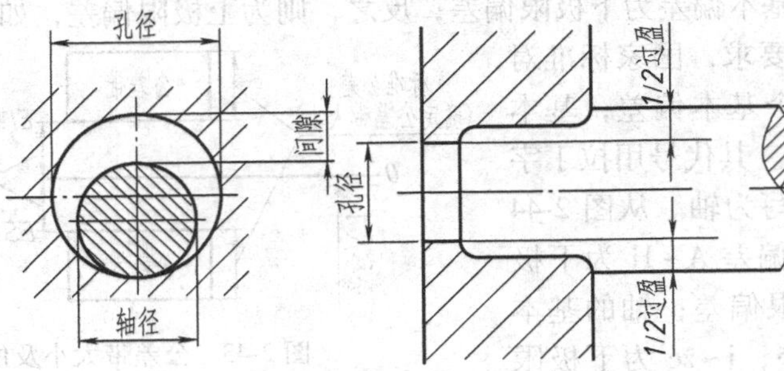

图 2-45 间隙和过盈

（2）配合种类 国家标准将配合分为三类，即间隙配合、过盈配合和过渡配合。

1）间隙配合。间隙配合指孔与轴装配时有间隙（包括最小间隙等于零）的配合。此时，孔的公差带在轴的公差带之上，如图 2-46 所示。

2）过盈配合。过盈配合指孔与轴装配时有过盈（包括最小过盈等于零）的配合。此时，孔的公差带在轴的公差带之下，如图 2-47 所示。

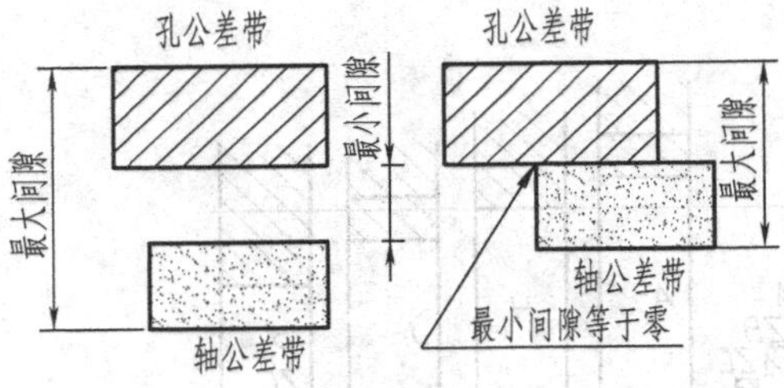

图 2-46 间隙配合

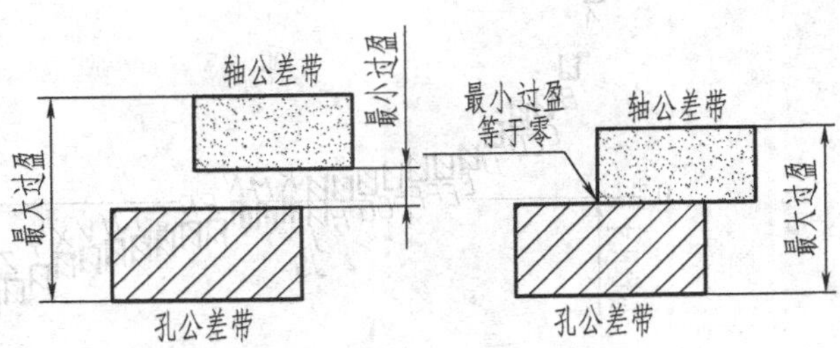

图 2-47 过盈配合

3）过渡配合。过渡配合指孔与轴装配时可能有间隙也可能有过盈的配合。此时，孔的公差带与轴的公差带相互交叠，如图 2-48 所示。

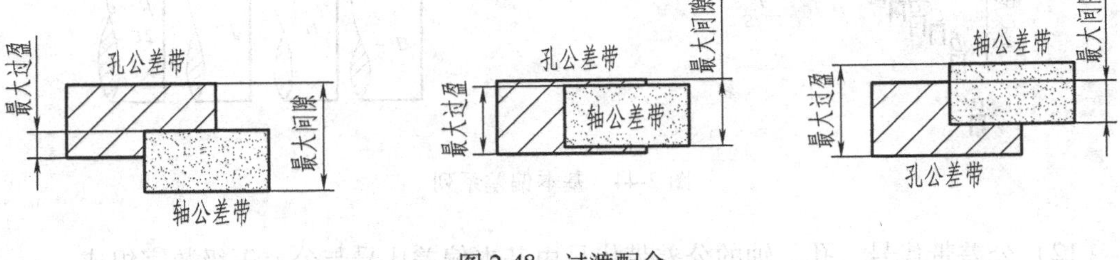

图 2-48 过渡配合

（3）配合制 把公称尺寸相同的孔、轴公差带组合起来，就可以组成各种不同的配合。为了便于设计制造，减少零件加工专用刀具和量具，国家标准规定了两种配合的基准制：基孔制和基轴制。

1）基孔制。基孔制是指基本偏差为一定的孔的公差带，与不同基本偏差的轴的公差带形成各种配合的一种制度。基孔制中的孔称为基准孔，轴称为配合轴。基准孔的基本偏差代号为 H，其基本偏差是下极限偏差为零，上极限偏差为正值，如图 2-49 所示。基孔制中配合轴的基本偏差中 a~h 为间隙配合，j~n 为过渡配合，p~zc 为过盈配合。

2）基轴制。基轴制是指基本偏差为一定的轴的公差带，与不同基本偏差的孔的公差带形成各种配合的一种制度。基轴制中的轴称为基准轴，孔称为配合孔。基准轴的基本偏差代号为 h，基本偏差的上极限偏差为零，下极限偏差为负值，如图 2-50 所示。基轴制中配合孔的基本偏差中 A~H 为间隙配合，J~N 为过渡配合，P~ZC 为过盈配合。

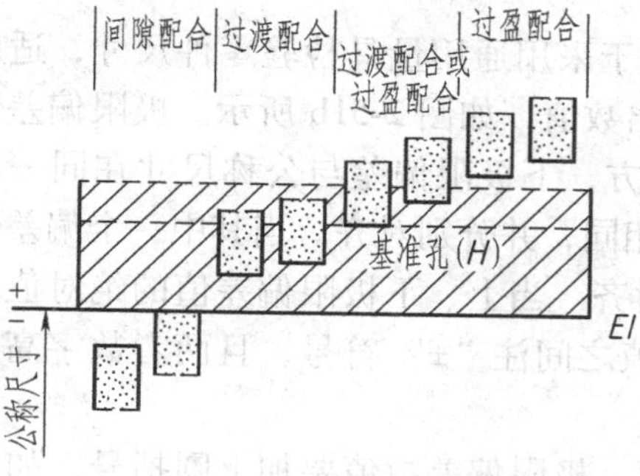

图 2-49 基孔制配合

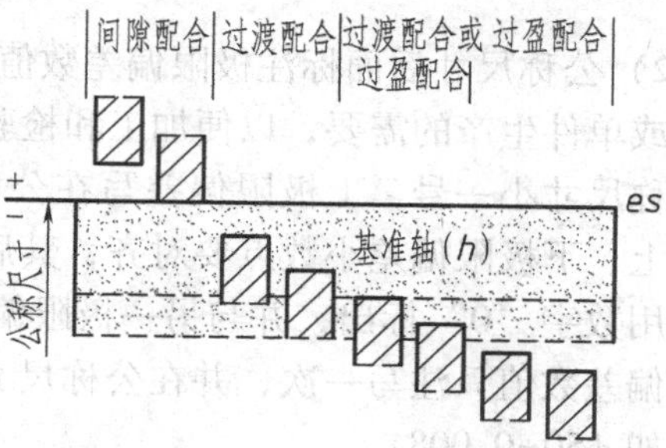

图 2-50 基轴制配合

（4）配合制的选择 基孔制和基轴制都能实现三种不同的配合。生产中从经济观点考虑，一般情况下优先选用基孔制。因为孔比轴难加工，使用的刀具和量具的数量、规格也要多。孔的公差带固定，有利于生产和降低成本。基轴制通常用于具有明显经济效益的场合或结构设计要求不适合采用基孔制的场合。如在同一直径的一段轴上装有不同公差带的零件组成不同配合，就采用基轴制。与标准件的配合，则应按标准件所用的基准制来确定。如滚动轴承内圈与轴的配合采用基孔制，外圈与轴承座孔的配合则采用基轴制，键和键槽的配合也采用基轴制。在配合中一般选用孔比轴低一级的公差等级，如 H8/h7，对大尺寸的配合，一般用相同等级。

（5）配合代号 配合代号由孔、轴公差带代号组成，写成分数形式，分子为孔的公差带代号，分母为轴的公差带代号。通常分子中含有 H 的为基孔制配合，分母中含有 h 的为基轴制配合。例如：ϕ50H7/f6，ϕ50F8/h7。

（6）优先和常用配合 在公称尺寸小于 500mm 范围内，轴的公差带有 544 种，孔的公差带有 543 种。使用如此多的公差带，既不利于生产，也不能发挥标准的作用。因此，国家标准根据产品生产使用的需要，将孔、轴公差带分为优先、常用和一般用途公差带，并由孔、轴的优先和常用公差带，分别组成基孔制和基轴制的优先配合和常用配合（GB/T 1801—2009），以便选用。表 2-10 列出了公称尺寸小于 500mm 范围内的基孔制和基轴制的 13 种优先配合，其配合特性和应用可查附录 C 的附表 C-1。

5. 极限与配合的标注（GB/T 4458.5—2003）

（1）在零件图中的标注 国家标准规定，在零件图上标注尺寸公差有三种形式：

1）公称尺寸后面标注公差带代号，如图 2-51a 所示。公差带代号字高与公称尺寸字高相同。此注法适合采用专用量具检验零件的尺寸，适应大批量生产的需要。

表 2-10 基孔制、基轴制优先配合

	基孔制优先配合	基轴制优先配合
间隙配合	$\frac{H7}{g6}$、$\frac{H7}{h6}$、$\frac{H8}{f7}$、$\frac{H8}{h7}$、$\frac{H9}{d9}$、$\frac{H9}{h9}$、$\frac{H11}{c11}$、$\frac{H11}{h11}$	$\frac{G7}{h6}$、$\frac{H7}{h6}$、$\frac{F8}{h7}$、$\frac{H8}{h7}$、$\frac{D9}{h9}$、$\frac{H9}{h9}$、$\frac{C11}{h11}$、$\frac{H11}{h11}$
过渡配合	$\frac{H7}{k6}$、$\frac{H7}{n6}$	$\frac{K7}{h6}$、$\frac{N7}{h6}$
过盈配合	$\frac{H7}{p6}$、$\frac{H7}{s6}$、$\frac{H7}{u6}$	$\frac{P7}{h6}$、$\frac{S7}{h6}$、$\frac{U7}{h6}$

2）公称尺寸后面标注极限偏差数值，此注法便于采用通用量具检验零件尺寸，适应小批量或单件生产的需要，以便加工和检验时直接读出数值，如图 2-51b 所示。极限偏差数字比公称尺寸小一号，上极限偏差写在公称尺寸右上方，下极限偏差与公称尺寸在同一底线上。上、下极限偏差小数点要对齐，其后面的位数相同，并分别对齐。当其中一个偏差为零时，用数字“0”标出，并与另一极限偏差的个位对齐。当上、下极限偏差值的绝对值相等时，偏差数值只注写一次，并在公称尺寸和偏差数值之间注“±”符号，且两者数字高度相同，如 $\phi50\pm0.008$。

3）公称尺寸后标注公差带代号和极限偏差数值，极限偏差数值要加上圆括号，如图 2-51c 所示。此注法适合批量不明或检验工具未定的情况，如新产品试制阶段。

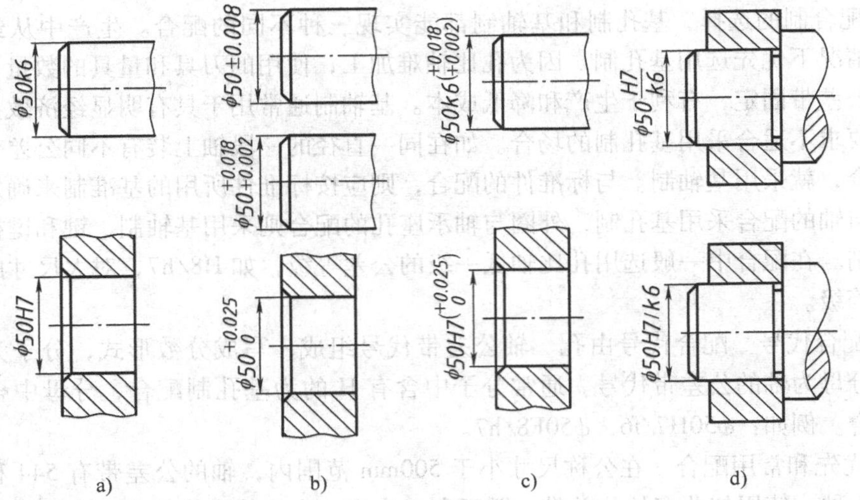

图 2-51 图样中极限与配合的标注

（2）在装配图中的标注 国家标准规定，两零件有配合要求时，应在公称尺寸后面标注配合代号，如图 2-51d 所示。图 2-51d 中 $\phi50H7/k6$ 的含义为：公称尺寸为 50，基孔制配合；基准孔的基本偏差代号为 H，公差等级为 7 级；与其配合的轴的基本偏差代号为 k，公差等级为 6 级；两者为过渡配合。

三、几何公差

零件在加工过程中由于各种原因，不可能做到绝对精确，加工后零件不仅存在尺寸误差，而且会产生几何形状及相互位置的误差。如图 2-52 所示的销轴，加工后 $\phi10$ 轴段的实际尺寸在允许的尺寸公差范围内，但实际形状可能会产生鼓形、锥形、弯曲或正截面不圆等形状误差。零件的这些形状和位置误差对零件的配合性能和使用寿命影响很大。为了满足使用要求和装配时的互换性，除了对零件控制表面结构、尺寸误差外，还要对其形状和位置加以限制，给出经济、合理的误差允许值，称为几何公差。几何公差、表面粗糙度和极限与配合共同成为评定产品质量的重要技术指标。

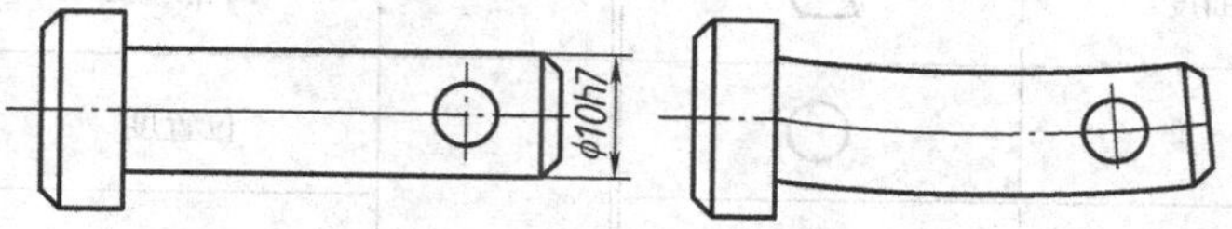

图 2-52　销轴的几何误差

1. 几何公差术语及定义

（1）几何要素　几何要素指工件上的特定部位，如点、线、面。这些要素可以是组成要素，如圆柱体的外表面，也可以是导出要素，如中心线或中心面。

（2）实际要素　实际要素指零件上实际存在的要素，由无限个点组成，分为实际轮廓要素和实际中心要素。

1）实际轮廓要素。实际轮廓要素指零件外表轮廓上的点、线、面，是可以触及的要素，如素线、顶点、球面、圆锥面和圆柱面等。

2）实际中心要素。实际中心要素指依附于轮廓要素而存在的点、线、面，如轴线、中心线、球心和对称面等。

（3）被测要素　被测要素指给出几何公差的要素，是检测的对象。

（4）基准要素　基准要素指用来确定被测要素的方向、位置、跳动的要素，应为理想要素。

（5）单一要素　单一要素指仅对其本身给出几何公差要求的要素，是独立的，与基准要素无关。

（6）关联要素　关联要素指对其他要素（基准要素）有功能（方向、位置、跳动）要求的要素。

（7）形状公差　形状公差指单一实际要素的形状所允许的变动全量。

（8）方向公差　方向公差指关联实际要素对基准在方向上所允许的变动全量。

（9）位置公差　位置公差指关联实际要素对基准在位置上所允许的变动全量。

（10）跳动公差　跳动公差指关联实际要素绕基准回转一周或连续回转时所允许的最大跳动量。

2. 几何公差的项目及符号

国家标准规定形状公差有 6 项几何特征，方向公差有 5 项几何特征，位置公差有 6 项几何特征，跳动公差有 2 项几何特征。每项几何特征规定了专用符号，如表 2-11 所示。

3. 几何公差的公差带

几何公差的公差带由公差值确定，它是限制实际形状或实际位置变动的区域。公差带的主要形状有：两平行直线、两平行平面、圆内、球面内、圆柱面内、两同心圆、两同轴圆柱面、两等距曲线和两等距曲面之间的区域等。公差值的单位为 mm，当公差带为圆形、圆柱形时，公差值前加注符号“ϕ”，若公差带为球形，公差值前加注符号“$S\phi$”。

表 2-11 几何公差的项目和符号

分类	项目	符号	分类	项目	符号
形状公差	直线度	⏤	方向公差	线轮廓度	⌒
	平面度	▱		面轮廓度	⌓
	圆度	○	位置公差	位置度	⌖
	圆柱度	⌭		同轴度	◎
	线轮廓度	⌒		对称度	⌯
	面轮廓度	⌓		线轮廓度	⌒
方向公差	平行度	∥		面轮廓度	⌓
	垂直度	⊥	跳动公差	圆跳动	↗
	倾斜度	∠		全跳	⌰

4. 几何公差的标注方法

(1) 几何公差代号 GB/T 1182—2008 规定在图样中用代号标注几何公差。当无法采用代号标注时，允许在技术要求中用文字说明。几何公差的代号包括：指引线、框格和基准符号。框格用细实线绘制，可画成水平的或竖直的，分成两格或三格。框格高度是图样中尺寸数字高度的 2 倍，框格中的数字与尺寸数字高度相同。第一框格为正方形，第二及第三框格的长度视需要而定。从左到右框格内依次填写几何特征项目符号、公差值及附加符号、基准字母及附加符号。若没有基准，则只有前面两格，如图 2-53 所示。

自框格的任意一侧引出带箭头的指引线，将框格与被测要素相连，指引线箭头应垂直于被测要素，指向公差带宽度方向或直径方向。

基准符号如图 2-54 所示。将一个大写字母标注在正方形框格内，与一个涂黑的或空白的三角形相连以表示基准。框格与连线都用细实线绘制，涂黑和空白的基准三角形含义相同。表示基准的字母还应标注在公差框格的第三格内。

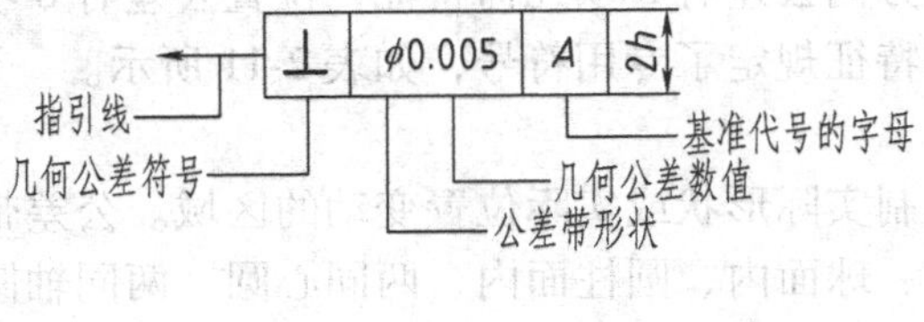

图 2-53 几何公差代号

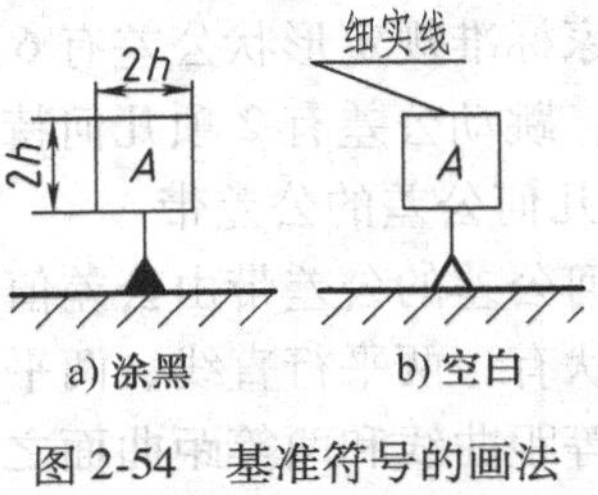

a) 涂黑 b) 空白

图 2-54 基准符号的画法

（2）被测要素的标注方法 被测要素的标注方法如表 2-12 所示。

表 2-12 被测要素的标注方法

内 容	图 例	说 明
指引线箭头与被测要素的连接方法	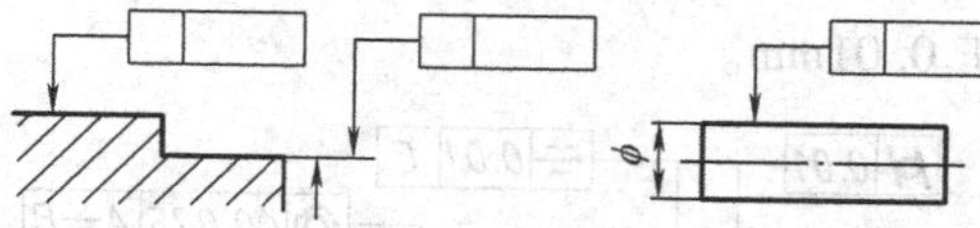	当被测要素为线或表面时，指引线箭头应指在该要素的轮廓线或其引出线上，并应明显地与尺寸线错开
	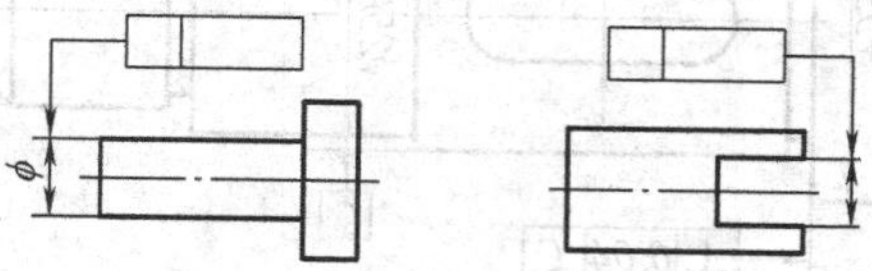	当被测要素为轴线、球心或中心平面时，指引线箭头应与该要素的尺寸线对齐
	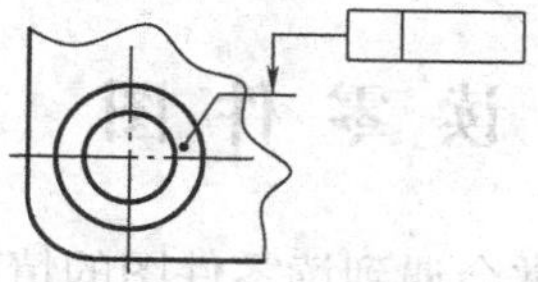	被测要素也可用带黑点的引出线引出，箭头指向引出线的水平线

（3）基准要素的标注方法 基准要素的标注方法如表 2-13 所示。

表 2-13 基准要素的标注方法

内 容	图 例	说 明
基准符号与基准要素的连接方法	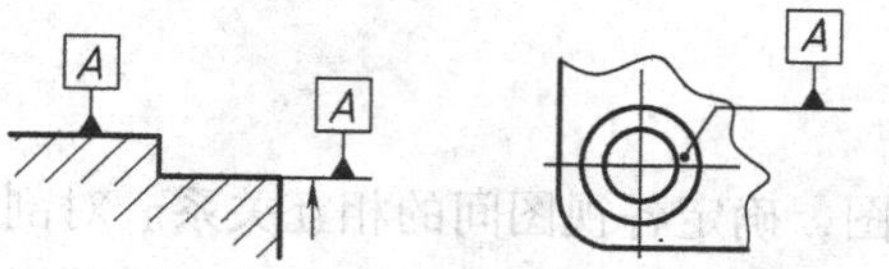	当基准要素为轮廓线或表面时，基准三角形放置在该要素的轮廓线或其引出线上，并与尺寸线箭头明显错开
	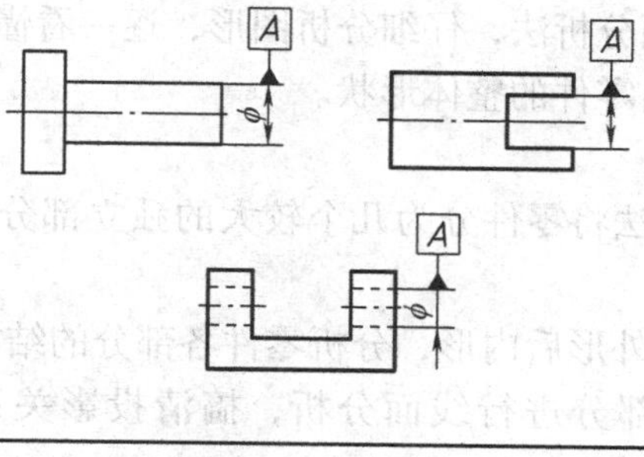	当基准要素为轴线、球心或中心平面时，基准三角形应与该要素的尺寸线箭头对齐，如果放置不下两个箭头，可用基准三角形代替一个箭头

5. 几何公差标注示例

如图 2-55 所示为几何公差代号在图样上的标注示例，其含义为：

1）ϕ25k6 轴线对 ϕ20k6 和 ϕ17k6 轴线的同轴度误差不大于 0.025mm。

2）ϕ33 右端面对 ϕ25k6 轴线的垂直度误差不大于 0.04mm。

3）键槽对 ϕ25k6 轴线的对称度误差不大于 0.01mm。

4）ϕ25k6 的圆柱度误差不大于 0.01mm。

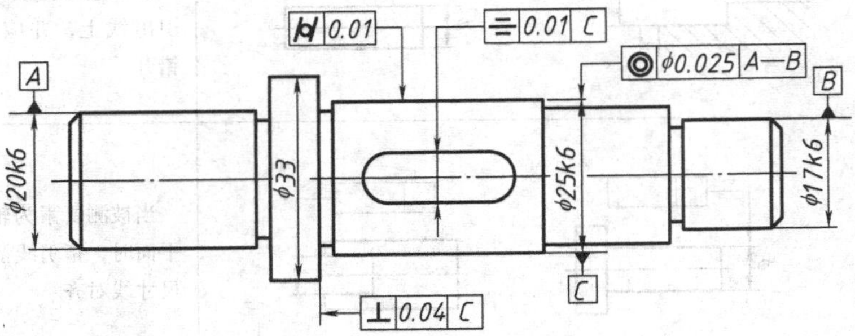

图 2-55 几何公差标注示例

第七节 读零件图

在进行零件设计、制造、检验时，经常会遇到读零件图的情况。因此，作为一名工程技术人员，必须具备识读零件图的能力。读零件图要求在了解零件在机器或部件中的位置、作用以及与其他零件关系的基础上，弄清零件的结构形状、尺寸和技术要求等内容，这样才能更好地理解设计意图，研究零件结构的合理性，以便不断改进和创新。

一、读零件图的方法步骤

1. 看标题栏，概括了解零件

从标题栏中可以了解零件的名称、材料、比例等，初步判断零件的类型，了解零件在机器中的作用及加工方法。

2. 分析视图，想象零件形状

根据视图布局，首先找出主视图，确定各视图间的相互关系。对剖视图和断面图，应找到剖切面的位置、剖切目的以及彼此间的投影关系；对向视图、局部视图、斜视图，要找到投影部位的字母和表示投影方向的箭头；注意图中是否有规定画法和简化画法。在弄清表达方案的基础上运用形体分析法和线面分析法，仔细分析图形，逐一看懂零件各部分的形状以及它们之间的相对位置，综合想象出零件的整体形状。

读图一般顺序如下：

1）先整体后局部。用形体分析法将零件分为几个较大的独立部分进行分析，看懂零件大致轮廓。

2）分内、外结构进行分析。先外形后内形，分析零件各部分的结构形状。

3）对不便于进行形体分析的部分进行线面分析，搞清投影关系，读懂零件的结构形状。

3. 分析尺寸及技术要求

分析零件长、宽、高三个方向的尺寸基准，弄清定形尺寸、定位尺寸及总体尺寸。并注重研究零件的重要尺寸及标注尺寸的合理性。

看技术要求，主要是看懂表面结构要求、尺寸公差、几何公差、热处理及表面处理要求等内容。对配合面的精度要求较高，往往要标注表面粗糙度、尺寸公差和几何公差。

4. 综合归纳

零件图表达了零件的结构形状、尺寸及其精度要求等内容，它们之间是相互关联的。读图时将视图、尺寸和技术要求综合起来，才能较全面地看懂零件图，对零件形成一个完整的认识。

在看图过程中，对有些较复杂的零件图，往往还要参考有关技术资料和该产品的装配图，才能彻底看懂。要在看图实践中，注意总结经验，不断提高看图能力。

二、读图举例

现以图 2-56 为例，说明看零件图的方法步骤。

1. 概括了解

从标题栏中可知零件为箱体，画图比例为 1∶2，具有一般箱体零件的支承、容纳作用，其内腔装置蜗杆和蜗轮。材料为 HT200（灰铸铁），其上必然有铸造的各种工艺结构。

2. 分析视图、想象形状

该箱体采用了两个基本视图和两个局部视图来表达。主视图是根据箱体的形状特征及工作位置来确定的。并采用全剖视图表达其内部结构；左视图采用局部剖分别表达它的内部结构（轴孔）和外部形状（端面）；局部视图 *A* 表达箱体的底部端面形状及四个安装螺孔的情况；局部视图 *B* 表达前面蜗杆轴孔的凸缘端面形状及螺孔的分布情况。

通过形体分析可以看出，该箱体由三部分组成：主体部分为倒 U 形壳体，右部为圆筒，下部为安装底板。左端凸缘上均布着四个 M10 的螺孔，右部圆筒径向均布着三个沉孔，下方安装蜗杆轴孔的端面均设置凸台，前端凸台上均布着四个 M8 的螺孔。此外，还有铸造圆角、倒角等工艺结构。

通过以上分析，可大致看清箱体的内外结构形状。

3. 分析尺寸及技术要求

长度方向以通过下部轴孔 $\phi 23$ 轴线的侧平面为尺寸基准，宽度方向以前后（基本）对称面为尺寸基准，高度方向以通过大孔 $\phi 80$ 轴线的水平面为尺寸基准。

该零件的重要尺寸有：$\phi 50^{+0.025}_{0}$、$\phi 15^{+0.018}_{0}$、$\phi 80^{+0.030}_{0}$、$\phi 23^{+0.018}_{0}$ 和 43 ± 0.005。其中 43 ± 0.005 为定位尺寸，其余均为配合尺寸。其他尺寸读者可自行分析。

该零件加工面的表面粗糙度 *Ra* 为 1.6~6.3μm，其余为非加工面，有配合的孔表面质量要求较高，加工时予以保证。

4. 综合归纳

把以上各项内容综合起来，就能得出箱体的总体概念。

读图过程是一个将学过的知识综合应用的过程，只有经过不断的实践，才能熟练地掌握读图的基本方法。

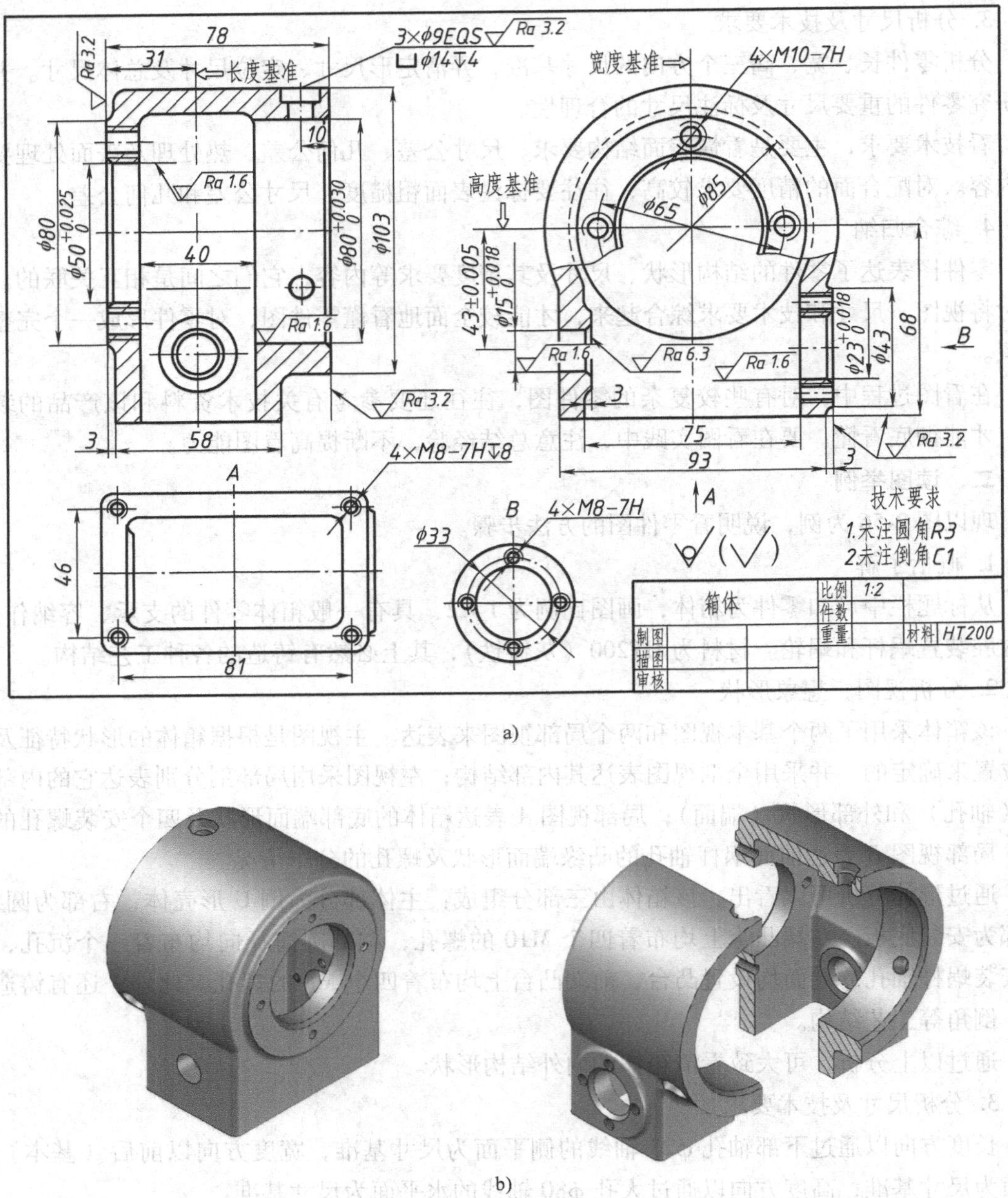

图 2-56　读零件图示例

第八节　零件的测绘

零件测绘是根据现有零件进行结构分析，测量尺寸，制定技术要求，画出零件草图，并根据草图绘制零件工作图的过程。在生产实践中，当零件磨损或损坏需要修配以及现有机器或部件需要仿制和技术改造时，都需要进行零件测绘。零件测绘是工程技术人员必备的基本技能。

一、常用的测量工具及测量方法

1. 测量工具

常用的测量工具有钢尺、内卡钳和外卡钳。较精密的测量工具有游标卡尺和千分尺。测量零件某些结构要用专用量具，如螺纹规、圆角规等。

2. 测量方法

（1）测量线性尺寸　一般用直尺或游标卡尺直接测量线性尺寸，如图 2-57a 所示。

（2）测量回转面的直径　用卡钳与钢尺配合，可得到外圆或内孔直径。用游标卡尺或千分尺可直接测量回转面的直径，如图 2-57b、图 2-57c 和图 2-57d 所示。

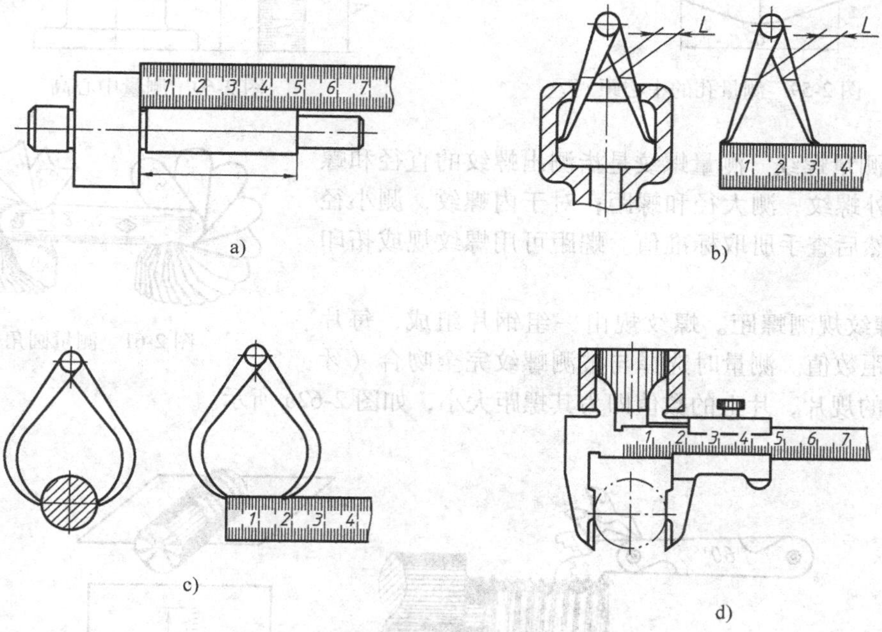

图 2-57　测量长度、直径的方法

（3）测量壁厚　一般用直尺测量壁厚，有时需用卡钳和直尺配合测量，如图 2-58 所示。

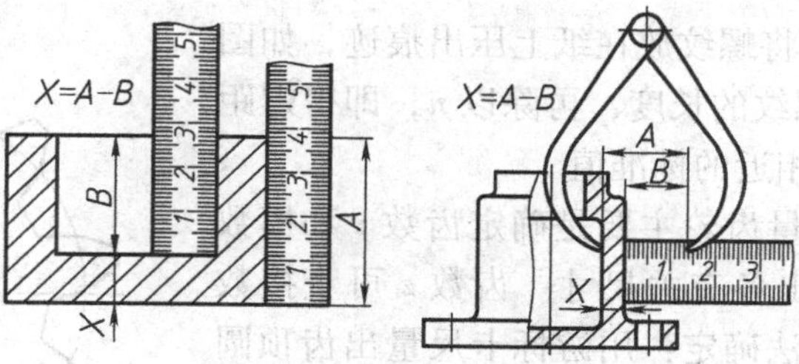

图 2-58　测量壁厚的方法

（4）测量孔的中心距、中心高　可用游标卡尺、卡钳或直尺测量中心距、中心高，如图 2-59 和图 2-60 所示。

（5）测量圆角　用圆角规测量圆角。每套圆角规有很多片，一半测量外圆角，一半测量内圆角，每片上均刻有圆角半径。测量时只要在圆角规中找出与被测部分完全吻合的一片，片上的数值即为圆角半径，如图 2-61 所示。

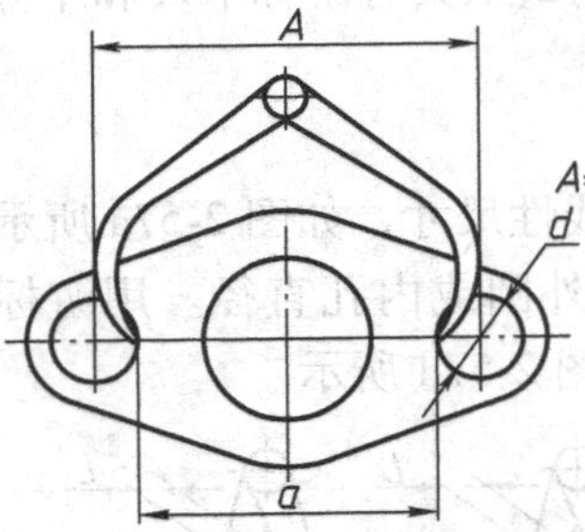

图 2-59　测量孔的中心距

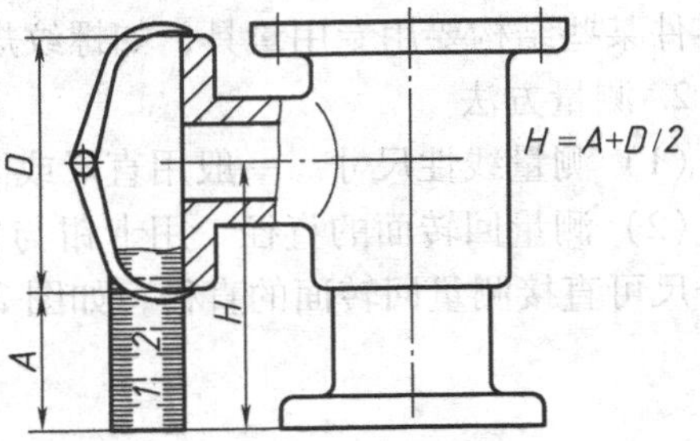

图 2-60　测量中心高

（6）测量螺纹　测量螺纹是指测出螺纹的直径和螺距。对于外螺纹，测大径和螺距；对于内螺纹，测小径和螺距，然后查手册取标准值。螺距可用螺纹规或拓印法测量。

图 2-61　测量圆角

1）螺纹规测螺距。螺纹规由一组钢片组成，每片上刻有螺距数值。测量时选择与被测螺纹完全吻合（牙型吻合）的规片，片上的数值即为其螺距大小，如图 2-62a 所示。

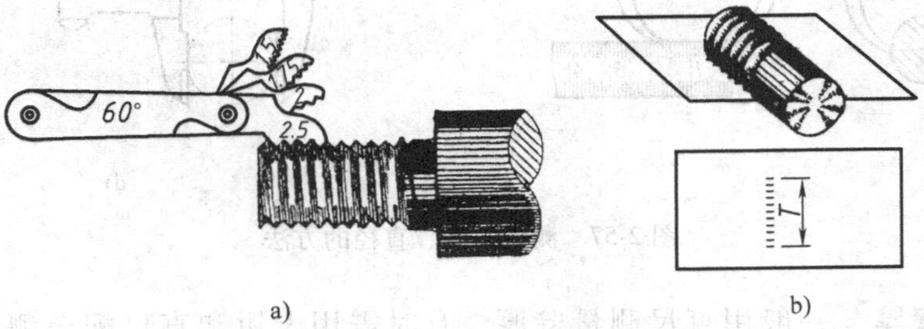

a)　b)

图 2-62　测量螺距

2）拓印法测螺距。将螺纹放在纸上压出痕迹，如图 2-62b 所示。量出 n 个螺纹的长度，再除以 n，即得螺距值，然后查手册取与之相近的标准值。

（7）测量齿轮　测量齿轮主要是确定齿数 z 和模数 m，然后根据公式计算出各有关尺寸。齿数 z 可直接数出，模数 m 需按以下方法确定：用游标卡尺量出齿顶圆直径 d_a，根据公式 $m = d_a/(z + 2)$ 计算得出模数 m。当齿轮的齿数为偶数时，可直接测量 d_a；当齿数为奇数时，$d_a = 2e+D$，如图 2-63 所示。再从表 1-10 中选取与其相近的标准模数值。

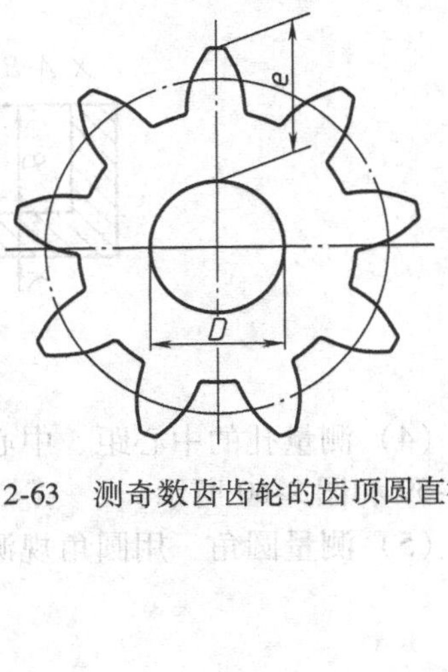

图 2-63　测奇数齿齿轮的齿顶圆直径

二、零件测绘的方法步骤

1. 分析零件确定表达方案

了解被测零件的名称、材料、制造方法及零件在机器（或部件）中的位置、作用，对被测零件进行形体分析、结构分析和工艺分析。

2. 确定表达方案

根据零件的类型，按确定主视图的原则——形体特征、工作位置或加工位置确定主视图，再根据零件内、外结构特点，选择必要的其他视图。各视图的表达方法如剖视、断面及局部画法，都应有一定的目的，表达方案要求正确、完整、清晰、简练。

3. 画零件草图

草图是凭目测比例，徒手画出的零件图。在测绘零件时，受现场条件或时间限制，经常需要绘制草图，然后根据零件草图整理成零件工作图。因此草图具有零件图所包含的全部内容，必须认真绘制。

对草图的要求：目测尺寸准确，表达正确、完整，尺寸齐全，图线清晰，字体工整，图面整洁，技术要求合理，有图框和标题栏等。

现以如图 2-64 所示泵盖为例，将绘制零件草图的步骤介绍如下：

图 2-64 泵盖立体图

1）根据确定的表达方案，定出各视图在图纸上的位置，即画出主、左视图的中心线、基准线，如图 2-65a 所示，注意视图间留出标注尺寸空间，并留出标题栏的位置。

2）详细画出零件的结构形状，如图 2-65b 所示。可以按由外到内的顺序绘制，注意零件加工过程中的缺陷和使用过程中的磨损不要反映在图上。

3）选择尺寸基准，按标注尺寸正确、完整、清晰、合理的要求，画出尺寸界线、尺寸线及箭头。经过仔细校核后，将图线全部描深，如图 2-65c 所示。

4）逐一测量尺寸，填写尺寸数字。尺寸要集中测量，不要测量一个尺寸标注一个尺寸。对于标准结构，如螺纹、倒角、倒圆、退刀槽和中心孔等，测量后应查表取标准值。确定并注写各项技术要求，填写标题栏，完成全部图形，如图 2-65d 所示。

5）全面检查草图。

4. 根据零件草图绘制零件图

零件草图受现场条件或时间限制，其表达方案、尺寸标注不一定是最完善的，可能有遗漏或错误的地方，草拟的技术要求是否经济合理，还值得推敲，因此画零件图之前，应对零件草图进行复核。检查零件的表达是否完整，尺寸有无遗漏、重复，相关尺寸是否恰当、合理，技术要求是否经济合理等，从而对草图进行修改、调整和补充，并选择适当的比例和图幅，按草图所注尺寸绘制零件图。

绘制零件图的步骤与绘制草图的步骤基本相同，不再赘述。

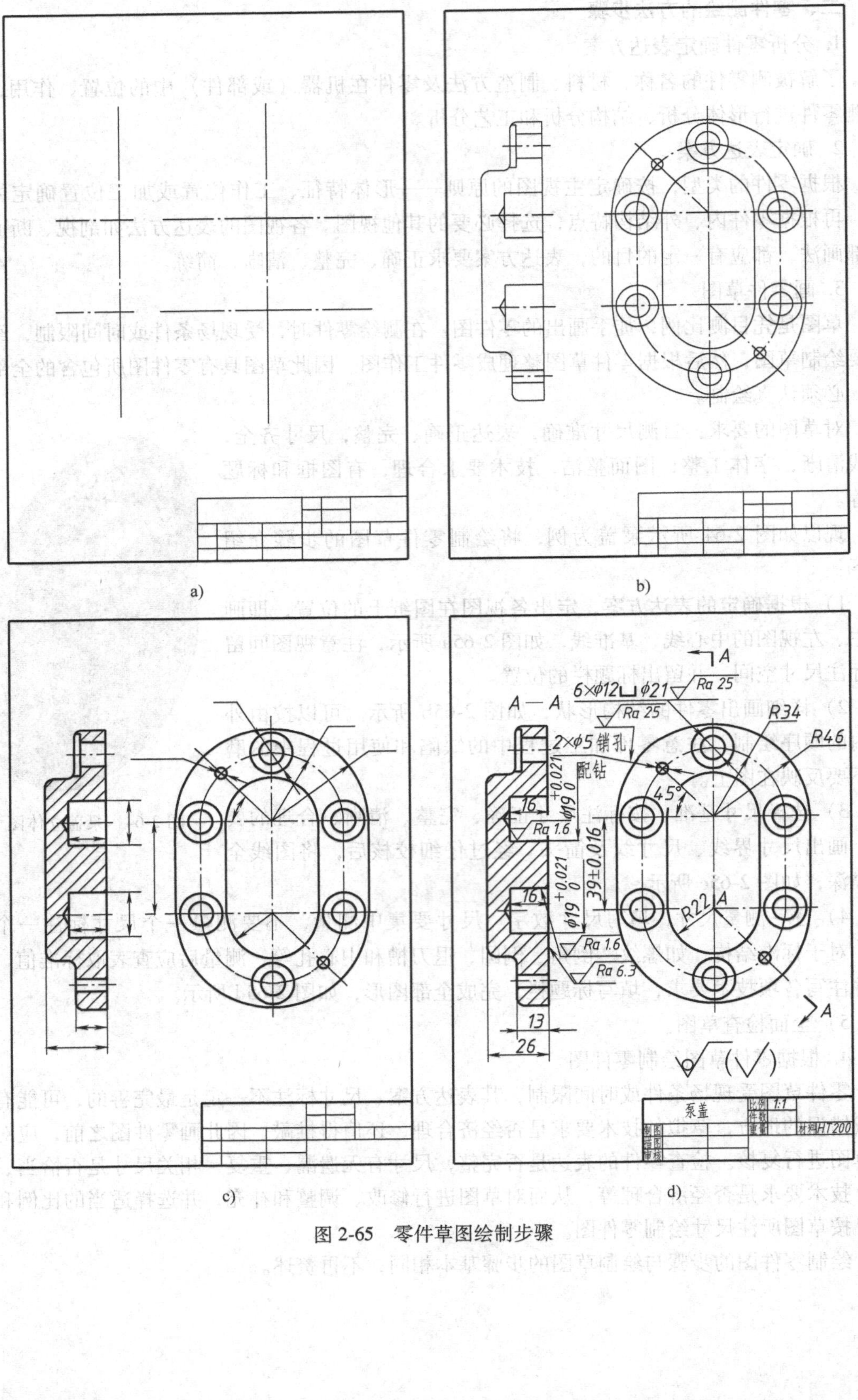

图 2-65 零件草图绘制步骤

第三章　装　配　图

【知识目标】

1. 了解装配图的内容、作用及其与零件图之间的联系。
2. 了解装配图表达方案的选择方法。
3. 了解装配图的特殊表达方法和装配图画法的基本规定。
4. 了解读装配图的方法。
5. 了解如何从装配图中拆画零件图。
6. 了解装配体的测绘方法。

【能力目标】

1. 能根据装配体的结构特点正确选择表达方案。
2. 能按照装配图画法的基本规定，绘制装配图。
3. 能正确编写零件序号及填写明细栏。
4. 掌握读装配图的方法和步骤。
5. 掌握从装配图中拆画零件图的方法。
6. 掌握测绘装配体的过程和方法，会画装配示意图及零件草图。

机器或部件由若干个零件按照一定的装配关系和技术要求装配而成，装配图主要用来表达机器或部件的工作原理、零件间的装配关系、连接方式、零件的主要结构和作用以及装配调整的技术要求，是生产中的主要技术文件之一。表示部件的图样，称为部件装配图；表示一台完整机器的图样，称为总装配图或总图。

本章以部件装配图为例，着重介绍装配图的内容、表达方法、读图方法以及由装配图拆画零件图的步骤等。

第一节　装配图的作用和内容

一、装配图的作用

在设计机械产品时，一般是先绘制出机器或部件的装配图，然后再根据装配图拆画出零件图，按照零件图制造零件。在生产过程中，根据装配图把零件装配成部件或机器。在使用过程中，又通过装配图了解、调试、操作和检修机器或部件。

因此，装配图是进行零件设计的依据，是设计、制造、装配、检验、安装、使用和维修机器或部件的重要技术文件。

二、装配图的内容

如图 3-1a 所示为球阀的立体图，如图 3-1b 所示为球阀的装配图，从图中可以看出，一张完整的装配图应有以下内容；

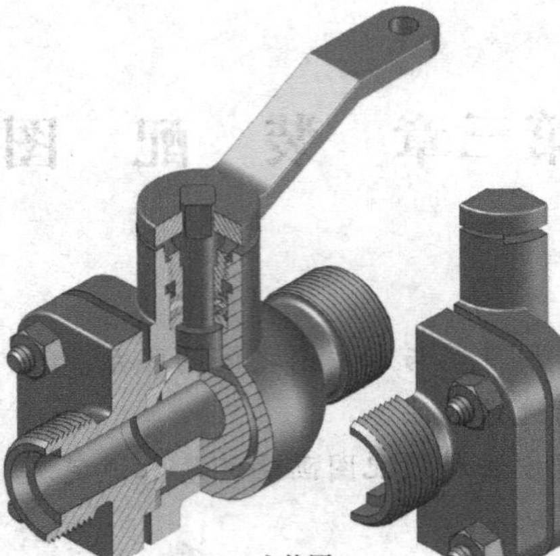

a) 立体图

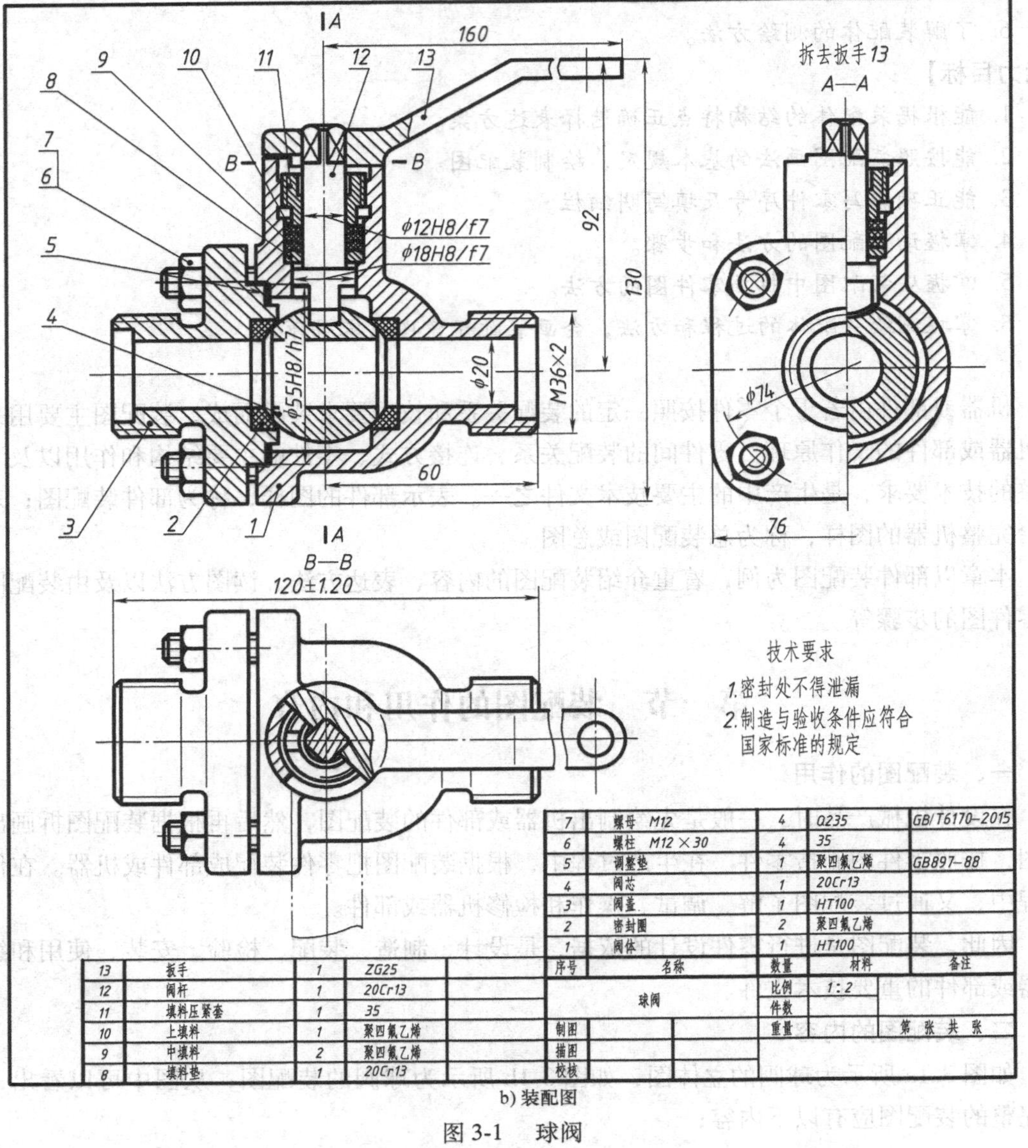

7	螺母 M12	4	Q235	GB/T6170-2015
6	螺柱 M12×30	4	35	
5	调整垫	1	聚四氟乙烯	GB897-88
4	阀芯	1	20Cr13	
3	阀盖	1	HT100	
2	密封圈	2	聚四氟乙烯	
1	阀体	1	HT100	
序号	名称	数量	材料	备注

13	扳手	1	ZG25	
12	阀杆	1	20Cr13	
11	填料压紧套	1	35	
10	上填料	1	聚四氟乙烯	
9	中填料	2	聚四氟乙烯	
8	填料垫	1	20Cr13	

球阀			比例	1:2	
			件数		
制图			重量		第 张 共 张
描图					
校核					

b) 装配图

图 3-1 球阀

1. 一组视图

一组视图用以表达机器或部件的工作原理，各零件间的装配、连接、传动关系和主要零件的结构形状。如图 3-1b 所示为球阀的装配图，它的一组视图选用了三个基本视图。主视图采用全剖视图，表达零件的主要装配关系；俯视图采用沿 $B—B$ 的局部剖视图，表达球阀的部分外形；左视图采用沿 $A—A$ 的半剖视图，表达球阀主要零件的内、外结构形状。

2. 必要的尺寸

必要的尺寸包括机器或部件的规格（或性能）尺寸、零件间的装配尺寸、安装尺寸、外形尺寸以及其他重要尺寸。

3. 技术要求

技术要求说明机器或部件在装配、检验、调试和安装、使用等方面的要求。

4. 零（部）件编号、明细栏和标题栏

装配图中应对每种不同的零（部）件进行编号，并在明细栏内依次填写每种零件的序号、名称、数量、材料、备注等内容，标题栏内填写的内容与零件图基本相同。

第二节 装配图的表达方法

前面学过的零件的各种表达方法，如视图、剖视图、断面图和局部放大图等，同样适用于装配图。但由于装配图和零件图的表达重点不同，零件图主要把零件的内外部结构表达完整，而装配图主要用来表达部件或机器的工作原理、装配关系及主要零件的结构形状，因此，装配图还有一些规定画法和特殊的表达方法。

一、规定画法

1）两零件的接触面或公称尺寸相同的配合面，只画一条线，而不接触面和非配合面要画两条线。

图 3-2 中，滚动轴承左端面与轴肩为接触面，画一条线；轴颈与轴承内孔为配合面，画一条线；而圆柱齿轮轴孔的键槽底面与键不接触，即使间隙很小，仍应画成两条线。

2）剖视图中，相邻两金属零件的剖面线方向应相反，或者方向一致而间隔不等。当三个或三个以上零件相邻时，其中两个零件的剖面线方向相反，第三个零件应采用不同的剖面线间隔或与同方向的剖面线错开。

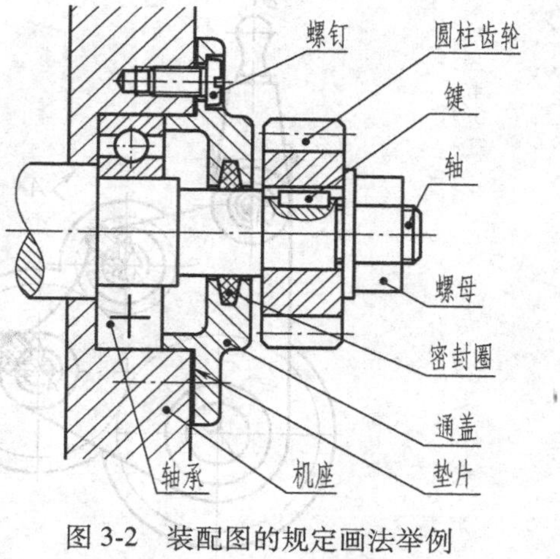

图 3-2 装配图的规定画法举例

图 3-2 中机座、滚动轴承及通盖为三个相邻的零件，前两者剖面线的方向相同，但机座的剖面线间隔较大，因此，很容易区分三个零件。

同一零件在各视图中剖面线的方向与间隔应保持一致。当零件厚度≤2mm 时，剖切后允许以涂黑代替剖面符号。

3）对一些实心零件（如轴、手柄、球、连杆和钩子等）及标准件（如螺纹紧固件、键、销等），若剖切平面通过其轴线或对称平面，则这些零件均按不剖绘制，如图 3-2 中的轴、键、螺母和螺钉等；若剖切平面垂直其轴线或对称平面，则这些零件应画出剖面线，如图 3-1 中的俯视图，采用垂直于阀杆轴线剖切，阀杆应画剖面线。

当这类零件局部有结构和装配关系需要表达时，可采用局部剖视图，图 3-2 中键与轴的装配关系用局部剖视图来表达。

二、特殊表达方法

1. 沿接合面剖切和拆卸画法

当要表达装配体内部或被遮挡的装配关系时，可假想沿两零件的接合面剖切，或假想将某些零件拆卸后绘制。若采用沿接合面剖切的表达方法，结合面上不画剖面线，被剖切的零件（如轴、销、螺栓等）应画剖面线，在剖切位置处加注剖切符号和字母，并在相应的剖视图上方注写“×-×”。图 3-1 中的俯视图（*B*—*B* 剖视图），就是沿扳手和阀体的接合面剖切后画出的局部剖视图。若采用拆卸画法，则在相应的视图上方注出“拆去××”字样。图 3-1 中的左视图，就是拆去扳手 13 后画出的。

2. 假想画法

1）在装配图中，表达运动零件的极限位置时，只画出零件的一个极限位置，另一极限位置用细双点画线画出。图 3-1 的俯视图中用细双点画线画出了扳手的另一极限位置，即竖直位置。

2）在装配图中，表示与本部件有装配关系但又不属于本部件的相邻零、部件时，可用细双点画线画出该零、部件的轮廓。图 3-3 中用细双点画线表示与箱体相邻的主轴箱轮廓，它不属于本装配体中的零件。

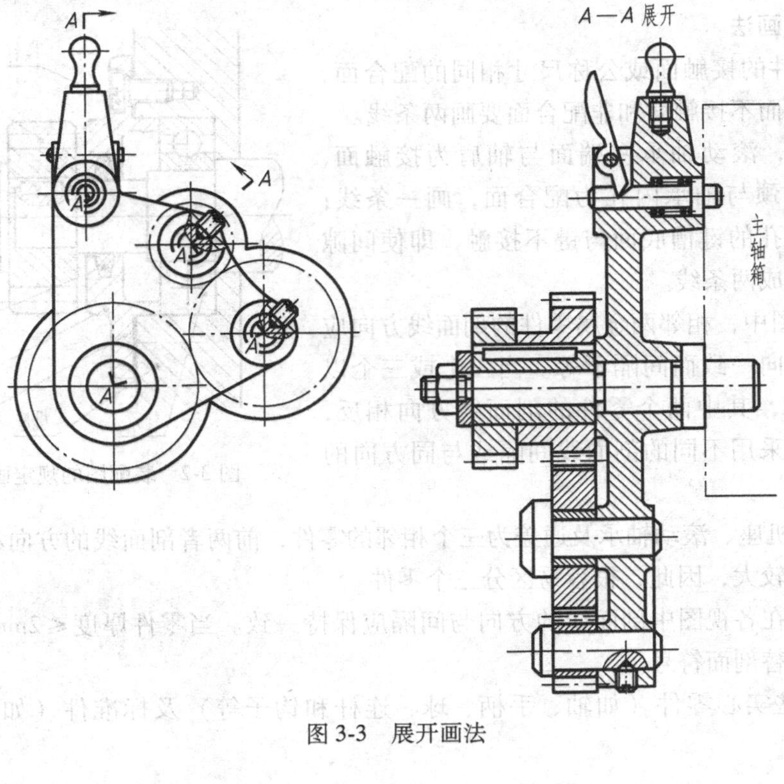

图 3-3　展开画法

3. 单独表示某个零件

在装配图中，当某个零件的结构形状没有表达清楚，对装配关系、工作原理的理解有影响时，可单独画出该零件的某一视图，并在所画视图的上方注出该零件的视图名称，在相应视图附近用箭头指明投射方向，注上同样的字母。如图 3-25 所示的控制阀的装配图中分别画出了零件 1 和零件 10 的局部视图 *A* 和 *B*。

4. 夸大画法

对薄垫片、细丝弹簧、零件间很小的间隙等，根据实际尺寸在装配图中很难绘出或难以清晰表达，允许将它们不按比例，而适当夸大画出。如图 3-2 所示的垫片，就是采用了夸大画法。

5. 展开画法

在画传动系统的装配图时，如多级传动变速箱，为了表示传动路线和各轴的装配关系，假想按传动顺序沿轴线剖切，并将所有剖切面按顺序摊平在一个平面上画出剖视图，这种画法称为展开画法。如图 3-3 所示的“*A*—*A* 展开”就是齿轮传动机构的展开画法。

6. 简化画法

1）在装配图中，零件的工艺结构，如倒角、圆角、退刀槽等可省略不画。

2）对于装配图中若干相同的螺纹连接件组或其他组件，可详细地画出一组或几组，其余用细点画线表示其中心位置或轴线位置，如图 3-4 所示。

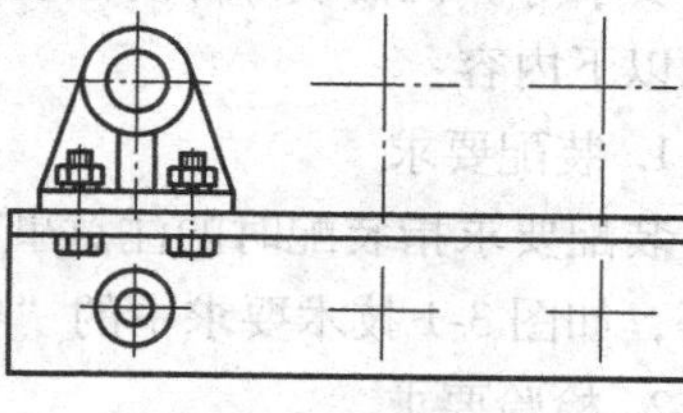

图 3-4　相同组件简化画法

第三节　装配图的尺寸标注和技术要求

一、装配图的尺寸标注

装配图以表达机器或部件的工作原理、装配关系为主，不是制造零件的直接依据，不需注出每个零件的全部尺寸，只需标注与机器或部件的性能、装配、检验、安装、运输有关的尺寸。一般应标注以下几类尺寸：

1. 性能（规格）尺寸

性能（规格）尺寸是表示机器或部件性能和规格的尺寸。该尺寸由设计确定，是设计、了解和选用机器或部件的依据，如图 3-1 中球阀进出液体的管径尺寸 $\phi20$。

2. 装配尺寸

装配尺寸是表示零件间装配关系和工作精度的尺寸，它包括两种：

（1）配合尺寸　配合尺寸是表示零件间配合性质的尺寸，如图 3-1 中的 $\phi12H8/f7$、$\phi55H8/h7$ 等。

（2）相对位置尺寸　相对位置尺寸是相关联的零件或部件之间较重要的相对位置尺寸，如图 3-1 中的 60、160。

3. 安装尺寸

安装尺寸是指将机器或部件安装在地基上或其他机器、部件上时所需要的尺寸，如图 3-

1 中的 M36×2。

4. 外形尺寸

外形尺寸是表示机器或部件总长、总宽、总高的尺寸。它是包装、运输、安装和设计厂房时的依据，如图 3-1 中的 120±1. 20、76 和 130。

5. 其他重要尺寸

不属于上述几类尺寸，而在设计或装配时需要保证的尺寸称为其他重要尺寸。如运动零件的极限位置尺寸、主体零件的重要尺寸等，如图 3-1 中的 ϕ74，是阀盖法兰上孔的定位尺寸。

以上几类尺寸，在一张装配图中并非全部具备，有时一个尺寸可兼有几种含义，因此，装配图上的尺寸标注，应根据机器或部件的具体情况进行考虑。

二、装配图的技术要求

装配图中的技术要求，主要说明机器或部件在装配、检验、使用时应达到的技术性能和质量要求等。机器或部件的性能、用途各不相同，其技术要求也不同。拟定技术要求时一般考虑以下内容：

1. 装配要求

装配要求指装配时的注意事项和装配后应达到的指标，如装配精度、装配间隙和润滑要求等，如图 3-1 技术要求中的“密封处不得泄漏”。

2. 检验要求

检验要求指对机器或部件基本性能的检验、试验及操作时的要求，包括机器或部件基本性能的检验方法和要求，装配后达到的准确度，检验与实验的环境温度、气压，振动实验的方法等。如图 3-1 技术要求中的“制造与验收条件应符合国家标准的规定”。

3. 使用要求

使用要求指对机器或部件的基本性能、使用、操作、维护、保养和运输时的要求，如限速、限温及操作注意事项等。

装配图中，技术要求通常用文字写在明细栏上方、左侧或图样下方空白处，若内容太多，可以另编技术文件，附在图样之后。

第四节 装配图的零（部）件序号及明细栏

为便于读图和生产管理，在装配图上必须对每种零（部）件编注序号，并在明细栏中说明每种零件的名称、数量、材料等内容。

一、编号的规定

1）零件序号的编写形式如图 3-5a 所示，序号标注在图形轮廓线之外。从所指零件的可见轮廓内画一圆点，从圆点处画指引线，在指引线末端画水平线（或圆），在水平线上方（或圆内）写序号。指引线和水平线（或圆）均为细实线，序号数字的高度应比图中尺寸数字高度大一号或大两号。当所指部分不宜画圆点（如薄零件或涂黑的剖面）时，可画为指向该轮廓的箭头，如图 3-5b 所示，也可采用如图 3-5c 所示的形式，将序号写在指引线附近。

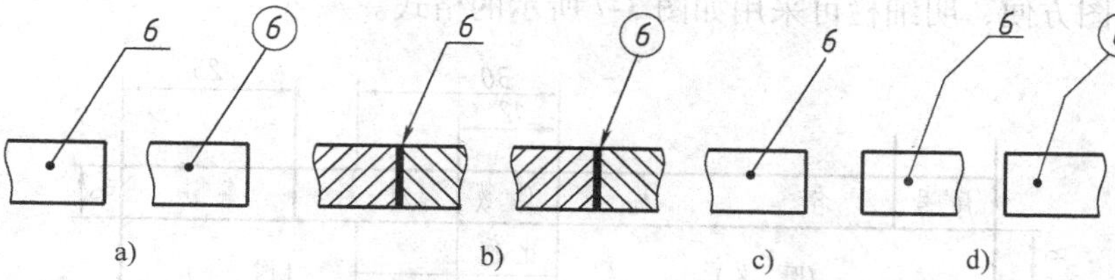

图 3-5 零件序号的编写形式

2）指引线应尽量分布均匀，彼此不能相交，当通过剖面线区域时，也不得与剖面线平行。指引线不应画成水平或垂直线，必要时可画成折线，但只能折一次，如图 3-5d 所示。

3）装配关系清楚的零件组，如螺纹紧固件组，可以采用公共指引线，如图 3-6 所示。

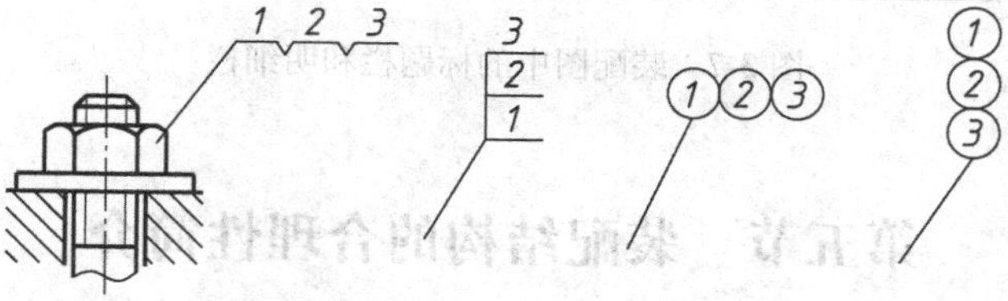

图 3-6 零件组序号的编写形式

4）每种零件只编一个序号，对同一标准部件（如滚动轴承、油杯、电动机等），可作为一个整体只编一个序号。

5）零件序号应按水平方向或垂直方向排列整齐，按顺时针方向或逆时针方向依次编号，如图 3-1 所示。

6）为使编号布置得美观整齐，无重复和遗漏，应先按一定位置画好横线或圆，然后再与零、部件一一对应，画出指引线，依次编写序号。同一张装配图中编号形式应一致。

二、编号的方法

1. 顺序编号法

顺序编号法是指将装配图中所有零件按顺序进行编号。本章图例均采用这种方法。

2. 分类编号法

分类编号法是指装配图中的标准件不编序号，将标准件的数量、规定标记直接注写在图上，而将非标准件按顺序进行编号。

三、明细栏

明细栏是机器或部件中全部零（部）件的详细目录。其内容一般有序号、名称、数量、材料和备注等，序号必须与图中编号一致。读装配图时，根据编号查明细栏，能了解零件的主要信息，这样便于读装配图、拆画零件图和管理图样。

明细栏应画在标题栏上方，若位置不够，可分段画在标题栏的左方。明细栏的左、右外框为粗实线（最上边框为细实线），框内线条为细实线。零（部）件序号是从下往上填写的，以便增加零件时，可继续向上画格。明细栏中的序号必须与装配图中零（部）件的编号一一对应。对复杂的机器或部件，可将零部件的信息单独编写在另一张图纸上，该图纸一般称为明细表。

为学生作图方便，明细栏可采用如图 3-7 所示的格式。

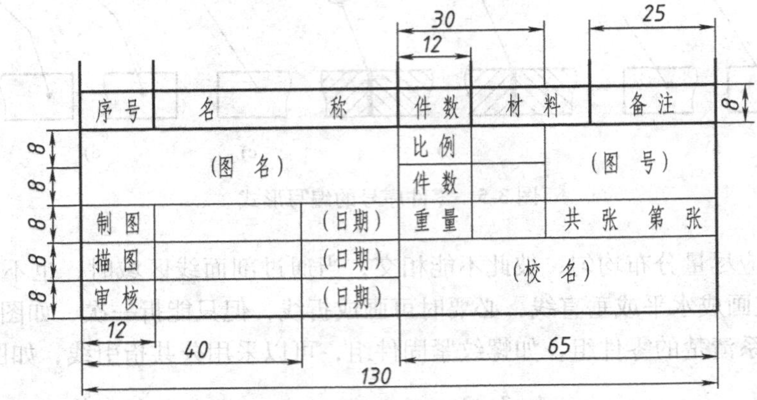

图 3-7 装配图中的标题栏和明细栏

第五节 装配结构的合理性简介

零件在机器中相互间最主要的关系有配合、连接和固定等。在机器或部件的设计中，应考虑装配结构的合理性，以保证机器或部件的工作性能，并便于装配和拆卸。确定合理的装配结构，需要具有丰富的实践经验，并做深入细致的分析和比较。下面介绍几种常见的装配结构，以供绘制装配图时参考。

一、接触面与配合面结构

1）两零件在同一方向上只能有一对接触面（或配合面），这样既便于装配又可降低加工精度，否则会给加工和装配带来困难。如图 3-8a 所示，轴向：上端面接触，下面就有间隙，$A_1>A_2$；如图 3-8b 所示，径向：小轴径与孔形成配合面，大轴径与孔有间隙。

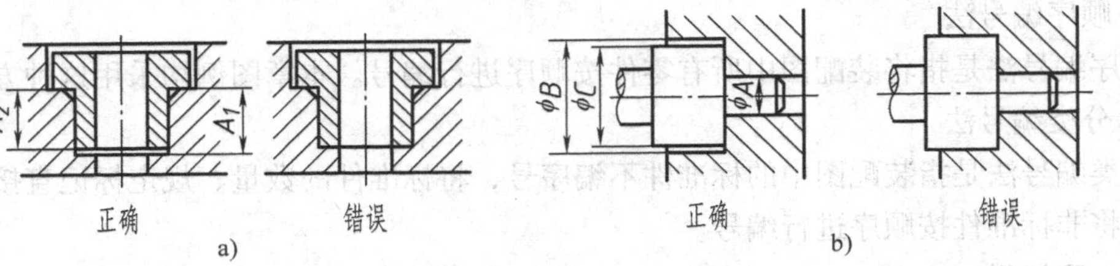

图 3-8 接触面和配合面的画法（一）

2）轴与孔装配时，若要求轴肩与孔的端面接触，孔端应制成倒角或在轴肩根部切槽，如图 3-9a 所示。两配合零件接触面的转角处不能都做成尖角，也不能做成相同的圆角，如图 3-9b 所示。

3）两锥面配合时，锥体顶部与锥孔底部之间应留有空隙，如图 3-10 所示。

4）合理减小接触面，保证两零件接触良好。接触面需经机械加工，合理减少加工面积可降低成本，改善接触状况。

①在被连接件上做出沉孔或凸台，如图 3-11 所示。

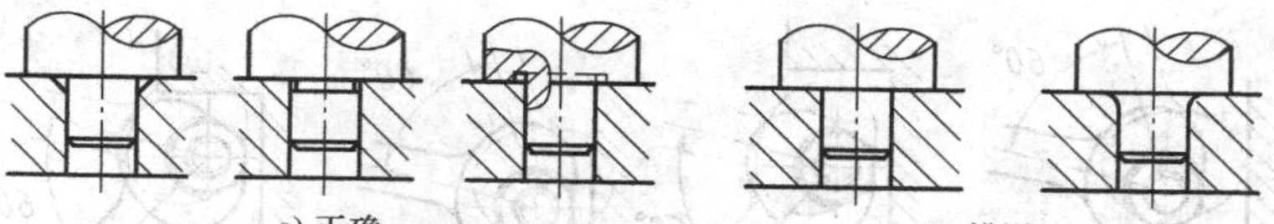

a) 正确 b) 错误

图 3-9 接触面和配合面的画法（二）

a) 正确 b) 错误

图 3-10 锥面配合的画法

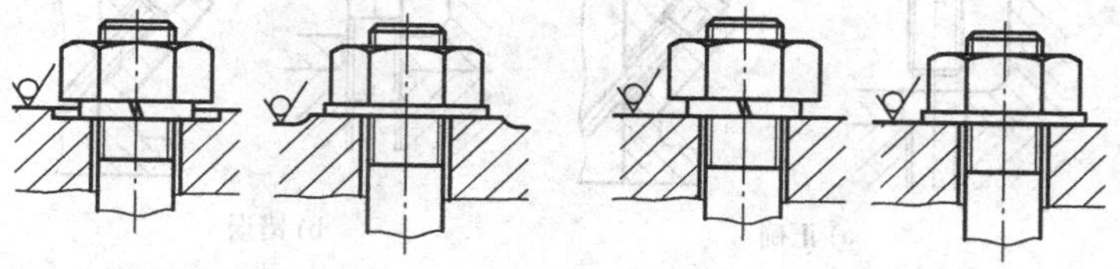

a) 正确 b) 错误

图 3-11 接触面加工成沉孔或凸台

②在配合面上开环形槽，减少接触面，如图 3-12 所示。

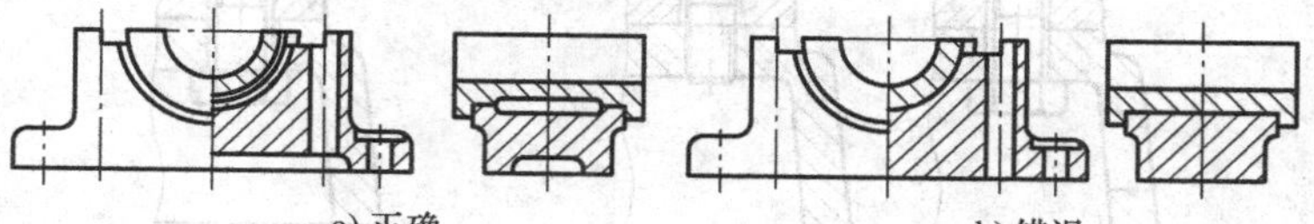

a) 正确 b) 错误

图 3-12 减少接触面

二、安装与拆卸结构

1）用销定位时，销孔尽可能加工成通孔，以便装拆和加工，如图 3-13 所示。

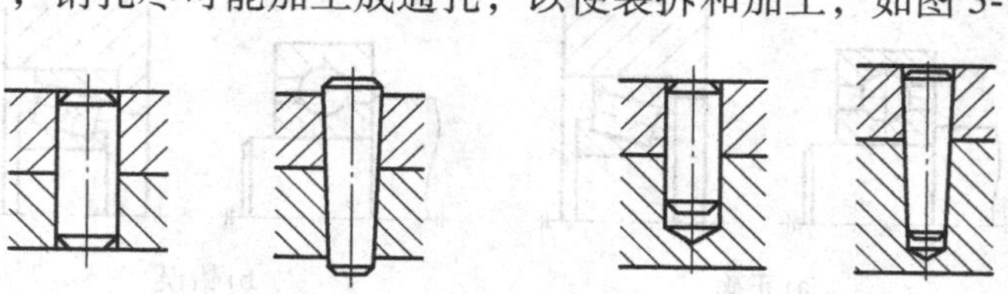

a) 正确 b) 错误

图 3-13 定位销配合结构的画法

2）用螺纹紧固件连接时，必须留出扳手空间（见图 3-14）及螺栓、油标尺的空间（见图 3-15），或者加手孔、改用双头螺柱（见图 3-16）。

3）在滚动轴承的装配结构中，要根据轴承内圈的外径尺寸和轴承外圈的内径尺寸确定轴肩和孔台肩的结构尺寸，其高度应小于轴承内圈或外圈的厚度，以便拆卸轴承，如图 3-17 所示。

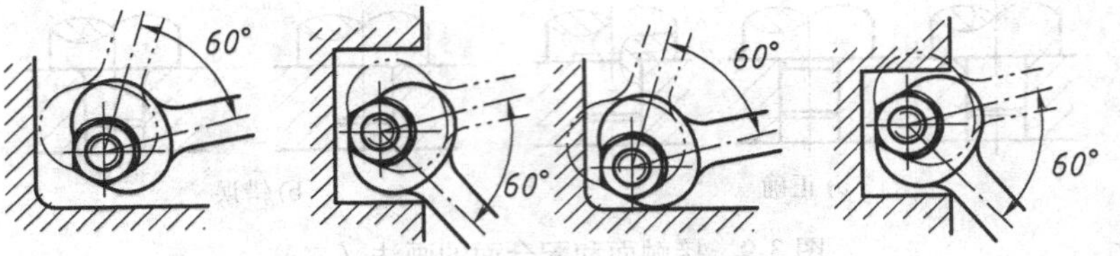

a) 正确　　b) 错误

图 3-14　留出扳手空间

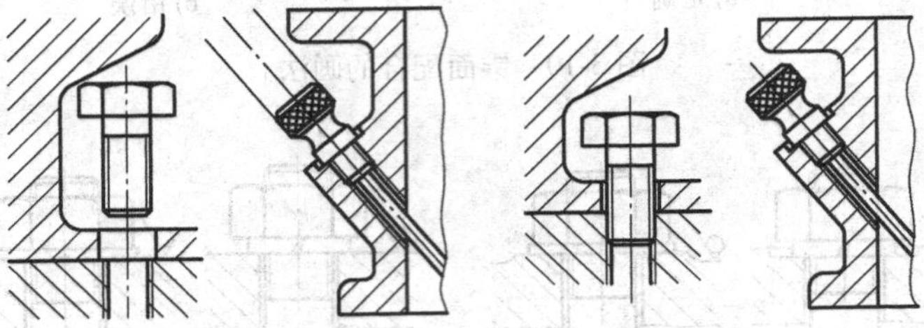

a) 正确　　b) 错误

图 3-15　留出螺栓、油标尺的空间

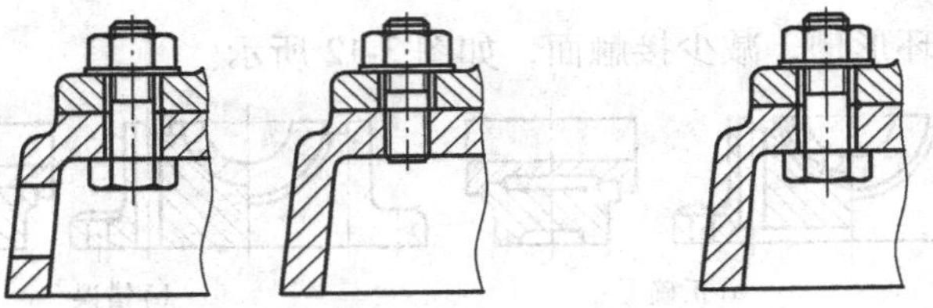

a) 正确　　b) 错误

图 3-16　加手孔或改用双头螺柱

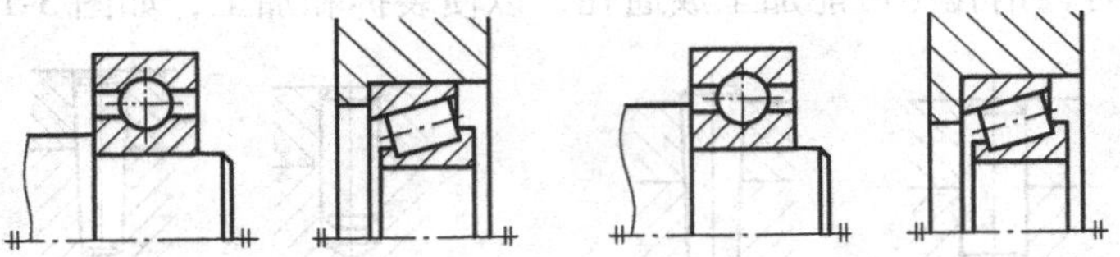

a) 正确　　b) 错误

图 3-17　滚动轴承的装配结构

三、防漏和密封结构

为防止内部的液体或气体向外渗漏，同时也防止外部的灰尘和水分进入机器，在机器或部件的旋转轴或滑动杆的伸出处，常需要采用密封装置。常用的密封方式有：填料密封、密封圈密封、毡圈密封等，如图 3-18 所示。填料密封是用压盖和螺母将填料压紧起到防漏作用，压盖要画在开始压填料的位置，表示填料刚刚加满，如图 3-18a 所示。

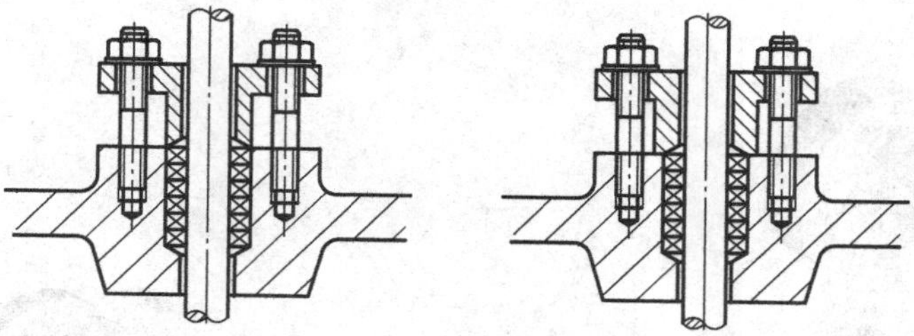

a) 正确　　b) 错误

图 3-18　常用密封装置

四、螺纹防松结构

机器在工作时，由于受到振动或冲击，可能会使螺纹松动，甚至造成严重事故，常用螺纹防松结构装置来避免这类问题，如图 3-19 所示。

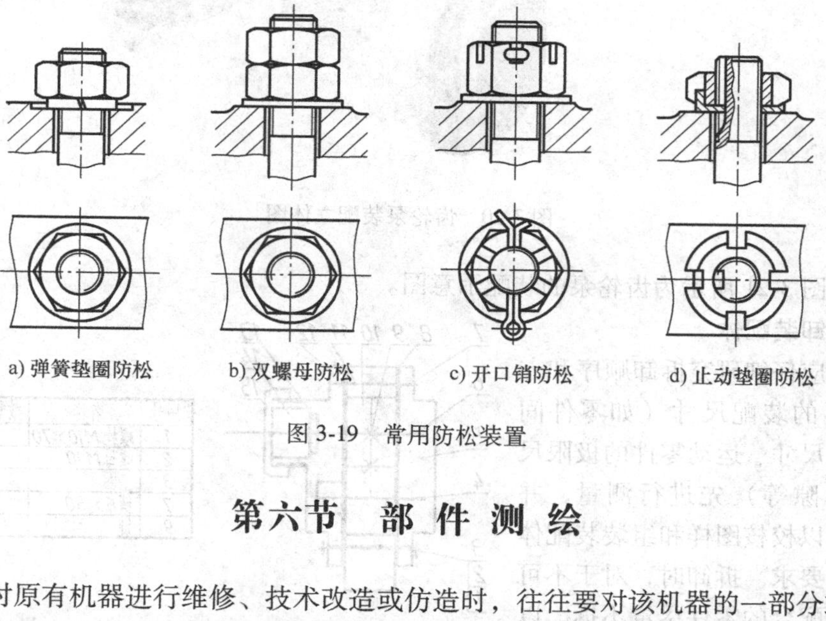

a) 弹簧垫圈防松　b) 双螺母防松　c) 开口销防松　d) 止动垫圈防松

图 3-19　常用防松装置

第六节　部 件 测 绘

当需要对原有机器进行维修、技术改造或仿造时，往往要对该机器的一部分或整体进行测绘，即对其进行测量，画出其装配图和零件图的全过程。测绘过程可分为以下几步：

一、了解、分析测绘对象

测绘前，应认真分析测绘对象，并阅读说明书及有关技术文件等资料，了解测绘对象的用途、性能、工作原理、结构特点和装配关系等。如图 3-20 所示的齿轮泵，是管路中用来提供液压力的部件，通过两齿轮的啮合，实现流体的吸入、排出。齿轮泵主要由泵体、泵盖、齿轮、传动轴等组成，由螺钉连接紧固，由销定位。

二、画装配示意图

装配示意图是用简单线条和机构运动简图符号（GB/T 4460—2013）将零件的大致轮廓、零件间的相对位置、装配关系及传动情况表达出来的一种示意性简图。它是装配机器和画装配图的依据。装配示意图中每个零件只画大致轮廓或用单线表示。画装配示意图时应先画主要零件的轮廓，然后按装配顺序把其他零件逐个画出，并将各零件编上序号或写出零件

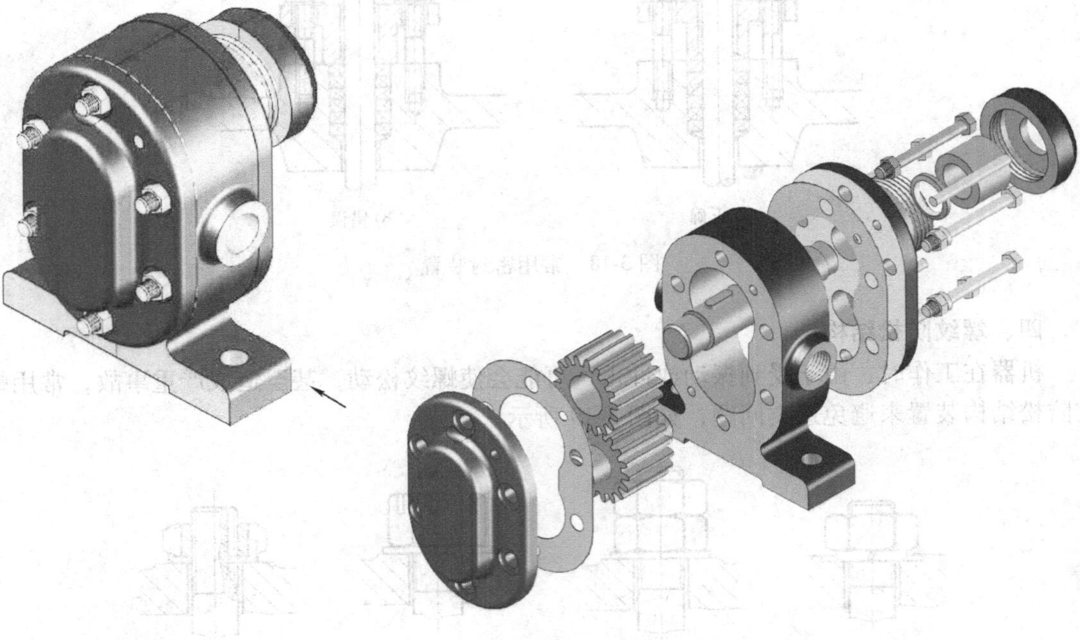

图 3-20　齿轮泵装配立体图

的名称。如图 3-21 所示为齿轮泵的装配示意图。

三、拆卸装配体

拆卸前应仔细研究拆卸顺序和方法，对重要的装配尺寸（如零件间的相对位置尺寸、运动零件的极限尺寸、装配间隙等）先进行测量，并做好记录，以校核图样和组装装配体后保持原来要求。拆卸时，对于不可拆卸的过盈配合的零件尽量不拆，以免影响装配性能和精度；对于难拆卸的零件要使用专用工具，防止将零件损坏。拆卸中要注意保护零件的加工面和配合面。对于标准件，在测量公称尺寸后应查阅有关标准，写出规定标记和数量。拆卸机器或部件后要妥善保管全部零件，以免生锈或丢失。

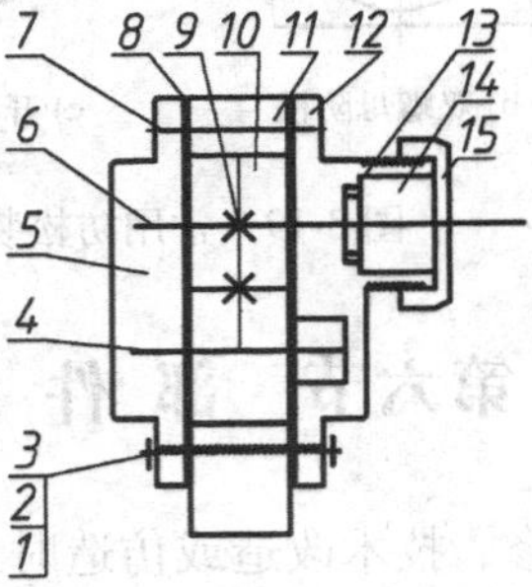

序号	名称	数量	备注
1	螺栓 M10×70		GB/T 5782
2	螺母 M10		GB/T 6170
3	垫圈		GB/T 93
7	销 6×50		GB/T 119.2
9	键		GB/T 1096

4—齿轮轴　5—左泵盖　6—轴　8—垫片　10—齿轮
11—泵体　12—右泵盖　13—密封圈　14—轴套　15—压紧螺母

图 3-21　齿轮泵装配示意图

四、画零件草图

零件草图是画装配图的依据，对于标准件，不必画零件草图；对于非标准件，则应画出全部零件草图。零件草图的画法和步骤见第二章第八节“零件的测绘”。画零件草图时，应注意零件间相关尺寸要协调一致，各零件图样的序号要与装配示意图中序号相同。如图 3-22 所示为测绘出的齿轮泵的所有非标准件的零件图。

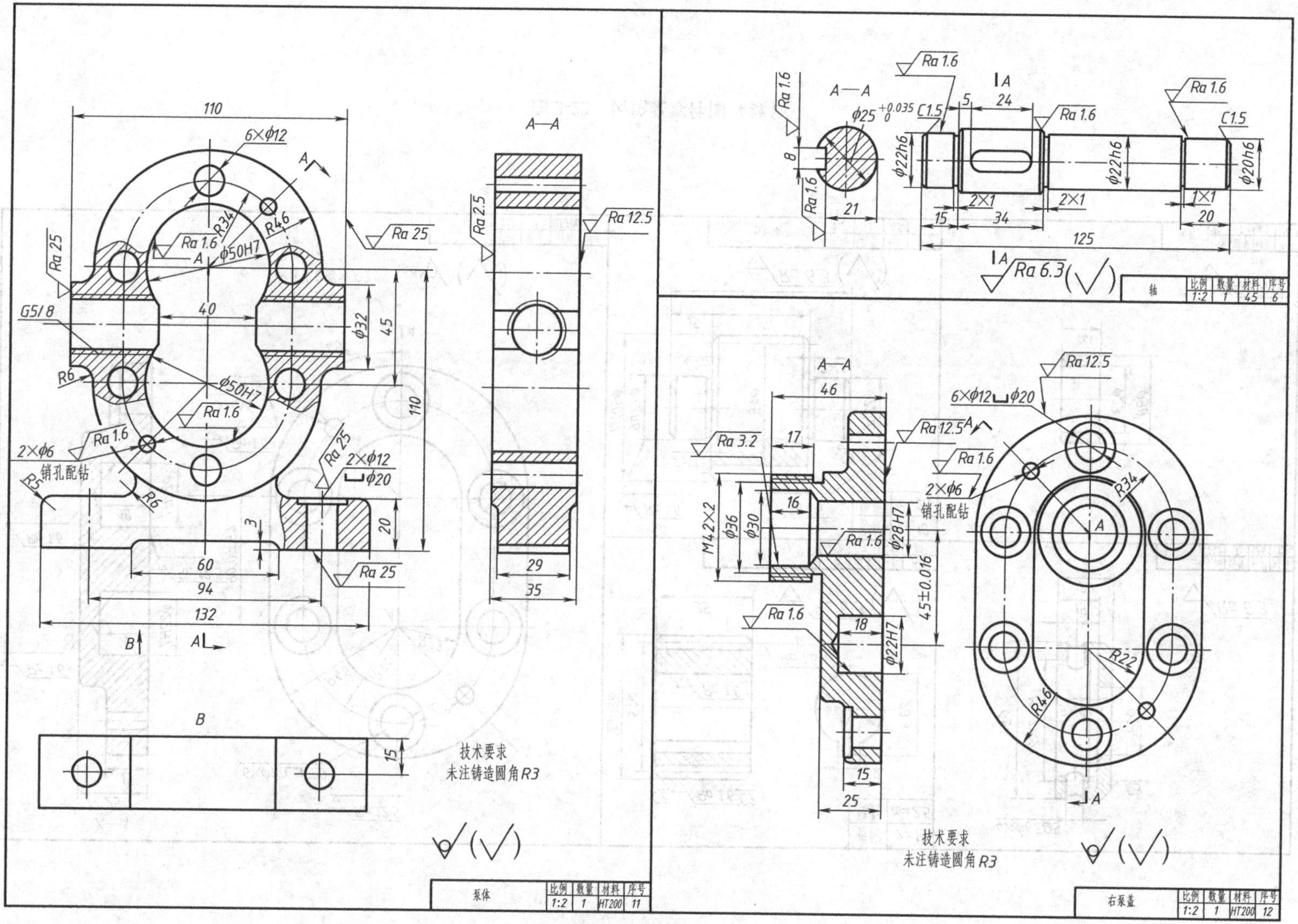
110
6×φ12
R34
R46
φ50H7
Ra 1.6
Ra 25
G5/8
40
φ32
45
R6
2×φ6
销孔配钻
R5
2×φ12
φ20
20
3
60
94
132
B
A
技术要求
未注铸造圆角R3
泵体
比例 数量 材料 序号
1:2 1 HT200 11
A—A
Ra 2.5
Ra 12.5
29
35
φ25 $^{+0.035}_{0}$
C1.5
24
5
φ22h6
φ20h6
2×1
1×1
8
21
15
34
125
Ra 6.3
轴
比例 数量 材料 序号
1:2 1 45 6
46
17
Ra 3.2
16
M42×2
φ36
φ30
φ28H7
45±0.016
18
φ22H7
25
6×φ12⌴φ20
R22
技术要求
未注铸造圆角R3
右泵盖
比例 数量 材料 序号
1:2 1 HT200 12

图 3-22 齿轮泵零件图

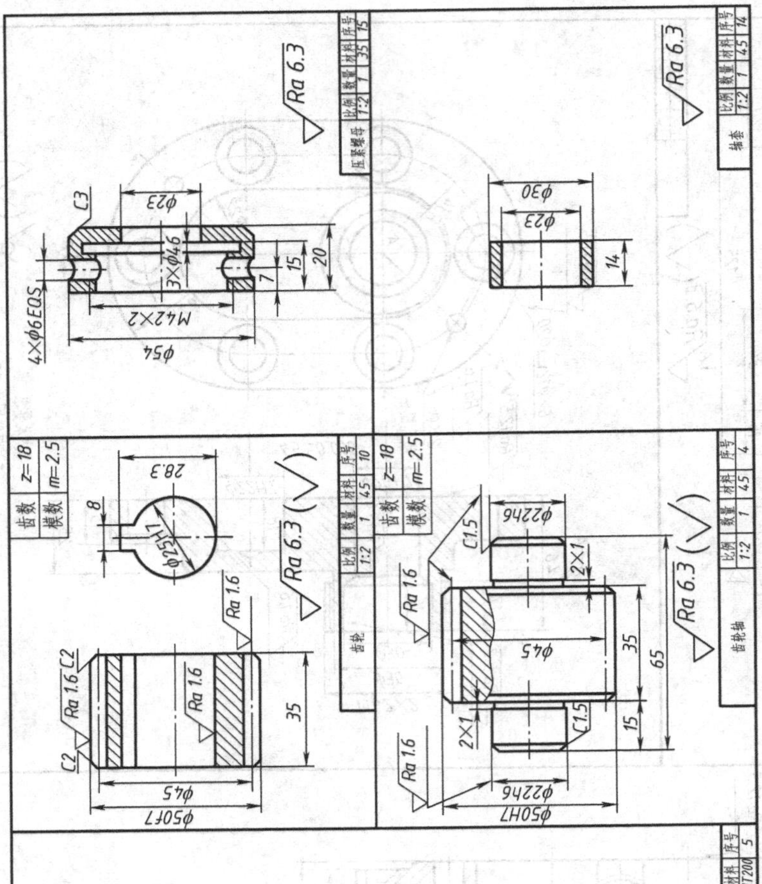

图 3-22 齿轮泵零件图（续）

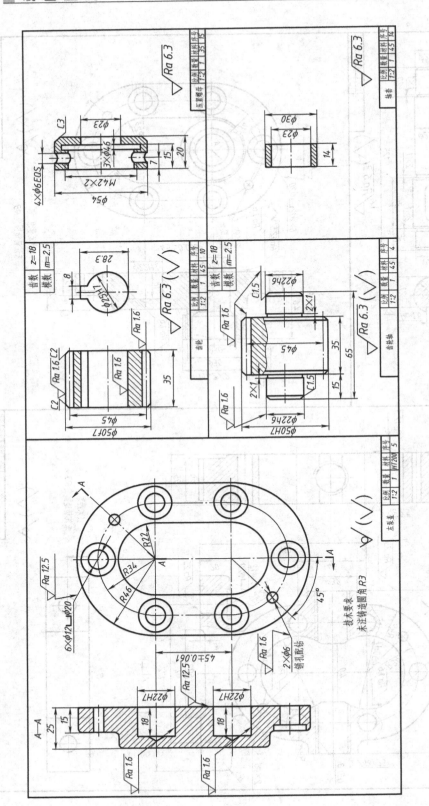

五、画装配图

根据装配示意图和测绘的零件草图画装配图。画装配图的过程是一次检验、校对零件草图的过程。零件草图中的形状和尺寸如有错误和不妥之处，应及时改正，使零件之间的装配关系能在装配图上正确反映出来，以便顺利地拆画零件图。装配图的绘制方法见本章第七节“装配图的画法”。

六、拆画零件工作图

根据零件草图和装配图拆画每个零件的工作图。此时的图形和尺寸应正确可靠。由装配图拆画零件图的方法见本章第八节“读装配图和拆画零件图”。

第七节 装配图的画法

一、拟定表达方案

表达方案包括如何选择主视图、确定视图的数量和表达方法。在拟定表达方案之前，必须仔细了解部件的工作原理和结构情况。首先选好主视图，然后选配其他视图，使选择的表达方案能清楚地表达部件的工作原理、零件间的装配关系以及主要零件的结构形状等。

1. 主视图的选择

1）主视图应符合部件的工作位置，若工作位置倾斜，可将其摆正，使主要装配干线或主要安装面呈铅垂或水平位置。

2）主视图应能较好地表达部件的工作原理、零件间的主要装配关系及主要零件的结构形状特征。如绘制图 3-20 所示齿轮泵的装配图，应选箭头方向为主视图的投射方向，采用沿泵体前后对称面剖切的全剖视图来表达，就体现了上述主视图的选择原则。

2. 其他视图的选择

根据选定的主视图选配其他视图，以补充表达主视图未表达清楚的内容。应尽可能用基本视图和基本视图上的剖视图（包括拆卸画法、沿零件接合面剖切的画法等）来表达有关内容。在表达清楚的前提下，选用的视图数量应尽量少。

图 3-20 中，主视图根据其工作位置选择，采用全剖视图能清楚地反映各零件间的主要装配关系、齿轮泵的工作原理及主要零件的结构形状，但泵的外形结构以及流体的进出关系还没有表达清楚，于是选取左视图进行补充。左视图沿左泵盖与泵体接合面剖开，补充表达齿轮的啮合情况、齿轮泵的工作原理、进出口管路及泵体的外形。

二、画装配图的步骤

按照拟定的表达方案，根据部件的大小、复杂程度，选取适当的比例，考虑各视图占的位置，从而选定图幅，即可着手画图。布置视图时，各视图间要注意留有编写零部件序号、注写尺寸的间隔，还要留出标题栏、明细栏及技术要求的位置。图面的总体布局既要均匀，又要整齐。

画图时，应先画出各视图的主要轴线（装配干线）、对称中心线和作图基线（某些零件的基面或端面）。由主视图开始，几个视图配合进行。画剖视图时，以装配干线为准，由内向外逐个画出各个零件，也可由外向里画，视作图方便而定。对每一种零件，应先画其主要轮廓和结构形状，再画其次要的结构形状。如图 3-23 所示为绘制齿轮泵装配图底稿的步骤。

1）布置幅面，画出各视图的主要轴线、对称中心线及作图基线，如图 3-23a 所示。

2）画主要零件泵体的轮廓线，三个视图要联系起来画，如图 3-23b 所示。

3）根据泵盖和泵体的相对位置，画出左、右泵盖的视图，如图 3-23c 所示。

4）画出其他零件，并画剖面线，检查无误后再加深，如图 3-23d 所示。

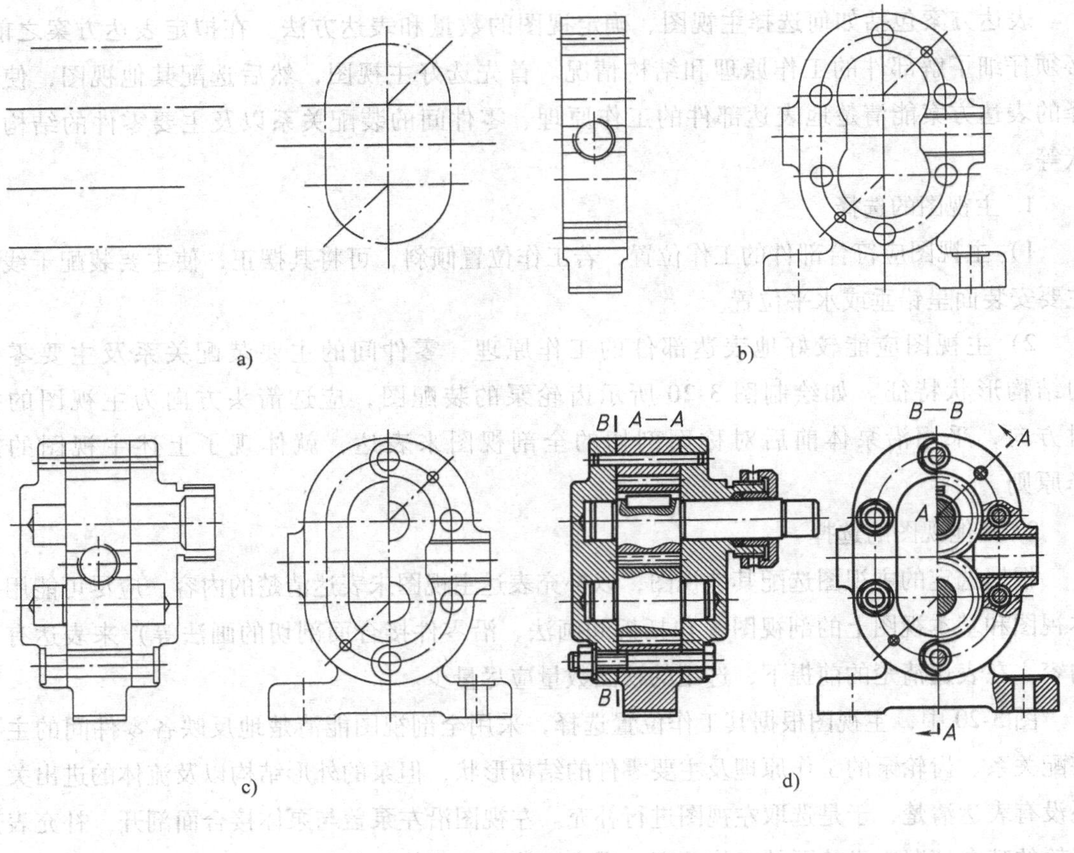

图 3-23 画装配图底稿的步骤

5）标注尺寸，编写零、部件序号，填写明细栏、标题栏并签署姓名，如图 3-24 所示。

6）复核全图。

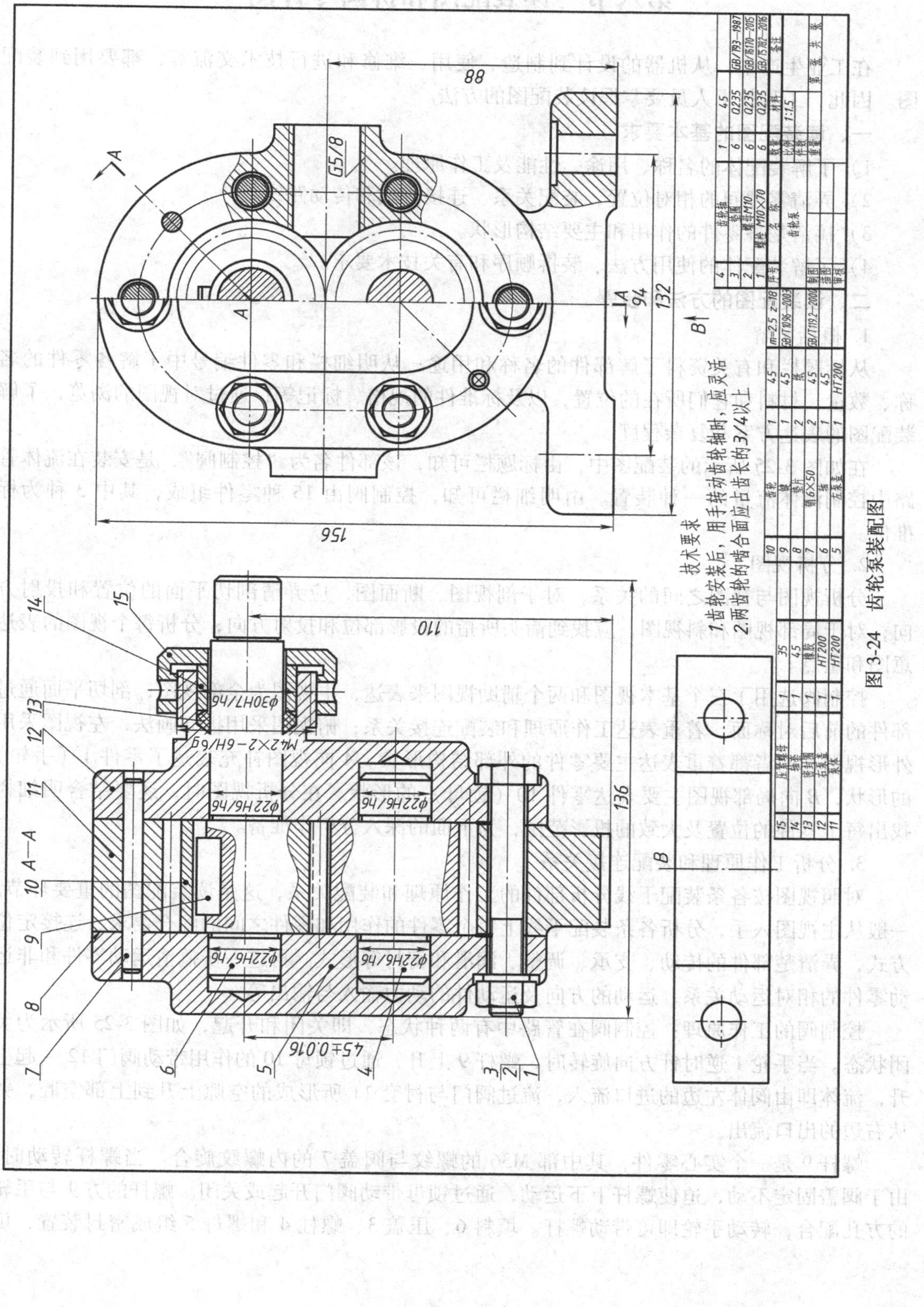
技术要求
1.齿轮安装后，用手转动齿轮轴时，应灵活
2.两齿轮的啮合面应占齿长的3/4以上
A—A
B
88
94
132
156
110
136
G5/8
φ30H7/h6
M42×2-6H/6g
φ22H6/h6
45±0.016
齿轮泵
1:1.5
HT200
Q235
45
m=2.5 z=18
GB/T1096—2003
GB/T119.2—2000
GB/T93—1987
GB/T6170—2015
GB/T5782—2016

图 3-24 齿轮泵装配图

第八节　读装配图和拆画零件图

在工业生产中，从机器的设计到制造、使用、维修和进行技术交流等，都要用到装配图。因此，工程技术人员要掌握读装配图的方法。

一、读装配图的基本要求

1）了解装配体的名称、用途、性能及工作原理。

2）弄清零件间的相对位置、装配关系、连接方式和传动路线。

3）搞清楚各零件的作用和主要结构形状。

4）了解装配体的使用方法、装拆顺序和有关技术要求。

二、读装配图的方法和步骤

1. 概括了解

从标题栏和有关资料了解部件的名称和用途；从明细栏和零件编号中了解各零件的名称、数量、材料和它们所在的位置，以及标准件的规格、标记等；通过对视图的浏览，了解装配图的表达方案和复杂程度。

在如图 3-25 所示的装配图中，由标题栏可知，该部件名为“控制阀”，是安装在流体管路中控制流体流量的一种装置。由明细栏可知，控制阀由 15 种零件组成，其中 3 种为标准件。

2. 分析视图

分析视图与视图之间的关系，对于剖视图、断面图，应弄清剖切平面的位置和投射方向；对于局部视图和斜视图，应找到箭头所指的投影部位和投射方向；分析每个视图的表达意图和重点。

控制阀选用了三个基本视图和两个辅助视图来表达，主视图为全剖视图，剖切平面通过部件的前后对称面，着重表达工作原理和装配连接关系；俯视图采用拆卸画法，左视图采用外形视图，两者都着重表达主要零件的外部结构形状。*A* 向视图补充表达了零件 1（手轮）的形状，*B* 向局部视图主要表达零件 10（锁母）的形状。在分析视图时，还要结合明细栏找出每个零件的位置及大致的投影范围，为下面的深入分析作准备。

3. 分析工作原理和装配连接关系

对照视图按各条装配干线分析部件的工作原理和装配关系，这是读装配图的重要环节。一般从主视图入手，分析各条装配干线上每个零件的作用和零件之间的配合要求、连接定位方式，弄清楚部件的传动、支承、调整、润滑和密封等形式。再进一步搞清运动零件和非运动零件的相对运动关系，运动的方向及运动件的动力输入与输出等。

控制阀的工作原理：控制阀在管路中有两种状态，即关闭和开起，如图 3-25 所示为关闭状态。当手轮 1 逆时针方向旋转时，螺杆 9 上升，通过锁母 10 的作用带动阀门 12 一起上升，流体即由阀体左边的进口流入，流过阀门与衬套 11 所形成的空隙上升到上部空腔，并从右边的出口流出。

螺杆 9 是一个实心零件，其中部 M36 的螺纹与阀盖 7 的内螺纹旋合。当螺杆转动时，由于阀盖固定不动，迫使螺杆上下运动，通过锁母带动阀门开起或关闭。螺杆的方头与手轮的方孔配合，转动手轮即可带动螺杆。填料 6、压盖 3、螺柱 4 和螺母 5 组成密封装置，可

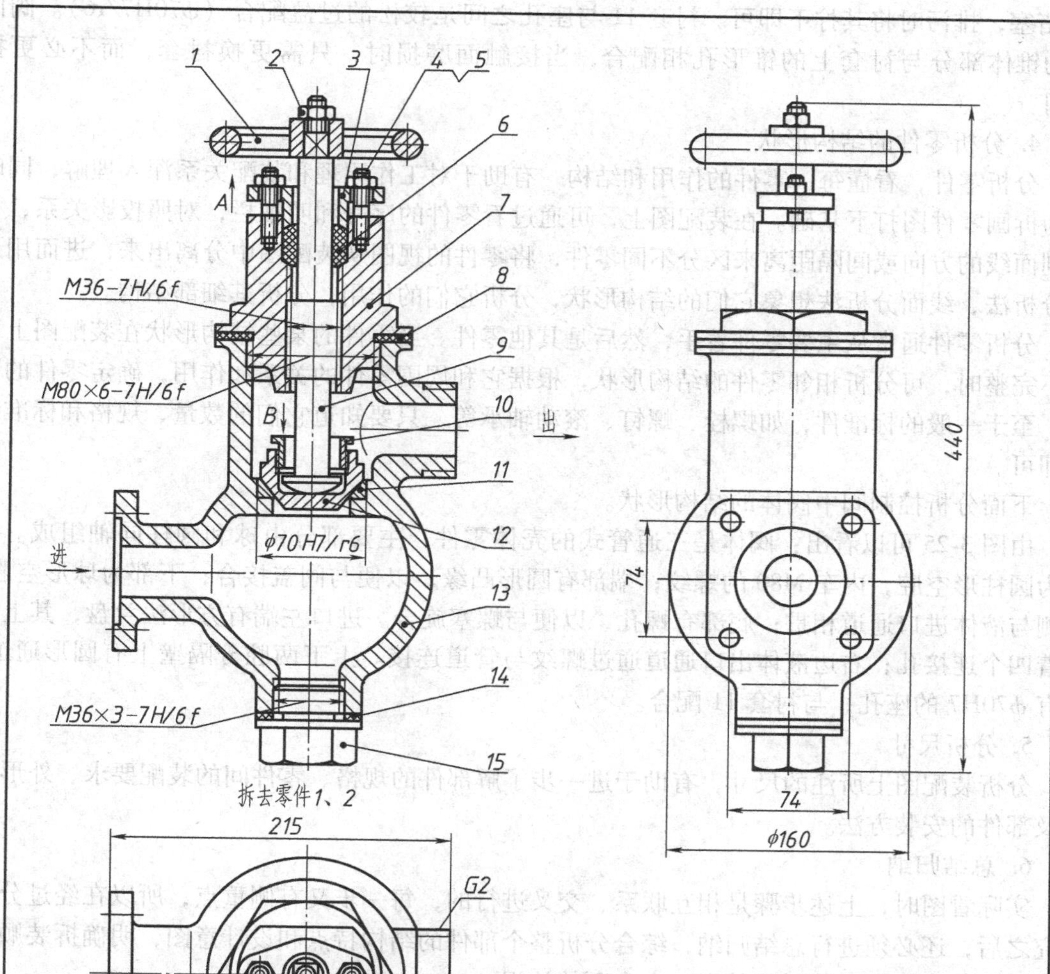

序号	名称	数量	材料	备注
15	螺塞	1	HT200	
14	垫圈	1	橡胶	
13	阀体	1	HT100	
12	阀门	1	35	
11	衬套	1	35	
10	锁母	1	30	
9	螺杆	1	Q235	
8	垫圈	1	橡胶	
7	阀盖	1	HT100	
6	填料	1	石棉	
5	螺母M8	2	Q235	GB/T6170—2015
4	螺柱 AM8×38	2	Q235	GB898—88
3	压盖	1	Q235	
2	螺母M10	1	Q235	GB/T6170—2015
1	手轮	1	HT100	

控制阀		比例		
		件数		
制图		重量		第1张 共1张
描图				
审核				

图 3-25 控制阀装配图

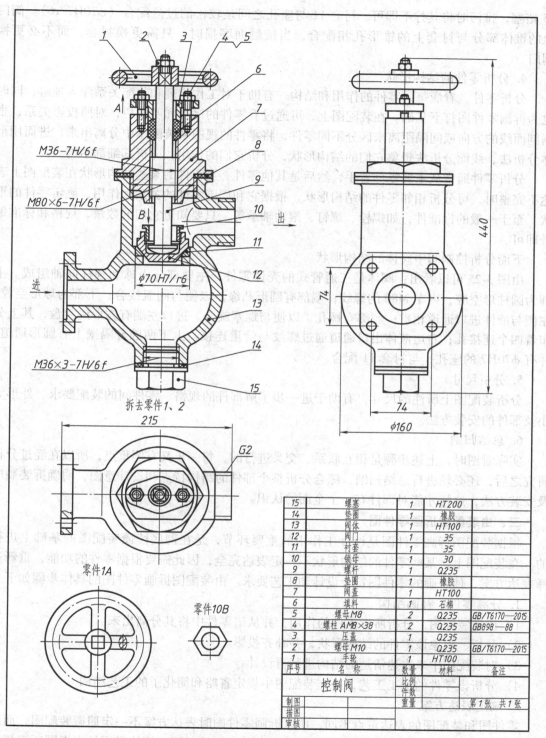

防止流体沿螺杆往外泄漏。阀体和阀盖由螺纹连接固定。阀体底部有一排放孔，平时以螺塞

15 堵塞，排污时将其拧下即可。衬套 11 与座孔之间是较松的过盈配合（ϕ70H7/r6）。阀门上的锥体部分与衬套上的锥形孔相配合，当接触面磨损时，只需更换衬套，而不必更换阀门。

4. 分析零件的结构形状

分析零件，看懂每一零件的作用和结构，有助于对工作原理和装配关系深入理解，同时也为拆画零件图打下基础。在装配图上，可通过看零件的序号和明细栏，对照投影关系，根据剖面线的方向或间隔距离来区分不同零件，将零件的视图从装配图中分离出来，进而用形体分析法、线面分析法想象它们的结构形状，分析它们的作用，分析其细部结构。

分析零件通常从主要零件着手，然后是其他零件。当零件的某些结构形状在装配图上表达不完整时，可分析相邻零件的结构形状，根据它和周围零件的关系和作用，确定零件的形状。至于一般的标准件，如螺栓、螺钉、滚动轴承等，只要知道它们的数量、规格和标准编号即可。

下面分析控制阀中阀体的结构形状。

由图 3-25 可以看出：阀体是三通管式的壳体零件，主要部分由球和圆柱同轴组成。上部为圆柱形空腔，内车 M80 的螺纹；端部有圆形凸缘，以便与阀盖接合；下部为球形空腔，左侧与液体进口通道相贯；底部有螺孔，以便与螺塞旋合。进口左端有方形法兰盘，其上分布着四个连接孔；右边液体出口通道通过螺纹与管道连接。上下两腔分隔壁上有圆形通道，并有 ϕ70H7 的座孔，与衬套 11 配合。

5. 分析尺寸

分析装配图上所注的尺寸，有助于进一步了解部件的规格、零件间的装配要求、外形大小及部件的安装方法。

6. 总结归纳

实际看图时，上述步骤是相互联系、交叉进行的，每一步又有侧重点，所以在经过分析研究之后，还必须进行总结归纳，综合分析整个部件的结构特点和设计意图，明确拆装顺序及安装方法，这样才能对部件有一个全面的认识。

三、由装配图拆画零件图

根据装配图拆画零件图是设计工作中的重要环节，是在彻底读懂装配图的基础上进行的。在装配图上，某些零件的结构形状不一定表达完全，因此需要根据零件的功能，重新选择表达方案，使所画的零件图符合设计和工艺要求。由装配图拆画零件图的具体步骤如下：

1. 分离零件、补画结构

1）读懂装配图，分析所拆零件的作用，并从诸零件中将其分离出来。

2）分析、想象该零件的结构形状，并补齐投影。

3）对装配图中未表达清楚的结构进行再设计。

4）分析该零件的加工工艺，补充装配图中规定省略和简化了的工艺结构。

2. 确定表达方案

零件图和装配图的表达重点不同，所以拆画零件图时表达方案不一定照搬装配图，而应对零件的结构特点进行分析，重新考虑表达方案。一般情况下，箱体类零件主视图所选择的位置可与装配图一致，即按工作位置选取主视图；对轴套类、轮盘类零件，一般按加工位置选取主视图。

3. 标注零件图尺寸

（1）注出装配图上已标注的尺寸　装配图上已注出的尺寸，直接移注到有关的零件图上。对于配合尺寸、某些相对位置尺寸，要查出极限偏差数值并注在相应零件图上。有些尺寸在明细栏中查得后注出，如弹簧、垫片厚度等。

（2）注出装配图上未标注的尺寸　零件上的标准结构，如螺纹、倒角、退刀槽等尺寸，需查有关的标准方能注出；与标准件相关联的尺寸，如螺纹、销孔、键槽等尺寸，也应查表并标注在对应的零件结构上。有些尺寸通过计算可以确定，如齿轮分度圆直径等；其他未标注尺寸可按装配图直接量取，将量取尺寸乘以比例的倒数，取整后再标注。

4. 确定技术要求

技术要求包括表面粗糙度、几何公差以及一些热处理和表面处理等，一般可以参考同类型产品的图样加以确定。

举例：读懂如图 3-25 所示控制阀装配图，并拆画阀体 13 的零件图。

根据前述方法读懂控制阀装配图，对阀体的结构形状及其作用有较全面的了解，然后按以下步骤进行拆画：

1）从装配图中按照剖面线及投影关系分离出阀体在每个图形中的视图轮廓。

2）选择正确的表达方案。以阀体的工作位置为主视图位置，表达方案与装配图一致。由于遮挡关系，分离出的视图轮廓是不完整的，如图 3-26 所示。

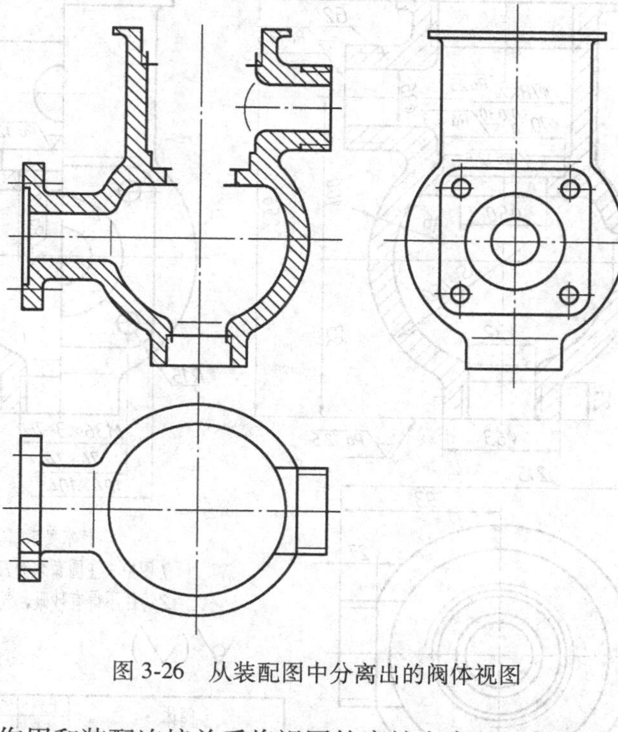

图 3-26　从装配图中分离出的阀体视图

3）根据零件的作用和装配连接关系将视图轮廓补充完整，如图 3-27 所示。

4）在所画图形上标注尺寸，注出技术要求，填写标题栏。拆画出的阀体零件图如图 3-28 所示。

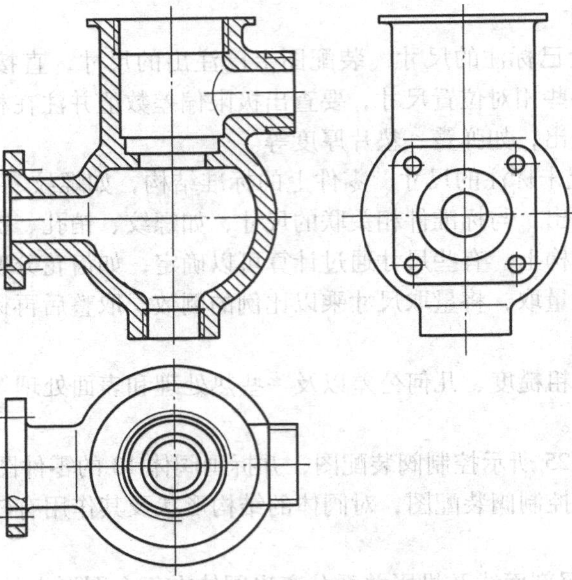

图 3-27　阀体补充完整后的视图

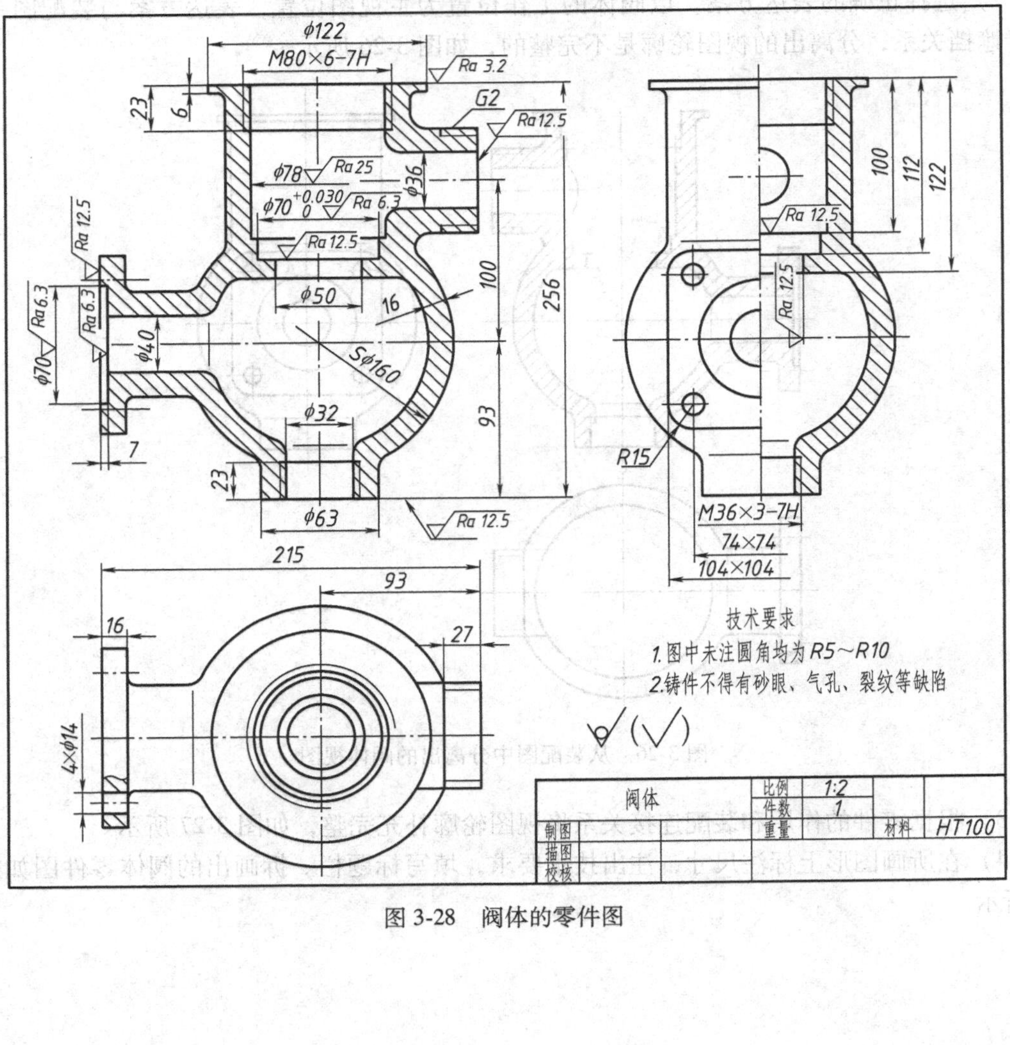

图 3-28　阀体的零件图

第四章　其他工程图样

【知识目标】

1. 了解焊缝的基本符号、组合符号及扩展符号的含义。
2. 掌握常见焊缝的标注方法。
3. 掌握平面和可展曲面立体的展开方法。

【能力目标】

1. 能够熟练地对焊接图的焊缝进行标注。
2. 能够根据视图绘制可展平面和曲面的展开图。

第一节　焊　接　图

焊接是将需要连接的零件在连接部分加热到熔化或半熔化状态后，用压力使其连接起来，或在其间加入其他熔化状态的金属，使它们冷却后连成一体，因此焊接是一种不可拆连接。常用的焊接方法有手工电弧焊、气焊等。常见的焊接接头形式有对接接头（见图 4-1a）、搭接接头（见图 4-1b）、角接接头（见图 4-1c）和 T 形接头（见图 4-1d）等。焊缝形式主要有对接焊缝（见图 4-1a）、点焊缝（见图 4-1b）和角焊缝（见图 4-1c、d）等。

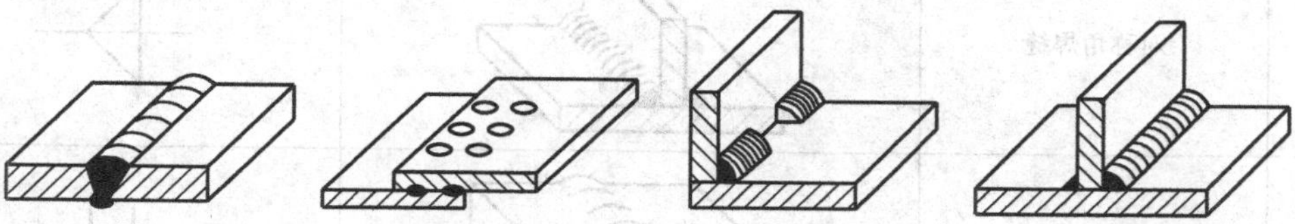

a) 对接　　b) 搭接　　c) 角接　　d) T 形接

图 4-1　焊接接头和焊缝形式

一、焊缝符号

焊缝符号按 GB/T 324—2008《焊缝符号表示法》和 GB/T 12212—2012《技术制图　焊缝符号的尺寸、比例及简化表示法》绘制。焊缝符号一般由基本符号与指引线组成，必要时还可以加上补充符号和焊缝尺寸符号。

1. 基本符号

基本符号表示焊缝横截面的基本形式和特征。常用的基本符号示例见表 4-1。

表 4-1　焊缝常用的基本符号示例

序号	名称	示意图	符号
1	I 形焊缝	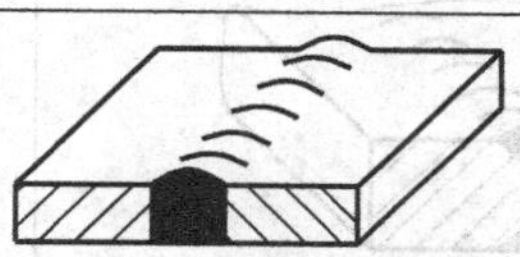	

（续）

序号	名称	示意图	符号
2	V形焊缝	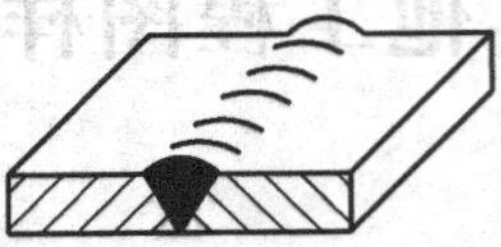	
3	角焊缝	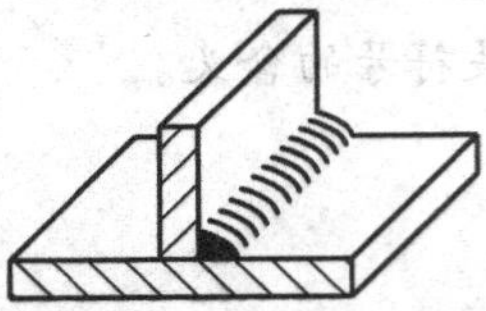	
4	点焊缝	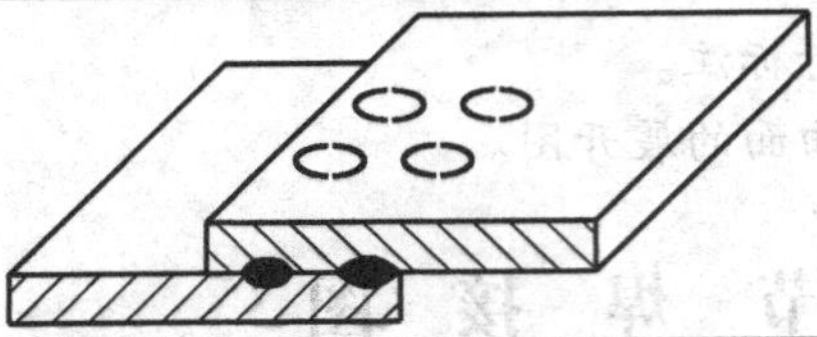	

2. 基本符号的组合

标注双面焊缝或接头时，基本符号可以组合使用，见表4-2。

表4-2 焊缝基本符号的组合

序号	名称	示意图	符号
1	对称角焊缝	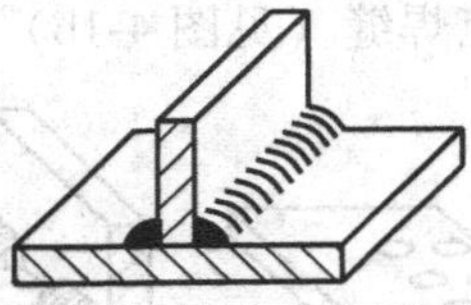	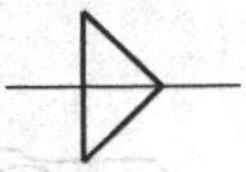
2	双面I形焊缝	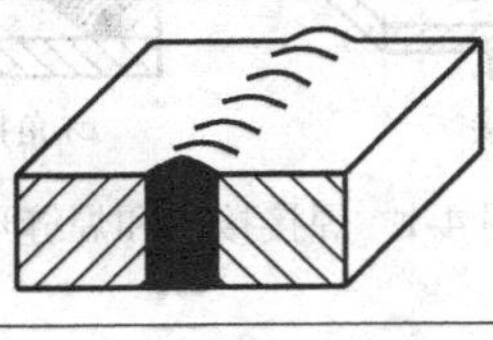	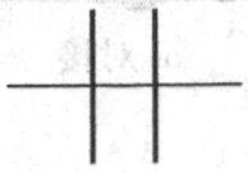
3	双面V形焊缝 （X焊缝）		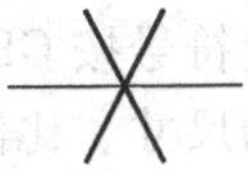
4	双面单V形焊缝 （K焊缝）	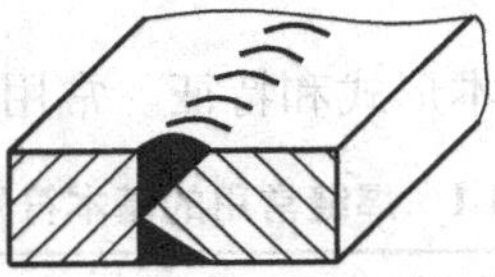	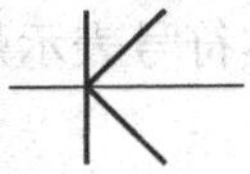
5	带钝边的双面V形焊缝	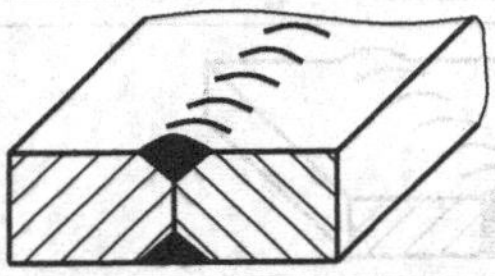	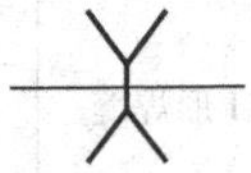

（续）

序号	名称	示意图	符号
6	带钝边的双面单 V 形焊缝	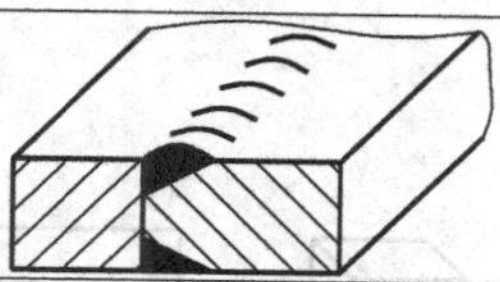	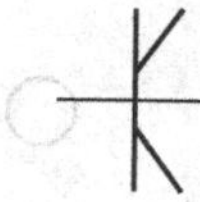
7	双面 U 形焊缝	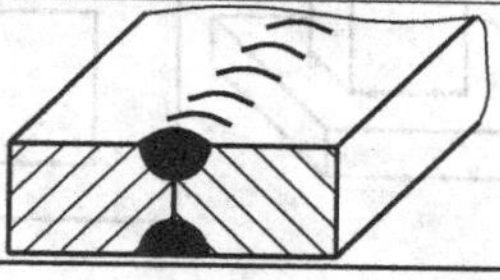	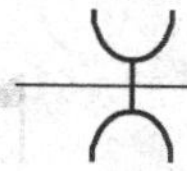

3. 补充符号

补充符号用来补充说明有关焊缝与接头的某些特征（如表面形状、衬垫、焊缝分布、施焊地点等），见表 4-3。

表 4-3 补充符号和标注示例

名称	符号	形式和标注示例	说明
平面		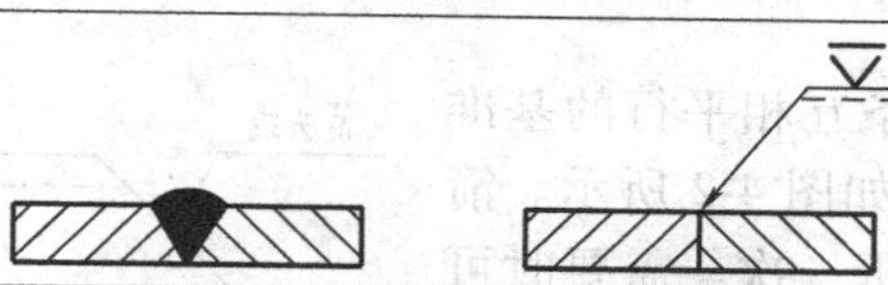	V 形焊缝表面齐平（一般经过加工）
凹面			角焊缝表面凹陷
凸面		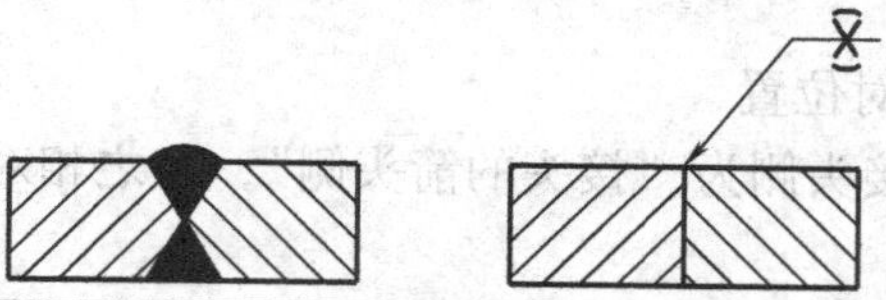	X 形对接焊缝表面凸起
圆滑过渡			角焊缝焊趾处过渡圆滑
永久衬垫		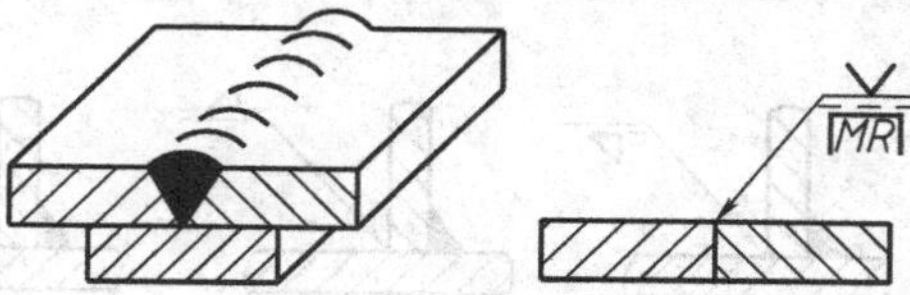	V 形焊缝的背面底部有临时衬垫，焊接完成后拆除
临时衬垫			
三面焊缝		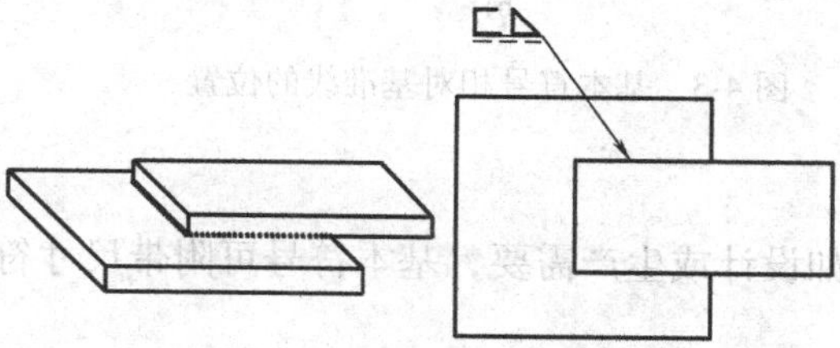	工件三面焊缝，符号开口方向与实际施焊方向一致

（续）

名称	符号	形式和标注示例	说明
周围焊缝	○	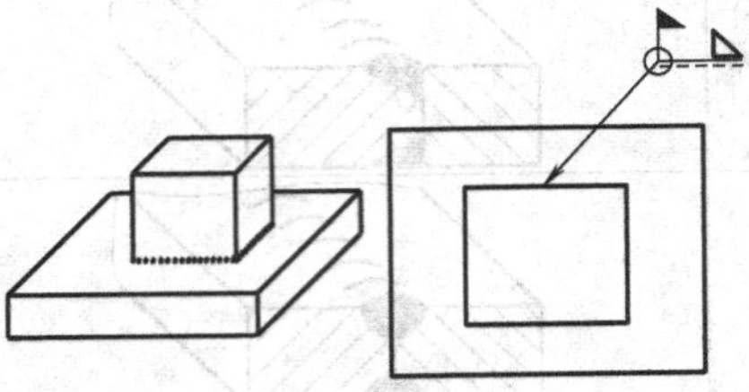	在现场沿工件周围施焊的角裂缝
现场焊缝			
尾部	<	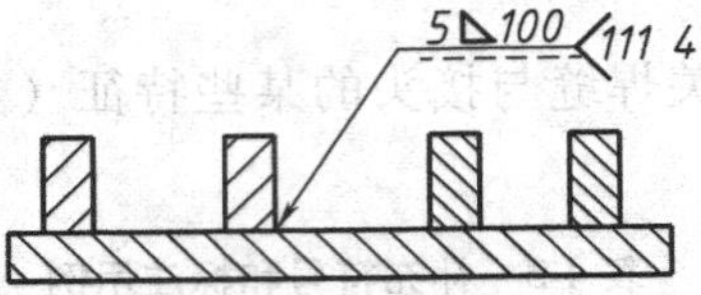	用焊条电弧焊，有 4 条相同的角裂缝

4. 指引线

指引线一般由箭头线和两条互相平行的基准线（细实线或细虚线）组成，如图 4-2 所示。箭头线为细实线，必要时允许弯折一次。需要时可在基准线（细实线）末端加一尾部，作其他说明之用（如焊接方法、相同焊缝数量等）。基准线的细虚线可以画在基准线细实线下侧或上侧。基准线一般应与图样标题栏的长边相平行，特殊情况下亦可与长边相垂直。

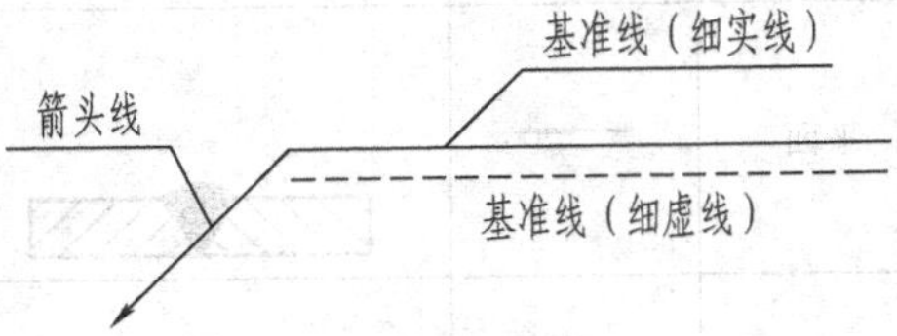

图 4-2　指引线的画法

5. 基本符号和基准线的相对位置

箭头线的箭头直接指向的接头侧为“接头的箭头侧”，与之相对的另一侧为“接头的非箭头侧”，如图 4-3 所示。

1）基本符号在实线侧时，表示焊缝在箭头侧，如图 4-3a 所示。

2）基本符号在虚线侧时，表示焊缝在非箭头侧，如图 4-3b 所示。

3）对称焊缝、双面焊缝（在明确焊缝分布位置的情况下）允许省略虚线，如图 4-3c 所示。

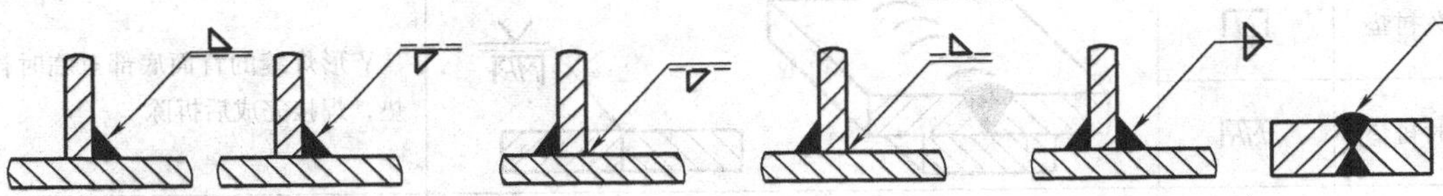

图 4-3　基本符号相对基准线的位置

6. 焊缝尺寸及标注方法

焊缝尺寸一般不标注，如设计或生产需要，基本符号可附带尺寸符号及数据。常用的焊缝尺寸符号见表 4-4。

表 4-4 常用的焊缝尺寸符号

符号	名称	示意图	符号	名称	示意图	符号	名称	示意图
δ	工件厚度	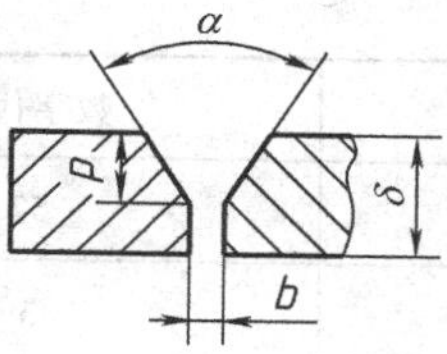	K	焊脚尺寸	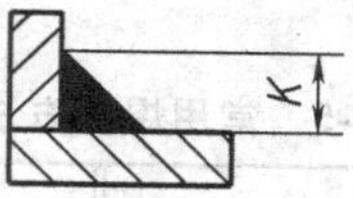	c	焊缝宽度	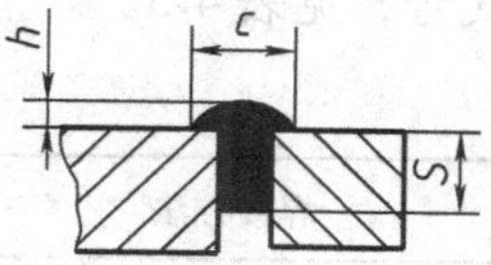
α	坡口角度		l	焊缝长度	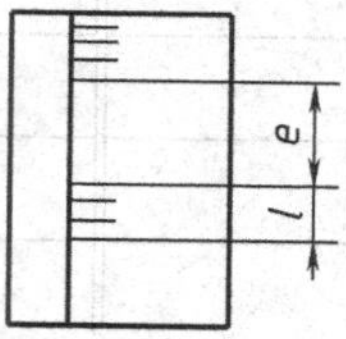	h	余高	
p	钝边高度		e	焊缝间距		S	焊缝有效厚度	
b	根部间隙		n	焊缝段数		H	坡口深度	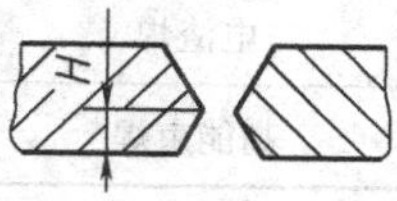
R	根部半径	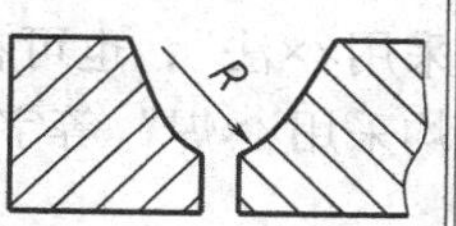	d	点焊：熔核直径 塞焊：孔径	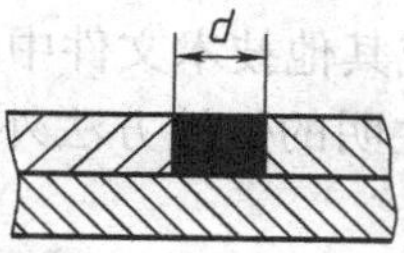	β	坡口面角度	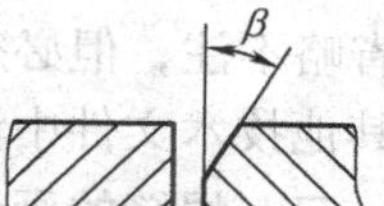

焊缝尺寸的标注方法如图 4-4 所示。

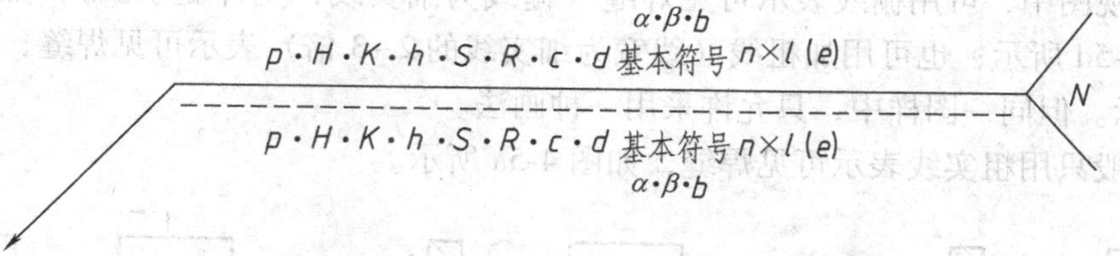

图 4-4 焊缝尺寸的标注方法

1）横向尺寸标注在基本符号的左侧。

2）纵向尺寸标注在基本符号的右侧。

3）坡口角度、坡口面角度和根部间隙标注在基本符号的上侧和下侧。

4）相同焊缝数量标注在尾部。

5）当尺寸较多不易分辨时，可在尺寸数据前标注相应的尺寸符号。

当箭头线方向改变时，上述规则不变。当若干条焊缝相同时，可采用公共指引线标注。关于尺寸的其他规定还有：

1）确定焊缝位置的尺寸不在焊缝符号中标注，应将其标注在图样上。

2）在基本符号的右侧无任何尺寸标注又无其他说明时，意味着焊缝在工件的整个长度方向上是连续的。

3）在基本符号的左侧无任何尺寸标注又无其他说明时，意味着对接焊缝应完全焊透。

4）塞焊缝、槽焊缝带有斜边时，应标注其底部的尺寸。

二、焊接方法的字母符号

焊接的方法很多，常用的有焊条电弧焊、气焊、电渣焊、埋弧焊和钎焊等，其中以焊条电弧焊应用最为广泛。焊接方法可以用文字在技术要求中注明，也可以用数字代号直接注写在尾部符号中。GB/T 5185—2005《焊接及相关工艺方法代号》规定了常用焊接方法的数字代号，见表 4-5。

表 4-5　常用焊接方法的数字代号

焊接方法	数字代号	焊接方法	数字代号
焊条电弧焊	111	激光焊	52
埋弧焊	12	气焊	3
电渣焊	72	硬钎焊	91
高能束焊	5	点焊	21

当同一图样上全部焊缝所采用的焊接方法完全相同时，焊缝符号表示焊接方法的代号可以省略不注，但必须在技术要求或其他技术文件中注明“全部采用××法”，也可在技术要求或其他技术文件中注明“除图样注明的焊接方法外，其余焊缝均采用××焊”等字样。

三、焊缝的画法及标注示例

1. 焊缝的画法

1）在垂直于焊缝的剖视图或剖面图中，一般应画出焊缝的形式并涂黑，如图 4-5 所示。

2）在视图中，可用栅线表示可见焊缝（栅线为细实线，允许徒手画），如图 4-5b、图 4-5c 和图 4-5d 所示；也可用加粗线（线宽为细实线的 2~3 倍）表示可见焊缝，如图 4-5e 和图 4-5f 所示。但同一图样中，只允许采用一种画法。

3）一般只用粗实线表示可见焊缝，如图 4-5a 所示。

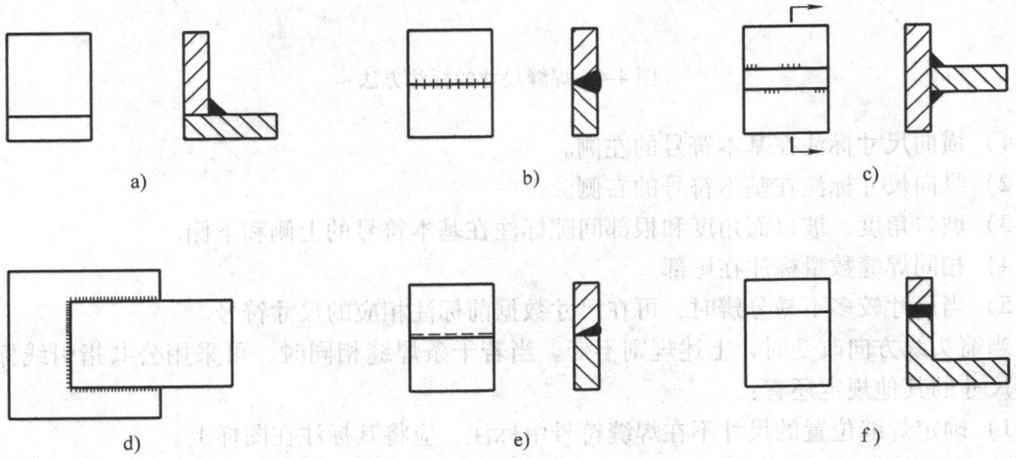

图 4-5　焊缝的画法示例

2. 焊缝的标注示例

焊缝视图、剖视图画法和焊缝符号及其焊缝位置的定位尺寸简化注法示例见表 4-6。

表 4-6 焊缝视图、剖视图画法和焊缝符号及其焊缝位置的定位尺寸简化标注方法示例

序号	视图或剖视图画法示例	焊缝符号及定位尺寸简化注法示例	说明
1	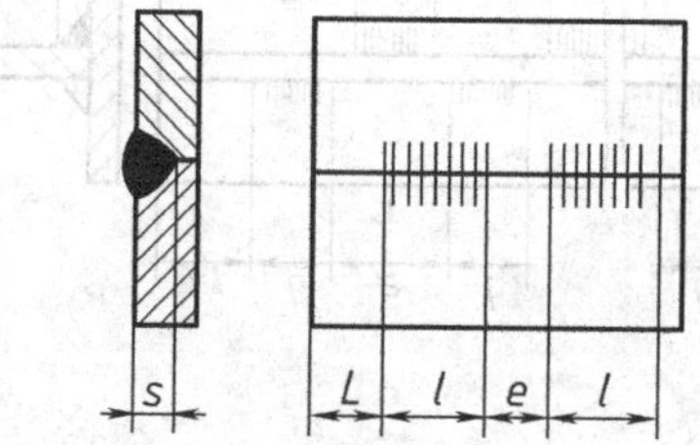	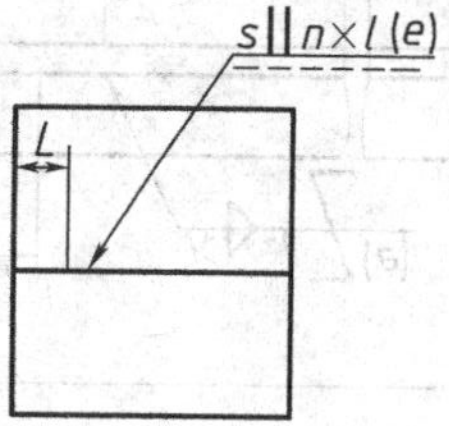	断续I形焊缝在箭头侧；其中L是确定焊缝起始位置的定位尺寸
		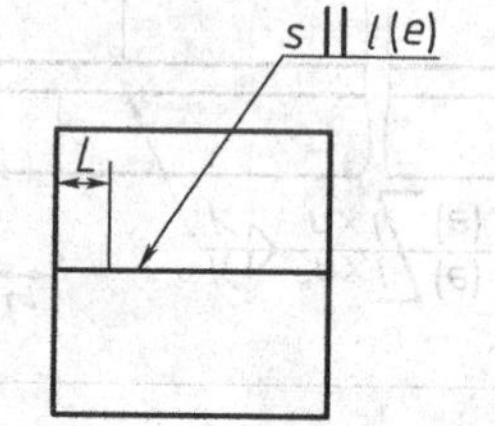	按照GB/T 12212—2012的规定，当断续焊缝、对称断续焊缝和交错断续焊缝的段数无严格要求时，允许省略焊缝段数；在不致引起误解的情况下，当箭头线指向焊缝，而非箭头侧又无焊缝要求时，允许省略非箭头侧的基准线（虚线），因此图中焊缝符号标注中省略了焊缝段数和非箭头侧的基准线（虚线）
2	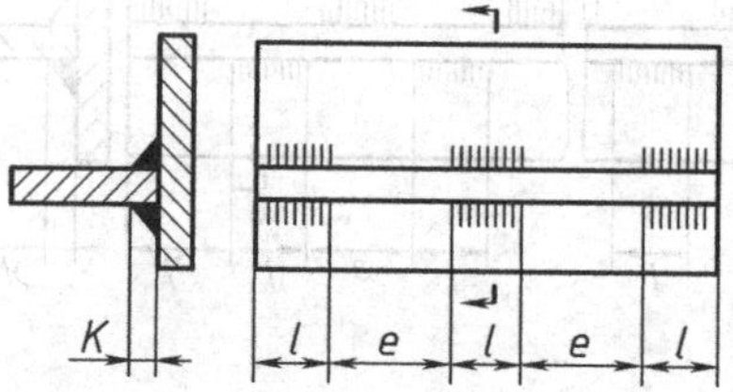	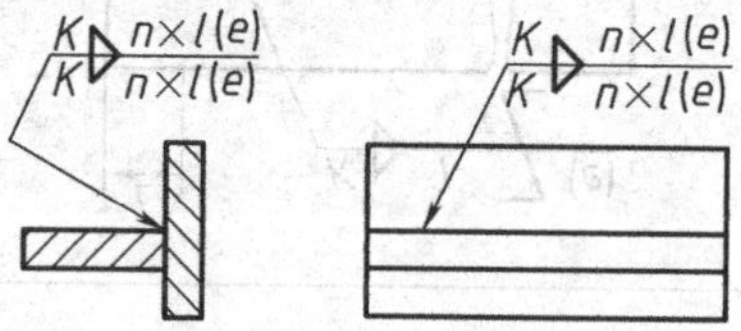	对称断续角焊缝，构件两端均有焊缝
		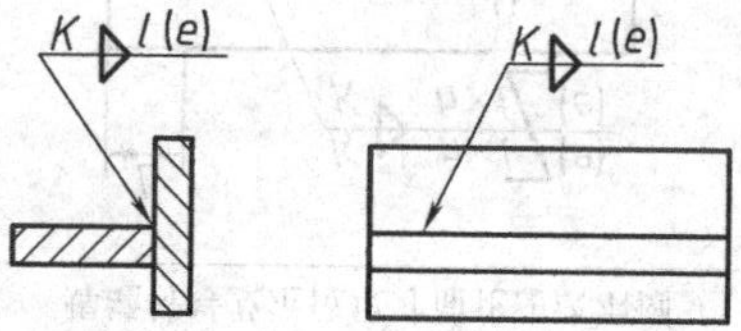	按照GB/T 12212—2012的规定，焊缝符号标注中省略了焊缝段数（见序号1中的说明）；在焊缝符号中标注交错对称焊缝的尺寸时，允许在基准线上只标注一次，焊缝符号中的尺寸只在基准线上标注一次

（续）

序号	视图或剖视图画法示例	焊缝符号及定位尺寸简化注法示例	说明
3	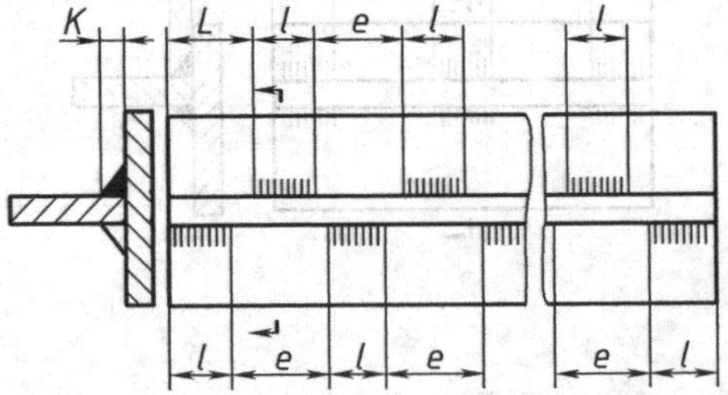	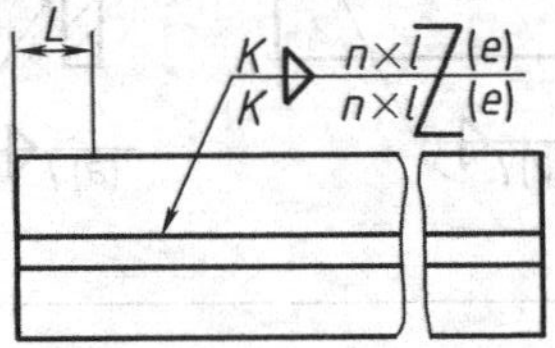	交错断续角焊缝：其中 *L* 是确定箭头侧焊缝起始位置的定位尺寸；工件在非箭头侧两端均有焊缝
		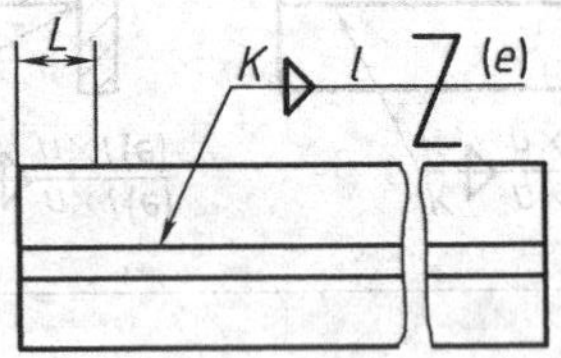	说明同序号 2 中的说明
4	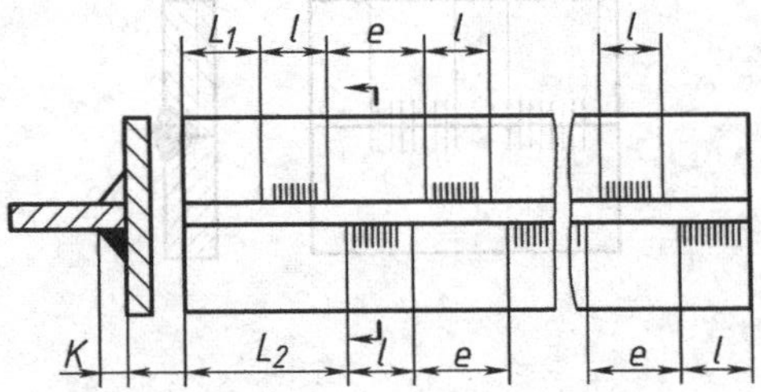	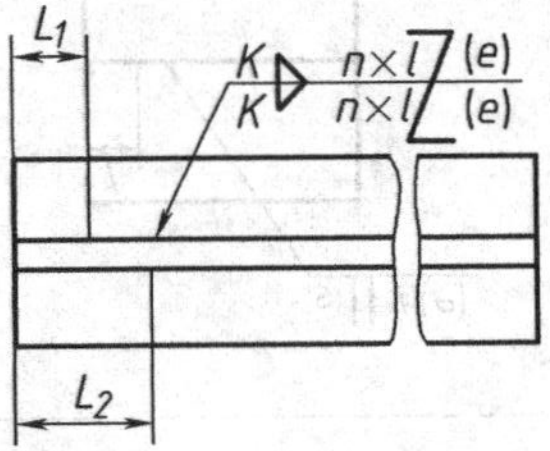	交错断续角焊缝：其中 *L* 是确定箭头侧焊缝起始位置的定位尺寸；*L* 是确定非箭头侧焊缝起始位置的定位尺寸
		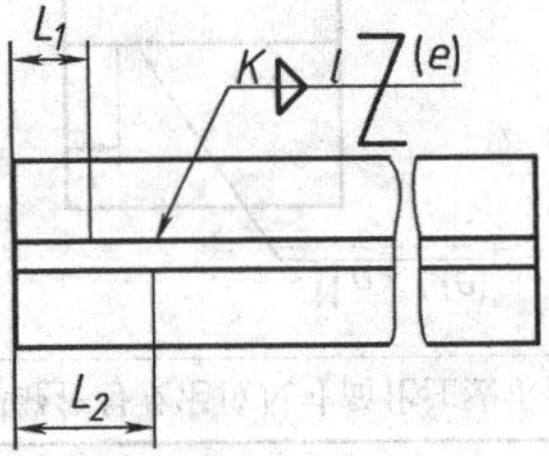	说明同序号 2 中的说明

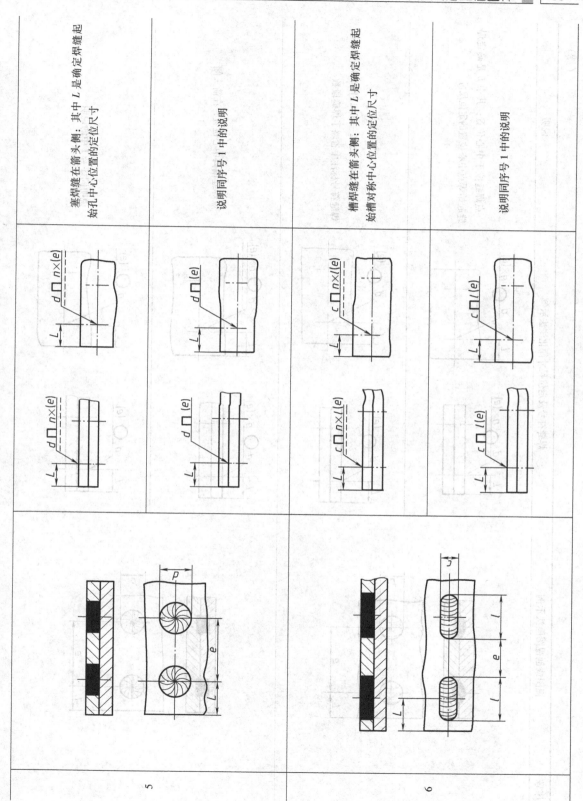

5	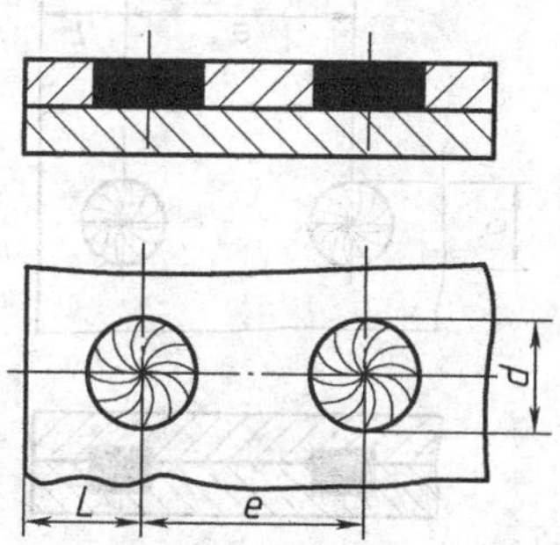	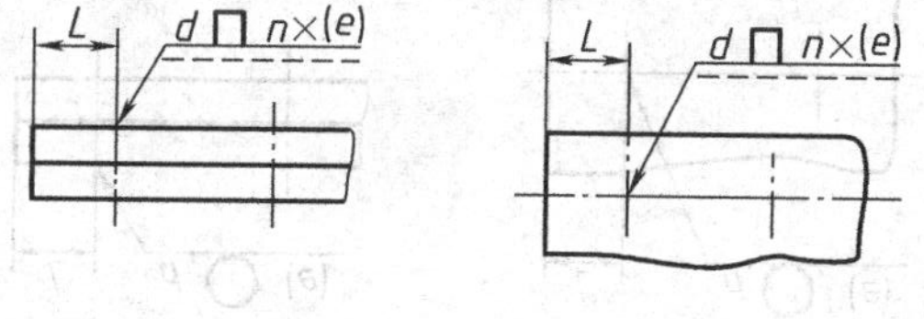	塞焊缝在箭头侧：其中 L 是确定焊缝起始孔中心位置的定位尺寸
		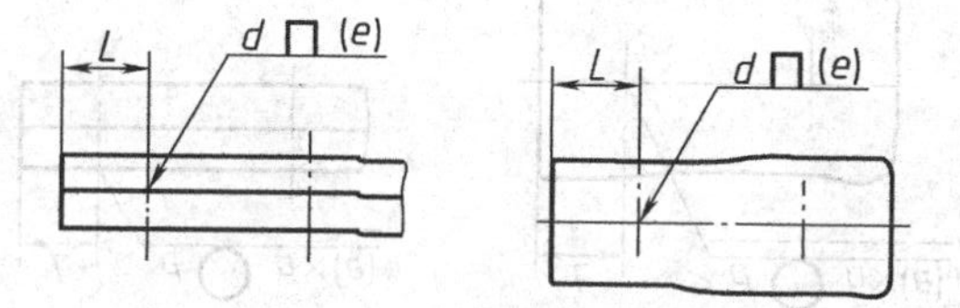	说明同序号 1 中的说明
6	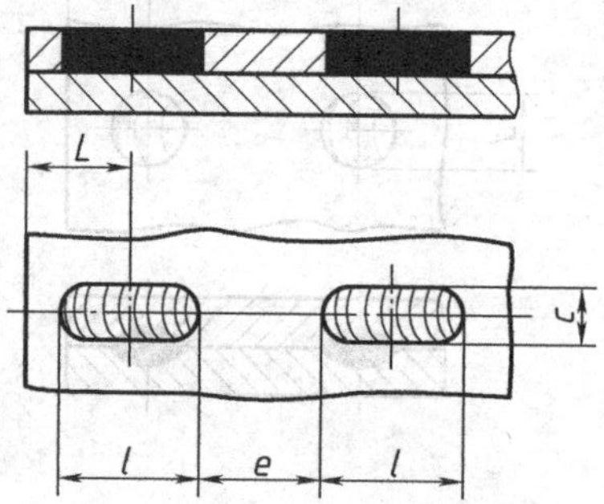	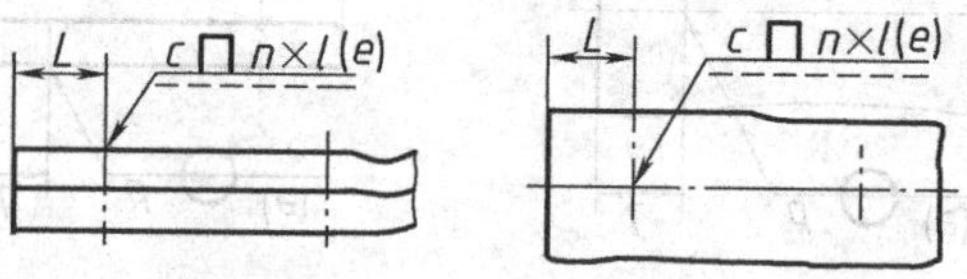	槽焊缝在箭头侧：其中 L 是确定焊缝起始槽对称中心位置的定位尺寸
		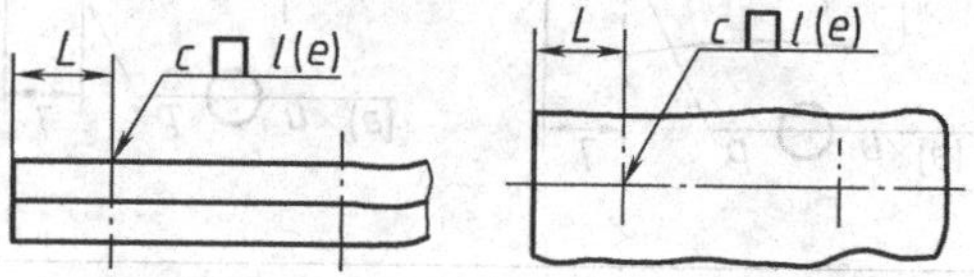	说明同序号 1 中的说明

（续）

序号	视图或剖视图画法示例	焊缝符号及定位尺寸简化注法示例	说明
7	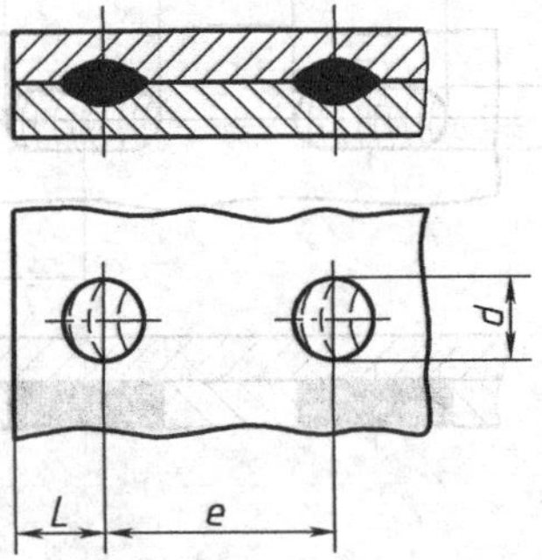	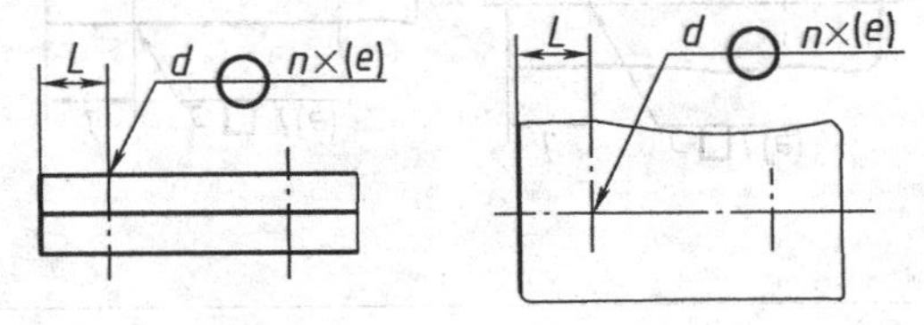	点焊缝位于中心位置：其中 *L* 是确定焊缝起始焊点中心位置的定位尺寸
		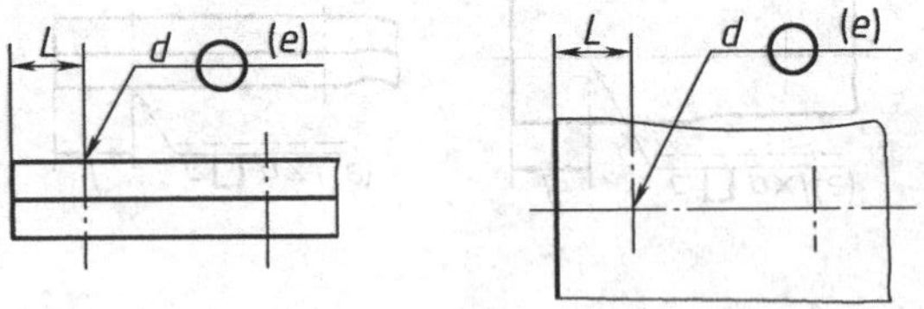	按照 GB/T 12212—2012 中 6.4 的规定，焊缝符号标注中省略了焊缝段数
8	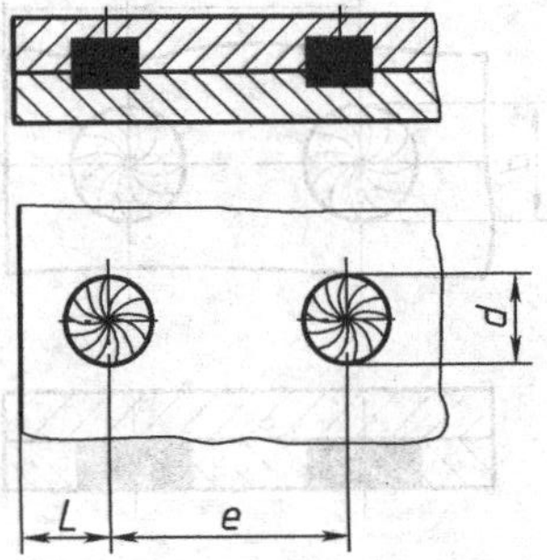	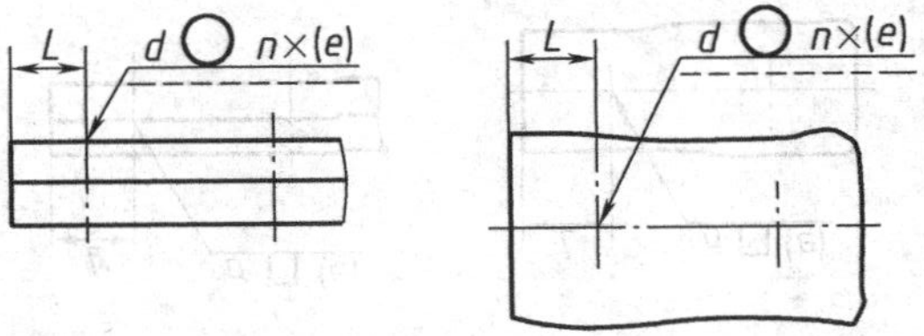	点焊缝偏离中心位置，在箭头侧
		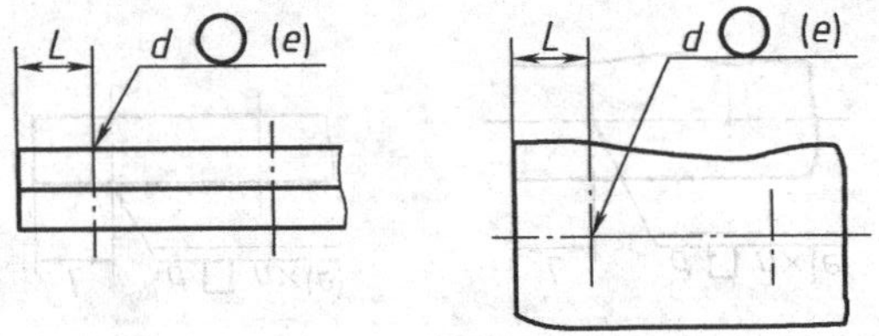	说明同序号 1 中的说明

四、焊接图示例

如图 4-6 所示为一吊装架焊接图，由图 4-6 可知，该焊件由四部分焊接而成。焊缝均用标注方法来表示，焊接方法在技术要求中统一说明，因而在基准线的尾部不再注明焊接方法的代号。

可以看出，一张完整的焊接图包括以下内容：

1）表达焊接件结构形状的一组视图。

2）焊接件的规格尺寸、各构件的装配位置尺寸以及焊接后的加工尺寸。

3）各构件连接处的接头形式、焊缝符号及焊缝尺寸。

4）构件装配、焊接后的技术要求。

5）标题栏、明细栏。

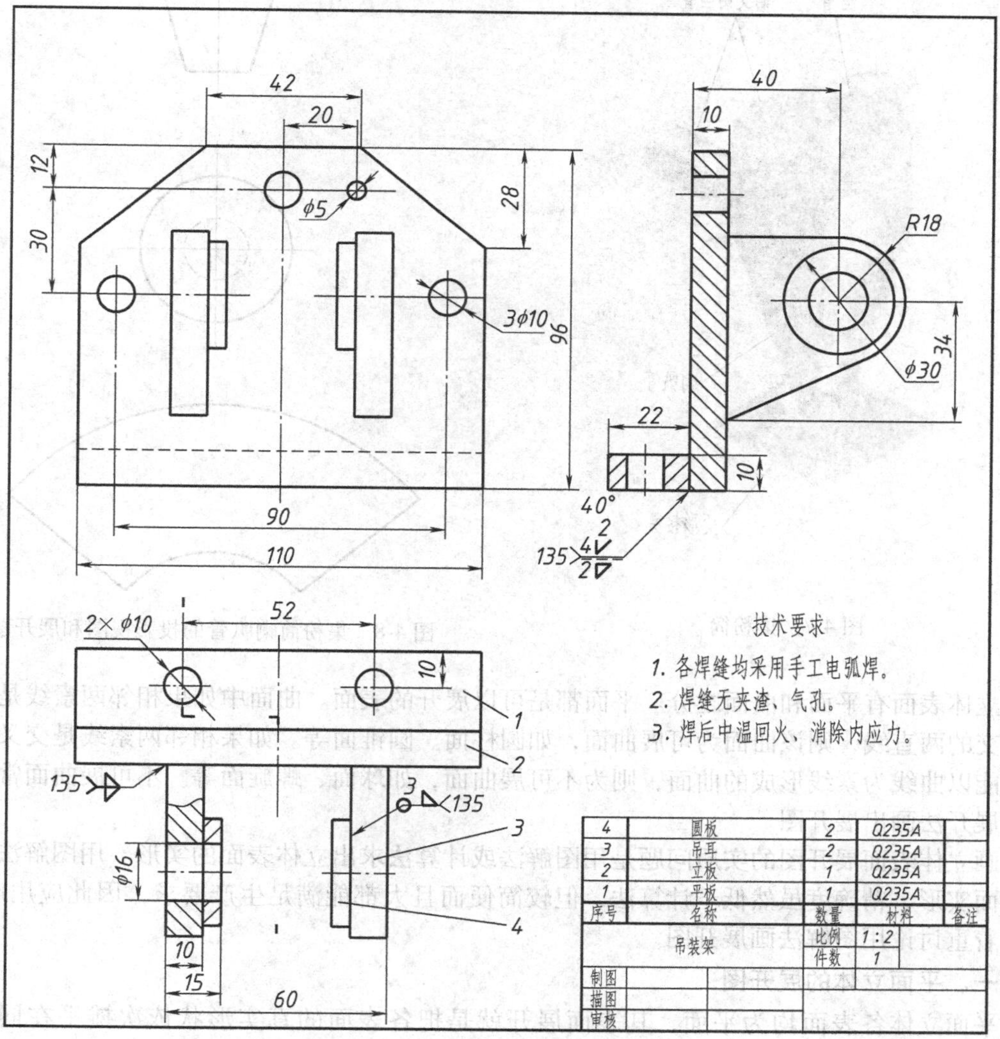
技术要求
1. 各焊缝均采用手工电弧焊。
2. 焊缝无夹渣、气孔。
3. 焊后中温回火、消除内应力。
4 圆板 2 Q235A
3 吊耳 2 Q235A
2 立板 1 Q235A
1 平板 1 Q235A
序号 名称 数量 材料 备注
吊装架 比例 1:2 件数 1
制图
描图
审核

图 4-6　吊装架焊接图

第二节 展 开 图

在机器或设备中，经常需要用金属板材制作零部件，如图 4-7 所示的集粉筒是除尘设备的一个主要部件，由弯管、偏交两圆管、喇叭管和变形接头四部分组成。制造这类薄板件时，必须先在金属板上画出展开图，然后下料、弯卷，再经焊接组装而成。

将立体表面按其实际形状依次摊平在同一平面上的过程，称为立体表面展开。展开后所得的图形称为展开图，集粉筒中喇叭管部分的投影视图和展开图，如图 4-8 所示。

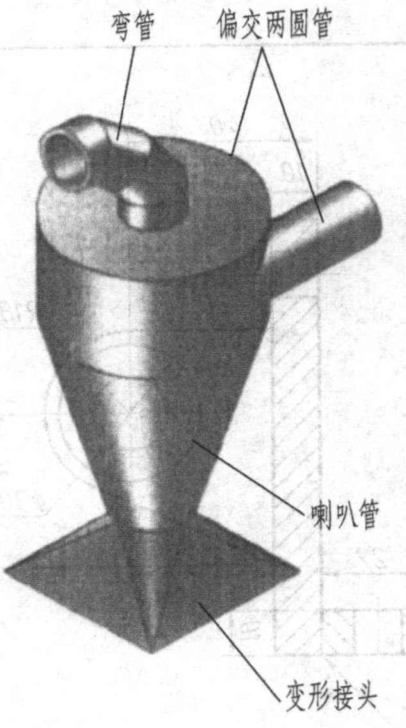

图 4-7 集粉筒

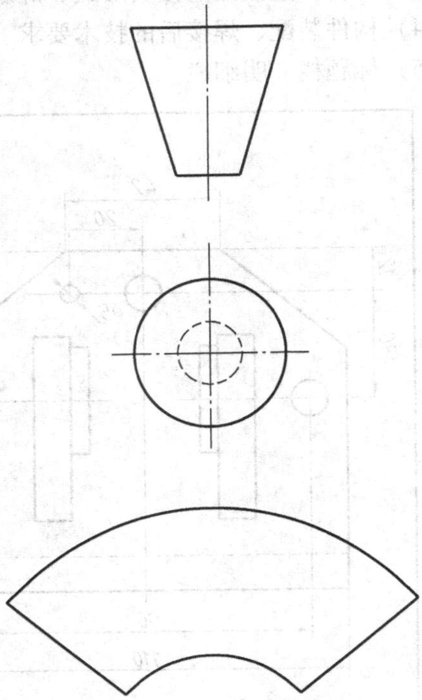

图 4-8 集粉筒喇叭管的投影视图和展开图

立体表面有平面和曲面之分。平面都是可以展开的表面。曲面中如果相邻两素线是平行或相交的两直线，则该曲面为可展曲面，如圆柱面、圆锥面等。如果相邻两素线是交叉直线或只能以曲线为素线形成的曲面，则为不可展曲面，如球面、螺旋面等。不可展曲面常采用近似展开法画出展开图。

画立体表面展开图的实质问题是用图解法或计算法求出立体表面的实形。用图解法绘制的表面实形，精确度虽然低于计算法，但较简便而且大都能满足生产要求，因此应用广泛。本节着重讨论用图解法画展开图。

一、平面立体的展开图

平面立体各表面均为平面，其表面展开就是把各表面的真实形状依次摊平在同一平面内。

1. 棱柱管面的展开画法

如图 4-9a 和图 4-9b 所示为斜口四棱柱管的立体图和投影视图，前后表面为梯形，左右表面为矩形；底边与水平面平行，水平投影反映各底边实长；棱线之间相互平行且垂直于底面，其正面投影反映各棱线实长。

作图步骤如下：

确定其开口处后，即可依次量取各段棱线实长，顺序画出斜口四棱柱管的展开图，如图 4-9c 所示。

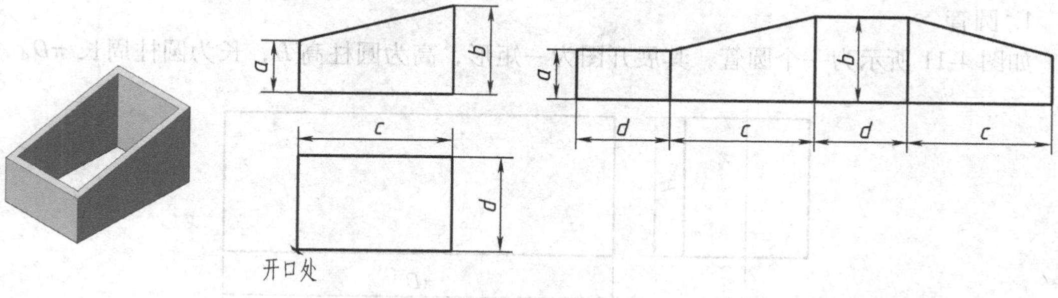

a) 立体图　　b) 视图　　c) 展开图

图 4-9 斜口四棱柱管的展开

2. 棱锥管面的展开画法

平口四棱锥管的立体图和投影视图如图 4-10a 和图 4-10b 所示，表面为四个等腰梯形，而四个等腰梯形在投影视图中均不反映实形；在如图 4-10b 所示的梯形四条边中，其上底、下底的水平投影反映实长；侧棱（四条棱线长度相同）为一般位置直线，可用旋转法求其实长。

作图步骤如下：

1）用旋转法将侧棱 sa 旋转到与 V 面平行的位置，求出侧棱实长 SA、SE，如图 4-10b 所示。

2）分别以 SA、SE 为半径画圆弧，在圆弧上依次截取四个等腰梯形，依次连接即得到平口四棱锥管的展开图，如图 4-10c 所示。

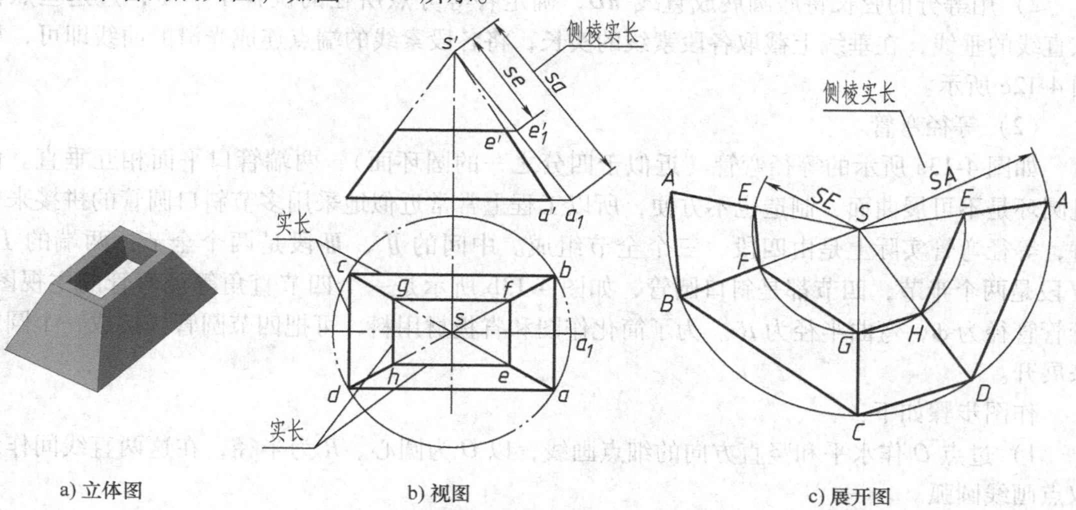

a) 立体图　　b) 视图　　c) 展开图

图 4-10 平口四棱锥管的展开

二、可展曲面的表面展开

曲面可以看作是一动线在空间连续运动所形成的轨迹。当动线按一定的规则运动时，形成规则曲面；当动线作不规则运动时，则形成不规则曲面。曲面上两相邻素线平行或相交，则此曲面为可展曲面，如圆柱面和圆锥面；而其他所有曲面均不可展。下面介绍两种可展曲面的展开方法。

1. 圆管

如图 4-11 所示为一个圆管，其展开图为一矩形，高为圆柱高 H，长为圆柱周长 πD。

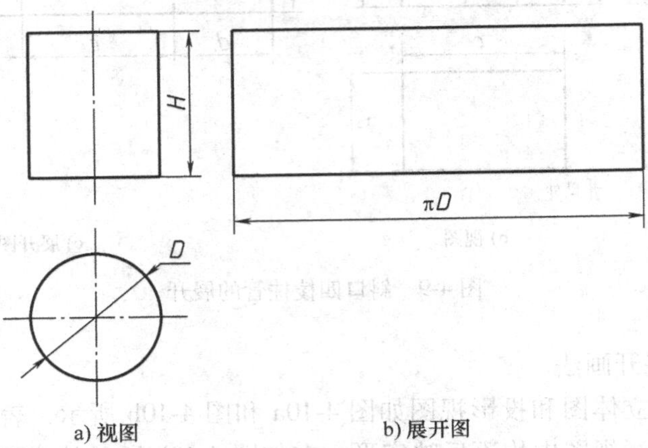

图 4-11 圆管的展开

（1）斜口圆管

如图 4-12 所示的斜口圆管，其斜口部分展开成曲线，可把圆管近似看作管口是边数很多的棱柱，便可用展开棱柱的方法展开。

1）将底圆 12 等分（等分数越多，展开图越准确），即在圆管表面确定 12 条素线，并作出对应分点素线的投影，如图 4-12b 所示。

2）用等分的弦长将底圆展成直线 πD，确定各等分点所在的位置 Ⅰ ~ Ⅻ；过这些点作该直线的垂线，在垂线上截取各段素线的实长，将各段素线的端点连成光滑的曲线即可，如图 4-12c 所示。

（2）等径弯管

如图 4-13a 所示的等径弯管（近似于四分之一的圆环面），两端管口平面相互垂直。但是圆环是不可展曲面，制造也不方便，所以工程上常常近似地采用多节斜口圆管的拼接来代替，等径弯管实际上是由四段、三个全节组成。中间的 Ⅱ 、Ⅲ 段是两个全节，两端的 Ⅰ 、Ⅳ 段是两个半节，四节都是斜口圆管，如图 4-13b 所示是一个四节直角等径弯管的主视图，弯管管径为 ϕ，弯曲半径为 R 。为了简化作图和省板材用料，可把四节圆管拼接成一个圆管来展开。

作图步骤如下：

1）过点 O 作水平和竖直方向的细点画线，以 O 为圆心、R 为半径，在这两直线间作细双点画线圆弧。

2）分别以 $R-\phi/2$ 和 $R+\phi/2$ 为半径画内、外两圆弧。

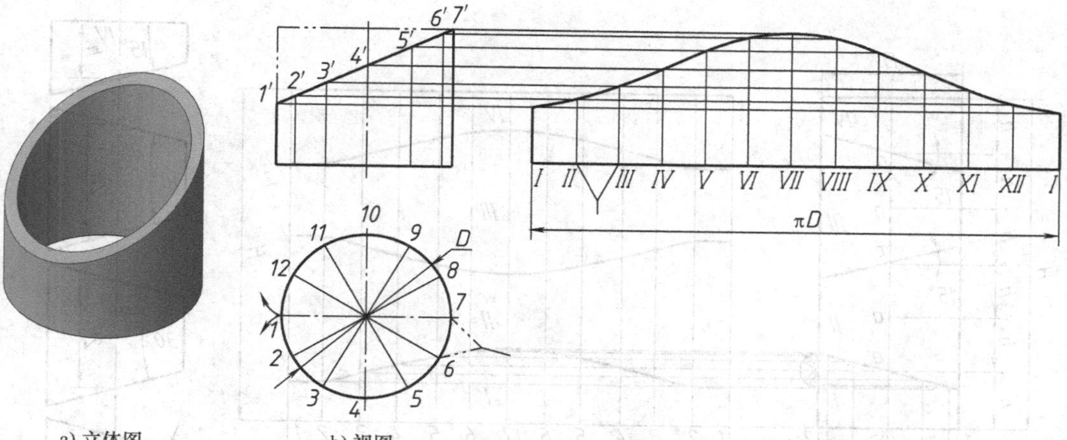

a) 立体图　　b) 视图　　c) 展开图

图 4-12　斜口圆管的展开

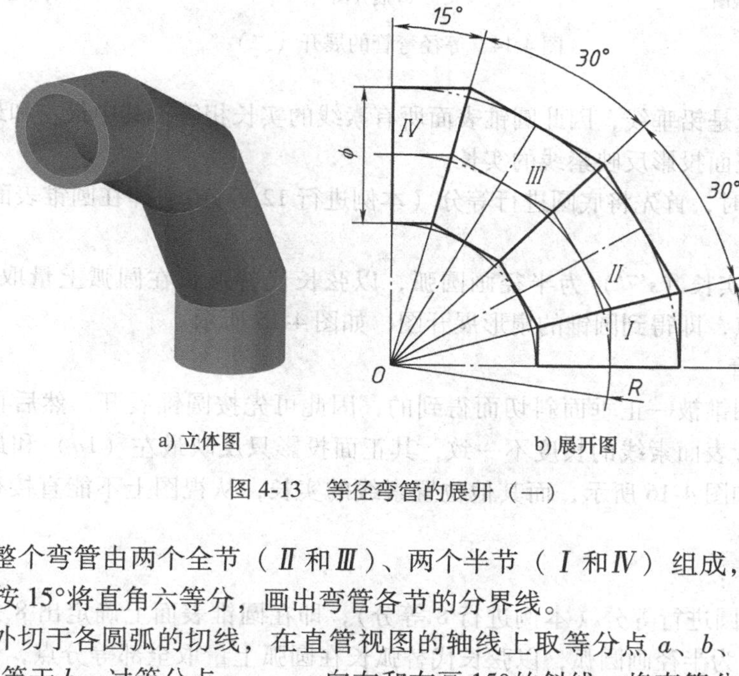

a) 立体图　　b) 展开图

图 4-13　等径弯管的展开（一）

3）由于整个弯管由两个全节（Ⅱ和Ⅲ）、两个半节（Ⅰ和Ⅳ）组成，因此，半节的中心角为 15°，按 15°将直角六等分，画出弯管各节的分界线。

4）作出外切于各圆弧的切线，在直管视图的轴线上取等分点 a、b、c、d、e，各等分点之间的距离等于 h，过等分点 a、c、e 向左和右画 15°的斜线，将直管分成四段斜口圆管，即完成四节直角弯管的正面投影，如图 4-14a 所示。

5）将直管展开成一个矩形，再画出斜口圆管的展开曲线（其作图方法与图 4-12 相同），如图 4-14b 所示。

6）按展开曲线将各节切割分开后，将Ⅰ、Ⅳ两节绕轴线旋转 180°，与Ⅱ、Ⅲ节拼合成一个直圆柱管，按顺序将各节连接即可，如图 4-14c 所示。

2. 锥管

（1）圆锥

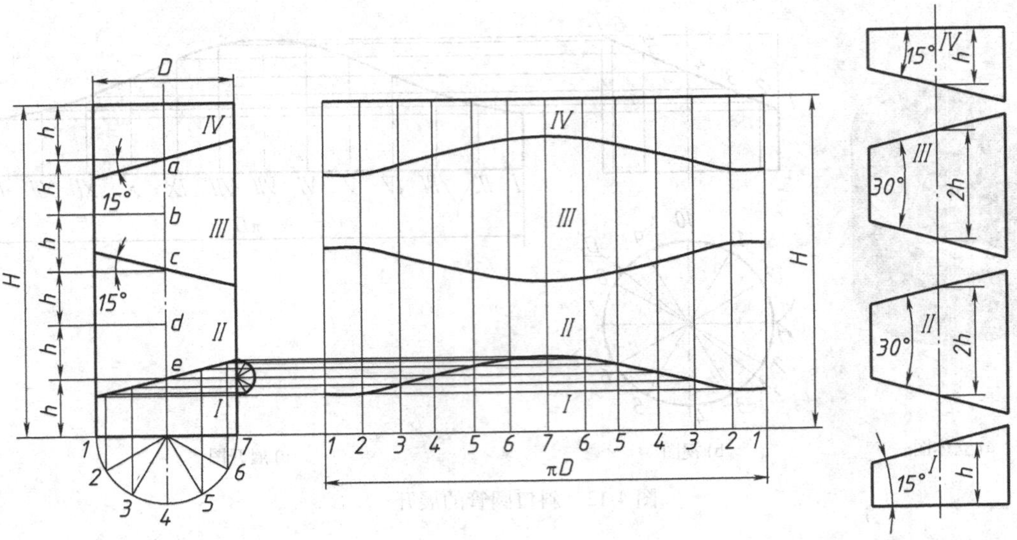

a) 直管视图　b) 展开图　c) 将第Ⅱ、Ⅳ节旋转180°

图 4-14　等径弯管的展开（二）

由于圆锥轴线是铅垂线，因此圆锥表面所有素线的实长相等；其中最左和最右两条素线平行于正面，其正面投影反映素线的实长。

1）画展开图时，首先将底圆进行等分（本例进行 12 等分），即在圆锥表面上确定出 12 条素线。

2）以素线的实长（$s'7'$）为半径画圆弧，以弦长代替弧长在圆弧上量取全部等分点，依次连接各等分点，即得到圆锥的扇形展开图，如图 4-15 所示。

（2）斜口锥管

斜口锥管是圆锥被一正垂面斜切而得到的，因此可先按圆锥展开，然后再截去斜口部分。由于斜口锥管表面素线的长度不一致，其正面投影只反映最左（$1a$）和最右（$5e$）两条素线的实长，如图 4-16 所示，而其他位置素线的实长，从视图上不能直接得到，可用旋转法求出。

作图步骤如下：

1）首先将底圆进行等分（本例进行 8 等分），即在圆锥表面上确定出 8 条素线；以素线的实长（$s'1'$）为半径画圆弧，以弦长代替弧长在圆弧上量取全部等分点，依次连接各等分点即得出圆锥的扇形展开图。

2）用旋转法求 $s'b'$、$s'c'$、$s'd'$ 等素线的实长，分别以各素线的实长为半径画弧，求得 A、B、C、D 等点；最后将 A、B、C、D 等点连成光滑曲线，即得到斜口锥管的展开图，如图 4-16b 所示。

（3）变形接头

如图 4-17a 所示是一个上圆下方变形接头，用于连接同轴线的圆管和方管。由于这个变形接头前后、左右分别对称，其表面可看作由全等的四个等腰三角形平面和四个部分斜圆锥面组成。展开时只需画出一个三角形平面的真实形状和一个部分斜圆锥面的展开图，然后依

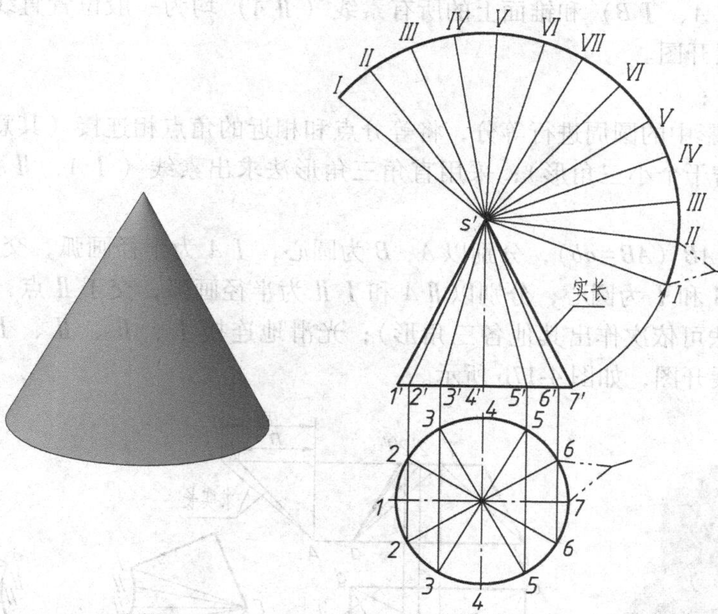

a) 立体图　　b) 展开图

图 4-15　圆锥的展开

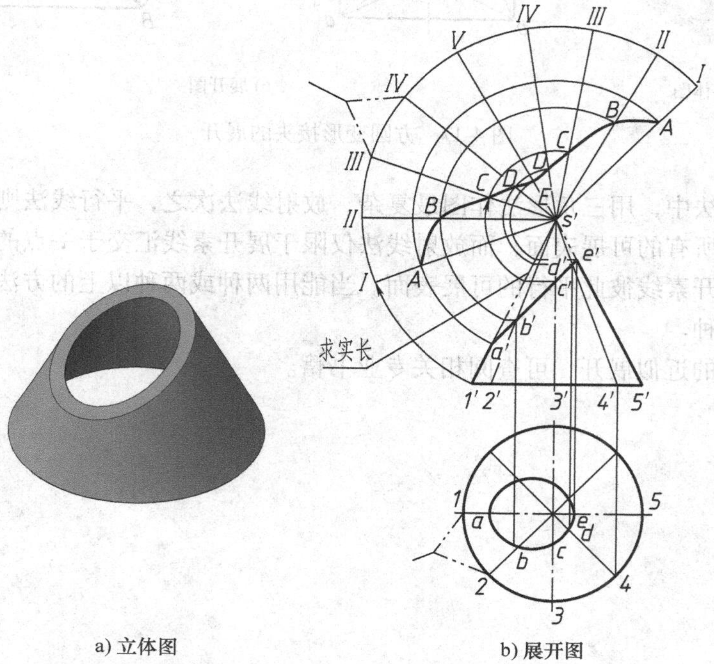

a) 立体图　　b) 展开图

图 4-16　斜口锥管的展开

次重复连续拼接其他的三角形平面的真实形状和三个部分斜圆锥面的展开图即可。

接头的上口在水平投影中反映实形，接头的下口在水平投影中反映四条边的实长；三角形的另外两边（ⅠA、ⅠB）和锥面上的所有素线（ⅡA）均为一般位置直线，只有求出其实长，才能画出展开图。

作图步骤如下：

1）将水平投影中的圆周进行等分，将等分点和相近的角点相连接（其意义在于将部分圆锥表面分割成若干个小三角形）；采用直角三角形法求出素线（ⅠA、ⅡA）的实长，如图 4-17b 所示。

2）画出直线 AB（AB = ab），分别以 A、B 为圆心，ⅠA 为半径画弧，交于Ⅰ点，得 ABⅠ三角形；再以 A 和Ⅰ为圆心，分别以ⅡA 和ⅠⅡ为半径画弧，交于Ⅱ点，得 AⅠⅡ三角形（采用同样方法可依次作出其他各三角形）；光滑地连接Ⅰ、Ⅱ、Ⅱ、Ⅰ各点，即得到方圆变形接头的展开图，如图 4-17b 所示。

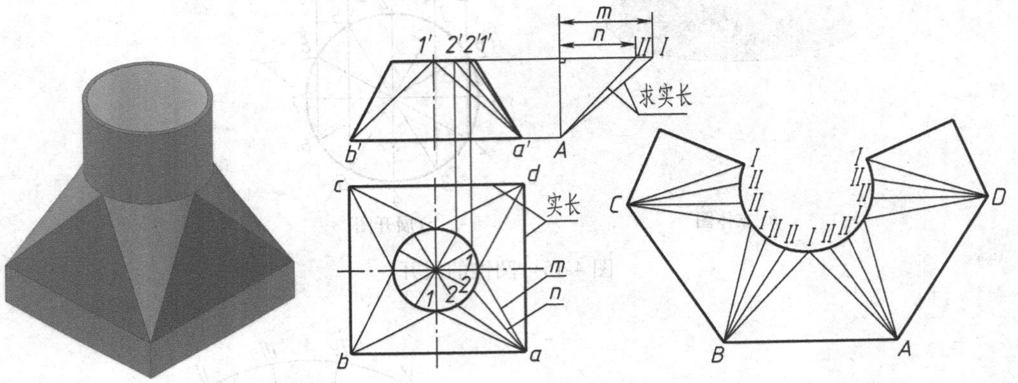

a) 立体图　　b) 展开图

图 4-17　方圆变形接头的展开

在上述展开法中，用三角形法作图最复杂，放射线法次之，平行线法则比较简单。但三角形法能够展开所有的可展表面，而放射线法仅限于展开素线汇交于一点的可展表面，平行线法也仅限于展开素线彼此平行的可展表面。当能用两种或两种以上的方法画展开图时，应选取较简便的一种。

不可展曲面的近似展开，可查阅相关专业书籍。

第五章　计算机绘图

【知识目标】

1. 了解绘图软件 AutoCAD 2017 的用途及功能。
2. 掌握二维图形绘制的方法
3. 掌握三维实体造型的方法。
4. 掌握图形文件管理的方法。

【能力目标】

1. 使用 AutoCAD 2017 软件绘制二维工程图。
2. 使用 AutoCAD 2017 软件完成三维实体造型。

随着计算机硬件性能的不断提升，计算机绘图软件也得到了突飞猛进的发展。国内外已成功研制了很多计算机绘图软件，其中 AutoCAD 是一个通用的交互式绘图系统，该软件不断更新，功能日趋完善，在机械、电子和建筑等领域得到了广泛的应用。本章以 AutoCAD 2017 为例，主要介绍 AutoCAD 的界面及基础操作。

第一节　AutoCAD 2017 绘图基础

一、界面简介

界面是用户与计算机进行交互对话的接口。对 AutoCAD 2017 的操作主要是通过用户界面来进行的。AutoCAD 2017 安装后自动生成“二维草图与注释”、“AutoCAD 经典”、“三维建模”等工作空间，其中“AutoCAD 经典”工作空间的界面如图 5-1 所示。

（1）标题栏　标题栏主要显示 AutoCAD 的版本，它在应用程序窗口的最上部，显示当前正在运行的程序名及所装入的文件名，右侧为“最小化”、“最大化/还原”和“关闭”按钮。

（2）下拉菜单　AutoCAD 的标准菜单包括 12 个下拉菜单。这些菜单包含了通常情况下控制 AutoCAD 运行的功能和命令，如图 5-2 所示。

（3）工具栏　工具栏是一种代替命令或下拉菜单的简便工具，用户利用工具栏可以完成绝大部分的绘图工作。

AutoCAD 提供了多个工具栏，以方便用户访问常用的命令、设置和模式。缺省情况下显示“标准”、“特性”、“绘图”和“修改”等工具栏。可以一次显示多个工具栏，也可以固定或浮动工具栏。固定工具栏将工具栏锁定在 AutoCAD 窗口的顶部、底部或两边。浮动工具栏可以在屏幕上自由移动。可以使用定点设备移动浮动工具栏，也可以将其覆盖到其他浮动和固定工具栏上。还可以隐藏工具栏，直到需要时再显示出来。

（4）图形窗口　图形窗口也叫绘图区域，它是用户显示和绘制图形的区域。

（5）命令窗口　命令窗口是一个可固定窗口，可以在里面输入命令，AutoCAD 将显示

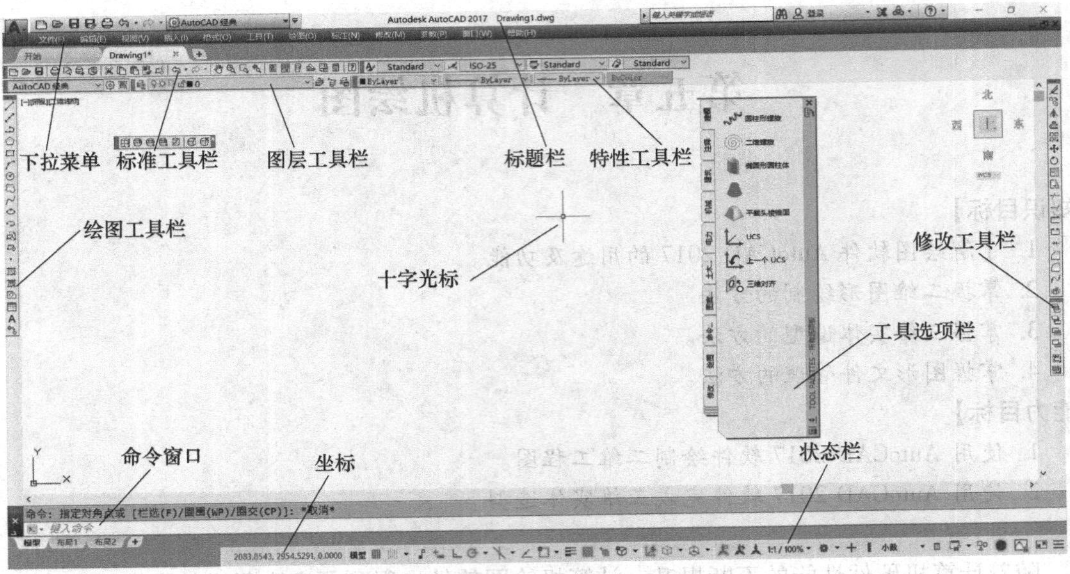

图 5-1 AutoCAD 2017 工作界面

图 5-2 下拉菜单

提示和消息。可以调整命令窗口的高度，也可以将命令窗口变为浮动窗口。

（6）状态栏 状态栏位于工作界面下方，其左侧显示光标坐标。状态栏还包含一些按钮，使用这些按钮可以打开常用的绘图辅助工具，这些工具包括“捕捉模式”、“图形栅格”、“正交模式”、“极轴追踪”、“对象捕捉”、“对象捕捉追踪”、“线宽显示”和“模型空间和图纸空间切换”等，如图 5-3 所示。

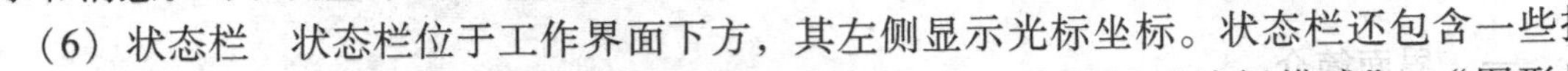

图 5-3 状态栏

（7）十字光标 十字光标可以在绘图区域标识拾取点和绘图点，由定点设备控制。可以使用十字光标定位点、选择和绘制对象，还可以通过“工具”下拉菜单中“选项”命令的“显示”选项卡来控制十字光标的大小。

二、命令输入方式

AutoCAD 有以下几种命令的输入方式：图标按钮、下拉式菜单、键盘和快捷菜单等。

（1）使用图标按钮 图标按钮是 AutoCAD 命令的触发器，使用鼠标单击图标按钮与使用键盘输入相应命令的功能是一样的。

（2）使用下拉式菜单 下拉式菜单包含了通常情况下控制 AutoCAD 运行的一系列命令。用鼠标单击下拉式菜单的某个条目时，即可启动命令和控制操作。

当下拉式菜单的条目后有“…”时，表示将出现对话框；有“▶”时，表示还有子菜单。

（3）使用键盘 键盘是 AutoCAD 输入命令和命令选择的重要工具。键盘是输入文本对象及在“命令：”提示符下输入命令、参数或在对话框中指定新文件名的唯一方法。

（4）使用快捷菜单 AutoCAD 2017 提供了方便的快捷菜单。在适当时刻和位置按下<Enter>键或单击鼠标右键后，AutoCAD 根据当前系统的状态及光标位置显示相应的快捷菜单。可以通过“工具”下拉菜单中“选项”命令的“用户系统配置”选项卡来设置是否使用快捷菜单。

为了便于操作，AutoCAD 2017 定义的功能键及控制键如表 5-1 所示。

表 5-1 常用功能键一览表

功能键及控制键	命令说明	功能键及控制键	命令说明
F1	打开帮助	F9	打开或关闭捕捉模式
F2	文本/图形窗口切换	F10	打开或关闭极轴模式
F3	开/关对象捕捉模式	F11	打开或关闭对象追踪模式
F5	等轴测图平面切换	F12	打开或关闭动态输入模式
F6	开/关状态栏里的坐标显示模式	ESC	放弃正在执行的某命令
F7	打开或关闭栅格显示	ENTER	重复上一个命令
F8	打开或关闭正交模式		

（5）使用鼠标 使用鼠标可以单击选择菜单项和工具，也可以绘制图形或在屏幕上选定对象。对于双键鼠标，左键是拾取键，用于指定屏幕上的点。右键用于显示快捷菜单，或等价于<Enter>键，这取决于光标位置和右击设置。如果按住<Shift>键并单击鼠标右键，将显示“对象捕捉”快捷菜单。

三、坐标点的输入方式

在 AutoCAD 作图过程中，用户生成的多数图形都由点、直线、圆弧、圆和文本等组成。所有这些对象都要求输入坐标点以指定它们的位置、大小和方向。因此，用户需要了解掌握 AutoCAD 的坐标系和坐标的输入方法。

1. 坐标系

AutoCAD 的默认坐标系称为世界坐标系（WCS），但是用户也可以定义自己的坐标系，即用户坐标系（UCS）。

（1）世界坐标系（WCS） 世界坐标系是用作定义所有对象和其他坐标系的基础。当用户开始一幅新图时，AutoCAD 默认地将图形置于一个 WCS 中。WCS 包括 X 轴、Y 轴（如果在 3D 空间工作，还有一个 Z 轴）。位移从设定原点（0，0）开始计算，沿 X 轴向右及 Y 轴向上的位移被规定为正向，否则为负向。

（2）用户坐标系（UCS） 用户坐标系是用户定义的坐标系，在三维空间中定义 X、Y 和 Z 轴的原点。UCS 决定图形中几何对象的默认位置。

在 UCS 中，原点以及 X、Y、Z 轴方向都可以移动及旋转。尽管用户坐标系中三个轴之间仍然互相垂直，但是在方向及位置上都有很大的灵活性。

2. 坐标值的输入

坐标值的输入有绝对坐标和相对坐标两种形式。可以使用任何一种定点设备或键盘输入坐标值，坐标值又分为直角坐标和极坐标。

（1）绝对直角坐标和极坐标　绝对直角坐标是指某一点的位置相对于原点（0，0）的坐标值，其坐标值输入方式为：x，y。绝对极坐标的输入方式为：$D<\alpha$，其中 D 表示该点到坐标原点的距离，α 表示该点和坐标原点的连线与 X 轴的正向夹角。

（2）相对直角坐标和极坐标　相对直角坐标是指一个点相对于上一个输入点的坐标值。输入点的相对坐标与绝对坐标类似，不同之处在于所有相对坐标值的前面都添加一个“@”符号。例如，@100，50 和@100<30。

四、二维绘图设置

开始绘图后可以修改图形的各项设置，包括图形单位和图形界限、捕捉和栅格、图层、线型及字体标准等。用户还可以根据个人习惯或某些特定项目的需要来调整 AutoCAD 环境。可以通过设置绘图环境，使绘图单位、绘图区域等符合国家标准的有关规定。

1. 设置绘图单位

确定 AutoCAD 的绘图单位可以在“格式”菜单中选择“单位”命令，然后在弹出的“图形单位”对话框中任意定义度量单位，如图 5-4 所示。例如，在一个图形文件中，单位可以定义成 mm，而在另一个图形文件中，单位也可以定义为 in。通常选择与工程制图相一致的单位作为绘图单位。当然，在图形单位对话框中也可以设定或改变长度的形式和精度以及角度的形式和精度等。

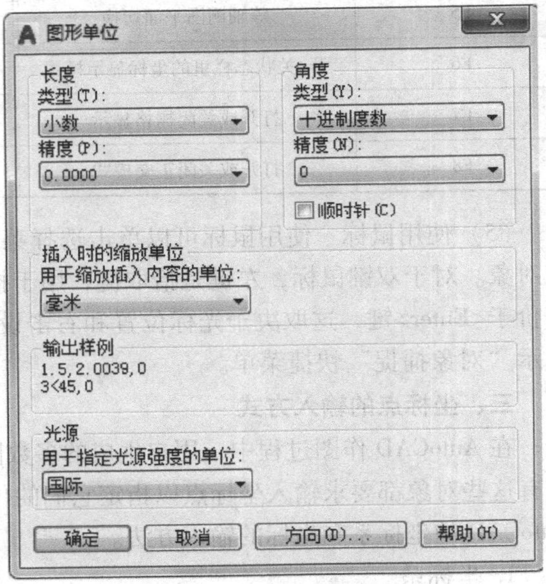

图 5-4　图形单位

2. 设置图幅

正式绘图之前应确定图幅大小，即执行“格式”菜单中的“图形界限（LIMITS）”命令，然后根据命令行提示选择确定或修改自己规定的图形界限。

```
命令:_limits
重新设置模型空间界限:
LIMITS 指定左下角点或[开(ON)关(OFF)]<0.0000,0.0000>:(确定左下角点,默认值为 0,0)
LIMITS 指定右上角点<420.0000,297.0000>:(确定右上角点,默认值为 420,297)
```

五、显示控制

“显示控制”命令提供了改变屏幕上图形显示方式的方法，以利于操作者观察图形和方便作图。“显示控制命令”不能改变图形本身。改变显示方式后，图形本身在坐标系中的位置和尺寸均未改变。

1. 缩放图形

缩放并不改变图形的绝对大小，它只是在图形区域内改变视图的大小。AutoCAD 提供了多种缩放视图的方法，常用的有以下几种：

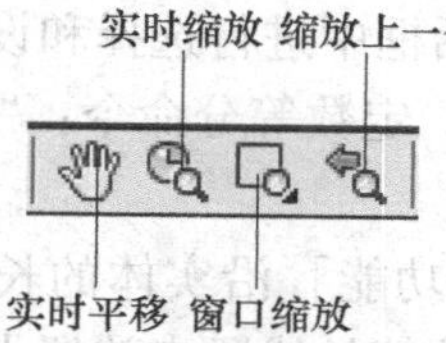

图 5-5 “标准”工具栏的缩放

（1）实时缩放　选择“标准”工具栏的“实时缩放”按钮，进行实时缩放，如图 5-5 所示。鼠标向上移动将放大图形，向下移动将缩小图形。

（2）“缩放”工具栏　“缩放”工具栏各缩放功能，如图 5-6 所示。

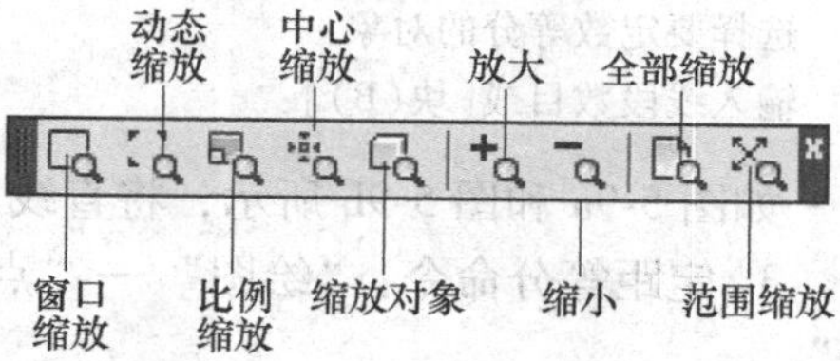

图 5-6 “缩放”工具栏

1）窗口缩放。窗口缩放就是把处于定义矩形窗口的图形局部进行缩放。

2）动态缩放。动态缩放与窗口缩放有相同之处，它们缩放的都是矩形选择框内的图形，但动态缩放比窗口缩放更灵活，可以随时改变选择框的大小和位置。

3）缩放对象。将选定对象显示在屏幕上。

4）全部缩放。将所有图形对象显示在屏幕上。

5）范围缩放。要观察全图的布局，可采用范围缩放让图样布满屏幕。

2. 实时平移

选择“标准”工具栏的“实时平移”，可以将整幅图面进行平移。执行该命令后，按住鼠标左键移动鼠标，即可移动整个图形。

第二节　常用绘图命令

多数 AutoCAD 图形都是由几种基本的图形元素（如圆、圆弧、直线、矩形、多边形与椭圆等）构成的。下面主要介绍这些基本图形元素的画法，“绘图”工具栏如图 5-7 所示。

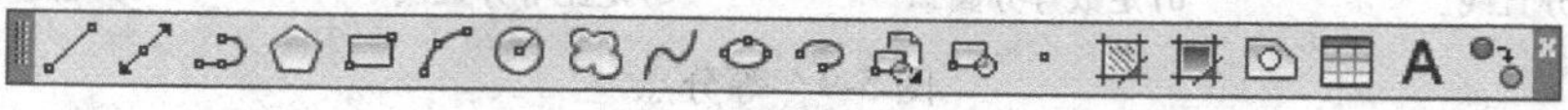
图 5-7 “绘图”工具栏

一、点与等分点命令

1. 点命令：

［功能］在指定位置放置点。

［操作过程］

命令：_point
当前点模式：　PDMODE＝0　PDSIZE＝0. 0000
POINT 指定点：　　　　　　　　（输入点的位置）

用户可以输入点的坐标值或使用鼠标在屏幕上定点。要改变点的显示类型和大小，可以在“格式”菜单中选择“点的样式”命令，在打开的对话框中进行选择和设置调整，如图 5-8 所示。

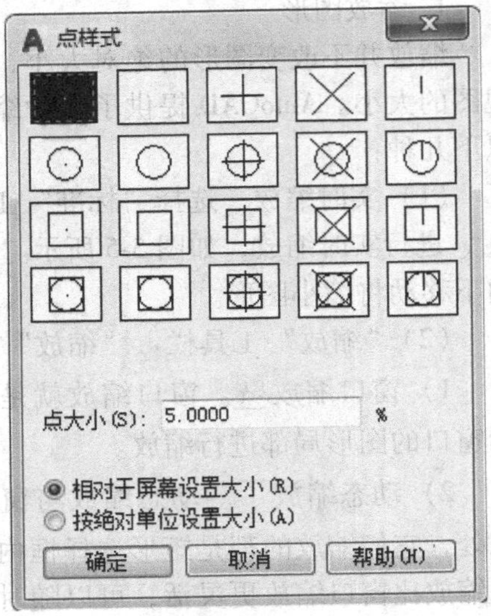

图 5-8　点的样式

2. 定数等分命令：“绘图”—“点”—“定数等分”

［功能］沿实体的长度方向将其划分成一个确定数目的等长线段来放置点或块。

［操作过程］

命令：_divide
选择要定数等分的对象：
输入线段数目或[块(B)]：

如图 5-9a 和图 5-9b 所示，将直线、圆弧三等分。

3. 定距等分命令：“绘图”—“点”—“定距等分”

［功能］沿实体的长度方向将其划分成一个确定距离的等长线段来放置点或块。

［操作过程］

命令：_measure
选择要定距等分的对象：
指定线段长度或[块(B)]：

如图 5-9c 和图 5-9d 所示，将直线、圆弧定距离等分。AutoCAD 将从光标拾取端按定长值等分线段，另一端不一定等于定长值。

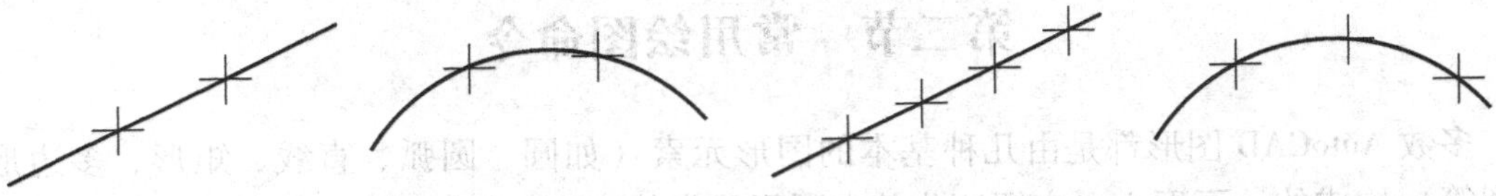

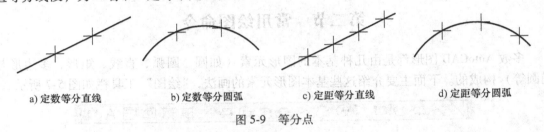

a) 定数等分直线　b) 定数等分圆弧　c) 定距等分直线　d) 定距等分圆弧

图 5-9　等分点

二、直线命令：

［功能］通过给出的起始点与终止点画直线。

［操作过程］

命令：_line
指定第一个点：　　　　（在屏幕上任意确定第 1 点）
指定下一点或[放弃(U)]：　　　　（在屏幕上任意确定第 2 点）
指定下一点或[放弃(U)]：@ 50，-40　　　　（输入第 3 点的相对坐标值）
指定下一点或[闭合(C)/放弃(U)]：c　　　　（选择闭合命令）

执行上述命令程序操作后，所绘的直线图形如图 5-10 所示。坐标输入既可采用绝对坐标，也可采用相对坐标，一般情况下输入相对坐标将比输入绝对坐标方便。如果选择“U”命令，则取消刚绘制的直线段。

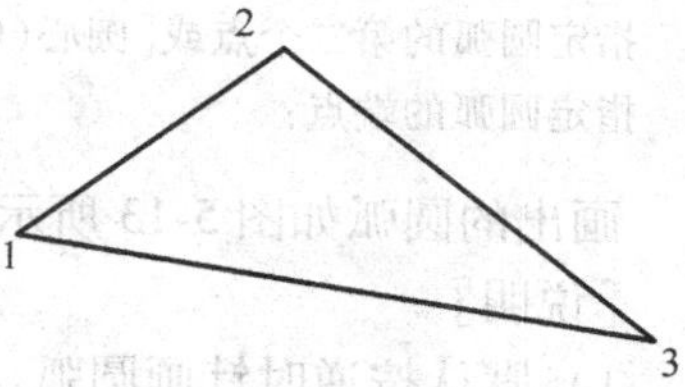

图 5-10 画直线

三、多段线命令：

［功能］画多段线（可以用来画箭头等）。

［操作过程］

命令：_pline
指定起点： （确定第 1 点）
当前线宽为 0.0000
指定下一个点或［圆弧(A)/半宽(H)/长度(L)/放弃(U)/宽度(W)］： （确定第 2 点）
指定下一点或［圆弧(A)/闭合(C)/半宽(H)/长度(L)/放弃(U)/宽度(W)］：w （改变线宽）
指定起点宽度 <0.0000>：5 （输入箭头宽“5”）
指定端点宽度 <5.0000>：0 （输入箭头末端宽度“0”）
指定下一点或［圆弧(A)/闭合(C)/半宽(H)/长度(L)/放弃(U)/宽度(W)］：（确定第 3 点）
指定下一点或［圆弧(A)/闭合(C)/半宽(H)/长度(L)/放弃(U)/宽度(W)］：（按<Enter>键结束）

执行上述命令程序操作后，所绘的箭头，如图 5-11 所示。

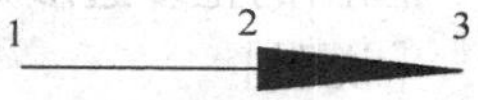

图 5-11 画箭头

［说明］直线和多段线绘制的线段实体性质是不同的，前者所画的每段线都是一个独立的图形实体，后者所画的全部线段为一个图形实体。

四、圆命令：

［功能］在指定位置画整圆。

［操作过程］

命令：_circle
指定圆的圆心或［三点(3P)/两点(2P)/切点、切点、半径(T)］： （确定圆心位置）
指定圆的半径或［直径(D)］<50.0000>：50 （输入半径值“50”）

画出的圆如图 5-12 所示。

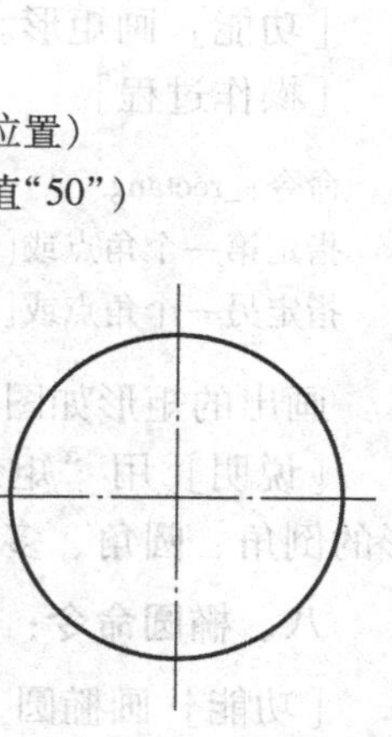
图 5-12 画圆

［说明］

1）半径或直径的大小可直接输入数值或在屏幕上选取圆上一点。

2）画圆命令还有以下几个选项：

三点（3P）——过三点画圆；

两点（2P）——用直径的两端点画圆；

切点、切点、半径（T）——用两切点及半径画圆。

五、圆弧命令：

［功能］画一段圆弧。

［操作过程］

命令：_arc
指定圆弧的起点或［圆心(C)］： （确定第 1 点）

指定圆弧的第二个点或[圆心(C)/端点(E)]： （确定第 2 点）
指定圆弧的端点： （确定第 3 点）

画出的圆弧如图 5-13 所示。

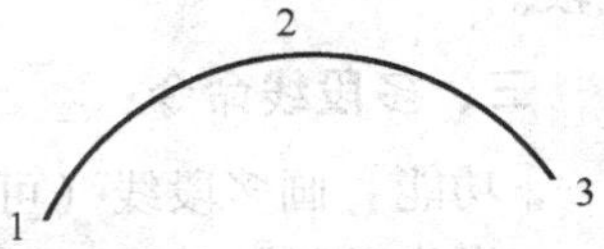

图 5-13 画圆弧

[说明]

1）默认按逆时针画圆弧。

2）如果用<Enter>键回答第一提问，则以上次所画线或圆弧的终点及方向作为本次所画圆弧的起点及起始方向。

六、正多边形命令：

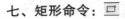

[功能] 画 3~1024 边的正多边形。

[操作过程]

命令:_polygon 输入侧面数 <4>:6 （输入多边形的边数“6”）
指定正多边形的中心点或[边(E)]： （确定圆心或输入多边形的边长）
输入选项[内接于圆(I)/外切于圆(C)]<I>： （选择画正多边形的方式）
指定圆的半径： （输入半径）

画出的正多边形如图 5-14 所示。

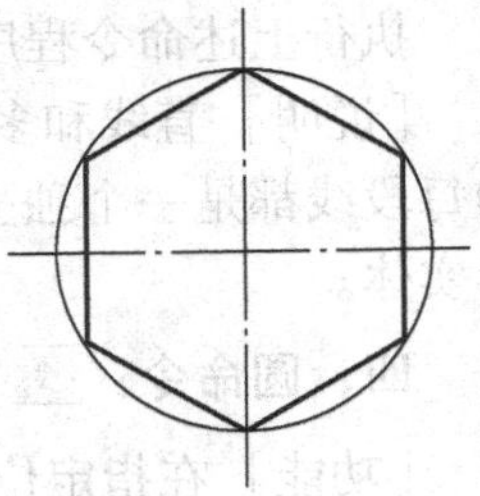
图 5-14 画正多边形

[说明]

画正多边形有 3 种画法：

1）设定外接圆半径（I）。

2）设定内切圆半径（C）。

3）设定正多边形边长（E）。

七、矩形命令：

[功能] 画矩形。

[操作过程]

命令:_rectang
指定第一个角点或[倒角(C)/标高(E)/圆角(F)/厚度(T)/宽度(W)]： （确定第 1 点）
指定另一个角点或[面积(A)/尺寸(D)/旋转(R)]： （确定第 2 点）

画出的矩形如图 5-15a 所示。

[说明] 用“矩形”命令画的矩形，可以指定矩形的倒角、圆角、多义线宽度等。如图 5-15b 所示。

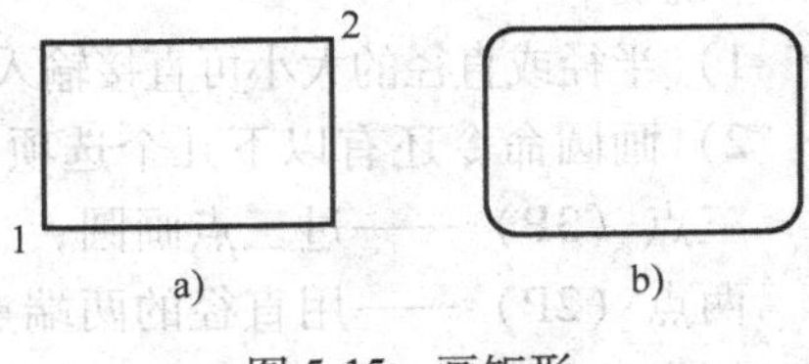

图 5-15 画矩形

八、椭圆命令：

[功能] 画椭圆（弧）。

[操作过程]

命令:_ellipse
指定椭圆的轴端点或[圆弧(A)/中心点(C)]:c （输入“c”并指定椭圆中心）
指定椭圆的中心点:<打开对象捕捉> （拾取第 1 点或输入椭圆中心的位置）
指定轴的端点:<极轴开> （拾取第 2 点或输入椭圆一轴的任一端点）

指定另一条半轴长度或[旋转(R)]:　　　　（拾取第 3 点或输入椭圆另一轴的半长）

画出的椭圆如图 5-16 所示。

九、样条曲线命令：

[功能] 画样条曲线（可利用该命令绘制波浪线）。

[操作过程]

命令:_spline
当前设置:方式=拟合　节点=弦
指定第一个点或[方式(M)/节点(K)/对象(O)]:　　　　（确定第 1 点）
输入下一个点或[起点切向(T)/公差(L)]:　　　　（确定第 2 点）
输入下一个点或[端点相切(T)/公差(L)/放弃(U)]:　　　　（确定第 3 点）
输入下一个点或[端点相切(T)/公差(L)/放弃(U)/闭合(C)]:　　　　（确定第 4 点）
输入下一个点或[端点相切(T)/公差(L)/放弃(U)/闭合(C)]:　　　　（确定第 5 点）
输入下一个点或[端点相切(T)/公差(L)/放弃(U)/闭合(C)]:　　　　（确定第 6 点）
输入下一个点或[端点相切(T)/公差(L)/放弃(U)/闭合(C)]:　　　　（按<Enter>键结束）

画出的波浪线如图 5-17 所示。

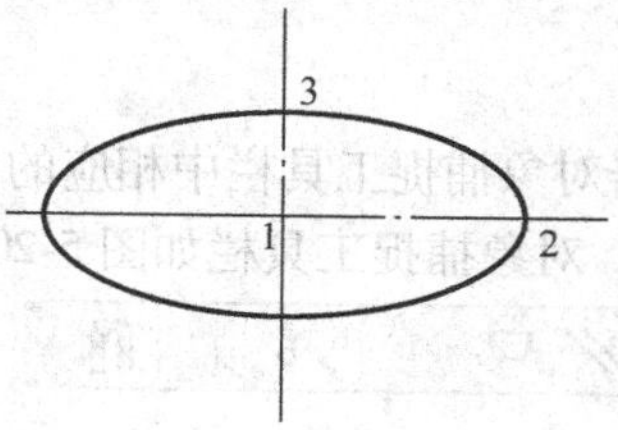

图 5-16　画椭圆

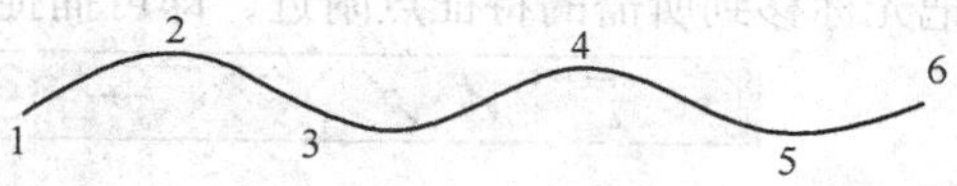

图 5-17　画波浪线

第三节　辅助绘图工具

从前面的画图可以感觉到，要想准确地找到某一特殊点（如圆心、切点、中点、交点等）或绘制水平、竖直线十分困难。因此，创建一幅图形的首要任务是精确定位图形上的点。AutoCAD 提供了如图 5-18 所示的方法来辅助精确绘图。

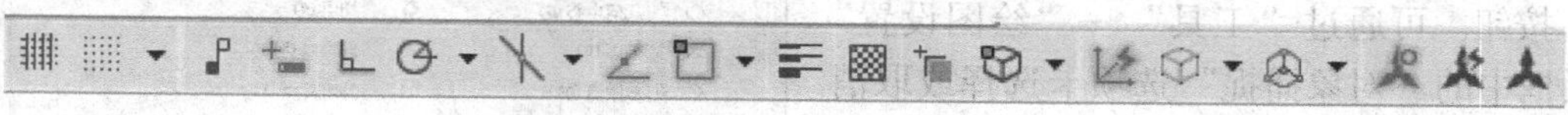
图 5-18　状态设置工具栏

一、推断约束命令：

[功能] 创建和编辑几何对象时自动应用几何约束。

[操作过程]

命令:_line
指定第一个点:　　　　（确定第 1 点）
指定下一点或[放弃(U)]:<推断约束开>　　　　（确定第 2 点）

指定下一点或[放弃(U)]:　　　　　　　(确定第 3 点)
指定下一点或[闭合(C)/放弃(U)]:　　　(确定第 4 点)
指定下一点或[闭合(C)/放弃(U)]:　　　(确定第 5 点)
指定下一点或[闭合(C)/放弃(U)]:　　　(按<Enter>键结束)

如图 5-19 所示，应用“直线”工具在绘图窗口中绘制图形，显示约束标志。

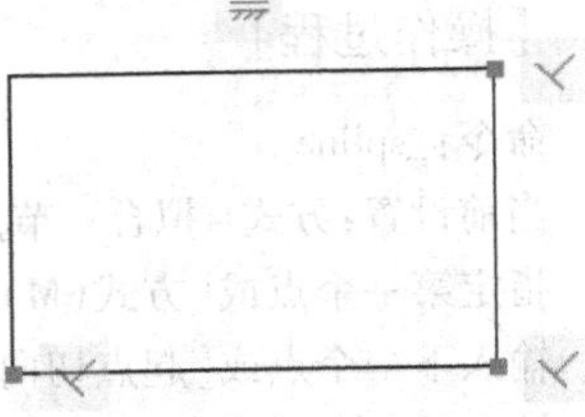

图 5-19　推断约束

二、正交模式命令：

[功能] 画水平或垂直线。

[操作过程]

命令:_mtedit
命令:<正交开>

[说明] 还可通过单击状态条图标或<F8>键来打开及关闭正交模式。

三、对象捕捉命令：

目标捕捉是指将点自动定位到与图形相关的特征点上。这一工具对提高作图精度有很大的帮助。将要捕捉的特征点是由捕捉模式决定的。

1. 对象捕捉工具栏

在绘图过程中，需要捕捉对象上的某一特征点时，单击对象捕捉工具栏中相应的图标按钮，再把光标移到所需的特征点附近，即可捕捉到相应特征点。对象捕捉工具栏如图 5-20 所示。

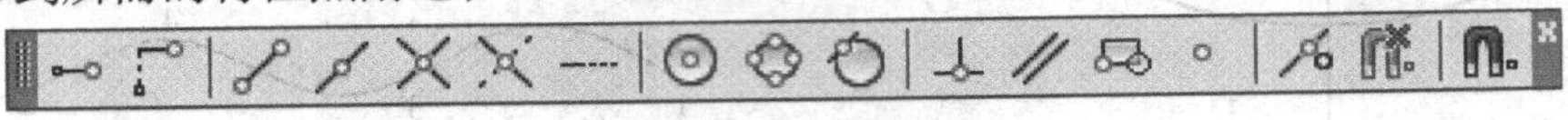

图 5-20　对象捕捉工具栏

2. 自动捕捉功能

在绘图过程中，使用对象捕捉的频率非常高。AutoCAD 提供了一种对象捕捉功能。根据需要事先对常用的捕捉模式进行设置，需要时自动捕捉，可大大提高作图速度。自动捕捉功能的开关是状态栏中的“对象捕捉”按钮。可通过“工具”—“绘图设置”对话框中的“对象捕捉”选项卡选择或取消各种对象捕捉模式，如图 5-21 所示。

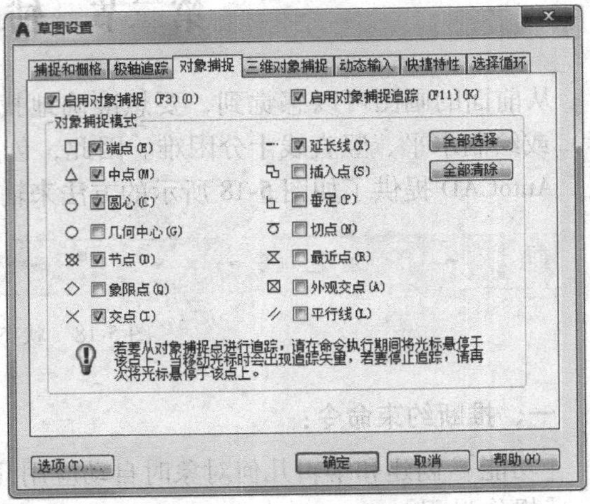

图 5-21　“对象捕捉”选项卡

四、自动追踪命令

自动追踪可以帮助用户相对于某一对象以指定角度或特定关系绘制一个新对象。当用户打开自动追踪时，AutoCAD 将显示一些临时的对齐路径以帮助用户以精确的位置和角度绘制图形。自动追踪包括：极轴追踪和对象捕捉追踪。

1. 极轴追踪

［功能］以指定的角度绘制对象。

［操作过程］通过单击状态栏或<F10>键来打开及关闭极轴追踪模式。

［说明］

1）修改极轴追踪的设置，可以通过右键单击状态栏的“极轴”按钮，在弹出的快捷菜单中选择“设置”，打开“草图设置”对话框，选择“极轴追踪”选项卡，如图5-22所示。

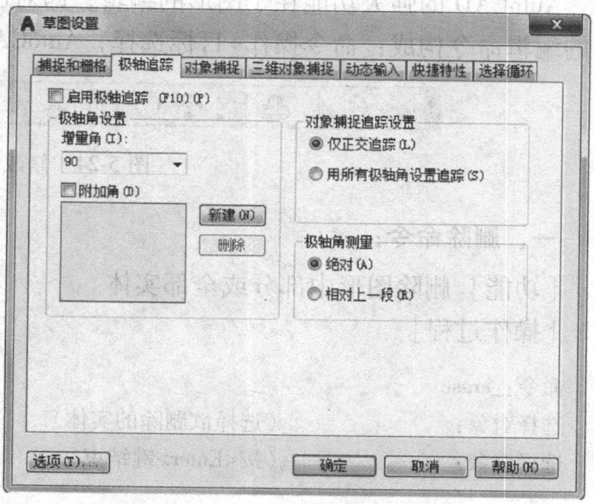

图 5-22 “极轴追踪”选项卡

2）使用极轴追踪进行追踪时，对齐路径是由相对于命令起点和端点的极轴角定义的。

3）正交模式将光标限制在水平或垂直（正交）轴上。因为不能同时打开正交模式和极轴追踪，因此在正交模式打开时，AutoCAD会关闭极轴追踪。

4）如果打开了极轴追踪，在默认情况下，极轴追踪设置为90°（正交）的角增量。

5）如果极轴追踪和“捕捉”模式同时打开，光标将以设定的捕捉增量沿对齐路径进行捕捉，可以修改极轴角增量并设置这个捕捉增量。

6）可以修改AutoCAD测量极轴角的方式。绝对极轴角是以当前UCS的*X*轴和*Y*轴为基准进行计算的。相对极轴角是以命令活动期间创建的最后一条直线（或最后创建的两个点之间的直线）为基准进行计算的。如果直线以另一条直线的端点、中点或近点对象捕捉为起点，则极轴角将相对这条直线进行计算。

2. 对象捕捉追踪

［功能］沿着基于对象捕捉点的对齐路径进行追踪。

［操作过程］通过单击状态栏或<F11>键来打开及关闭对象捕捉追踪模式。

［说明］

1）如果选择了如图5-22所示的对话框“对象捕捉追踪设置”区域的“仅正交追踪”选项，那么在使用对象捕捉追踪时，AutoCAD将只显示通过临时捕捉点的水平或垂直的对齐路径。

2）如果选择了如图5-22所示的对话框“对象捕捉追踪设置”区域的“用所有极轴角设置追踪”选项，那么在使用对象捕捉追踪时，AutoCAD允许使用任意极轴角上的对齐路径。

五、动态输入（DYN）命令

所谓动态输入方式，就是在绘图时打开此项功能可以实时显示光标所在的位置以及与上一点连线和水平方向的夹角，如图5-23所示。

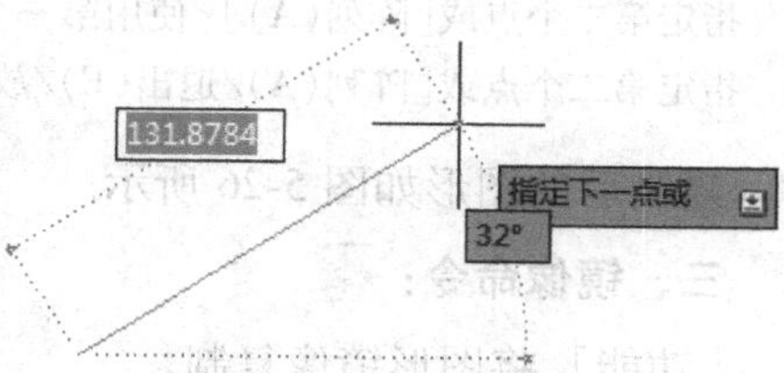

图 5-23 动态输入

第四节 常用编辑命令

AutoCAD 的强大功能在于图形的编辑，即对已存在的图形进行复制、移动、剪切等。图形的编辑命令构成：命令操作+目标选择，AutoCAD 常用编辑命令如图 5-24 所示。

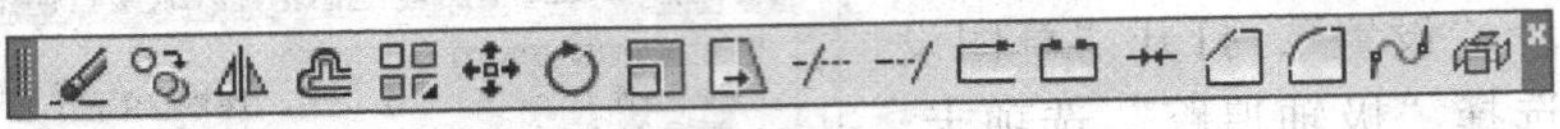

图 5-24 修改工具栏

一、删除命令：

［功能］删除图形中部分或全部实体。

［操作过程］

命令：_erase
选择对象： （选择欲删除的实体）
选择对象： （按<Enter>键结束）

删除图形过程如图 5-25 所示。

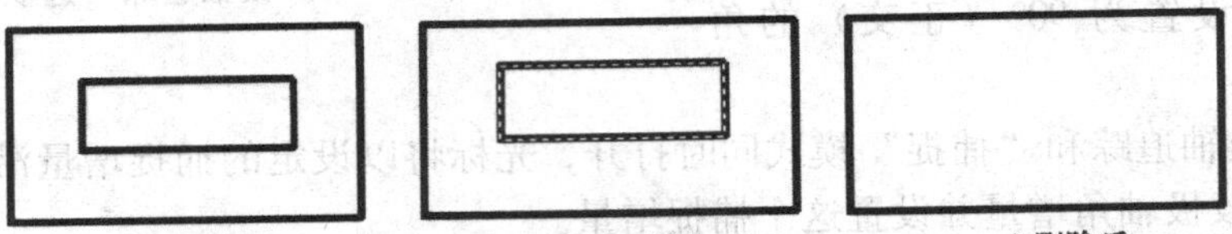

a) 删除前 b)选择实体 c) 删除后

图 5-25 删除

二、复制命令：

［功能］将指定的对象复制到指定位置。

［操作过程］

命令：_copy
选择对象：指定对角点： （选择要复制的对象）
选择对象： （按<Enter>键结束选择）
当前设置：复制模式 = 多个
指定基点或［位移(D)/模式(O)］<位移>： （选择基点 1）
指定第二个点或［阵列(A)］<使用第一个点作为位移>： （选择点 2）
指定第二个点或［阵列(A)/退出(E)/放弃(U)］<退出>： （按<Enter>键结束）

复制后的图形如图 5-26 所示。

三、镜像命令：

［功能］将图形镜像复制。

［操作过程］

命令：_mirror

选择对象： （选择要镜像的对象）
选择对象： （按<Enter>键结束选择）
指定镜像线的第一点： （选择镜像线的第 1 点）
指定镜像线的第二点： （选择镜像线的第 2 点）
要删除源对象吗？［是(Y)/否(N)］<N>： （输入“y”或“n”来决定是否删除旧图形）

镜像后的图形如图 5-27 所示。

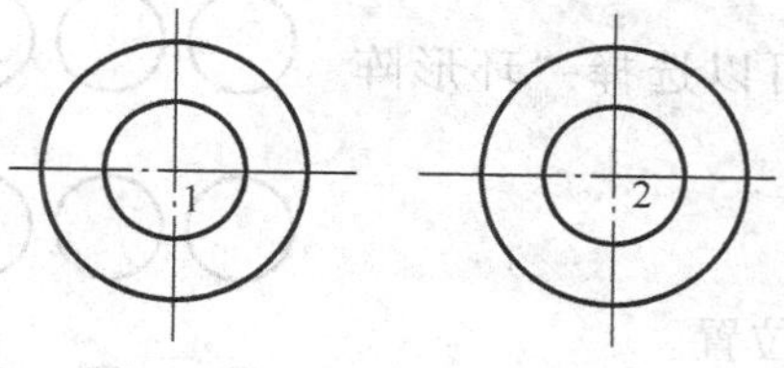

图 5-26 复制

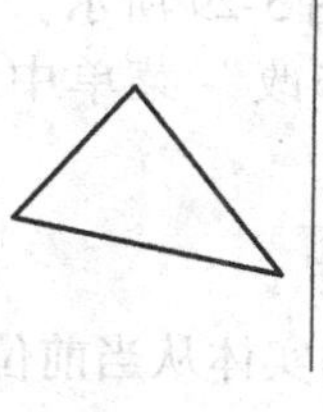

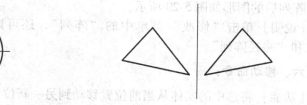

图 5-27 镜像

四、偏移命令：

［功能］复制一个与指定实体平行并保持等距离的新实体。

［操作过程］

命令：_offset
当前设置：删除源=否 图层=源 OFFSETGAPTYPE=0
指定偏移距离或［通过(T)/删除(E)/图层(L)］<通过>： （指定偏置距离）
选择要偏移的对象，或［退出(E)/放弃(U)］<退出>： （选择平行偏移的对象）
指定要偏移的那一侧上的点，或［退出(E)/多个(M)/放弃(U)］<退出>： （指定向哪一边偏移）
选择要偏移的对象，或［退出(E)/放弃(U)］<退出>： （按<Enter>键结束）

偏移后的图形如图 5-28 所示。

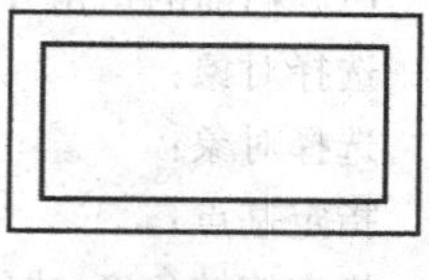

图 5-28 偏移

［说明］通过（T）指经过某一点偏移。

五、阵列命令：

将选中的实体按矩形或环形的方式进行复制。

下面以矩形阵列为例介绍“阵列”命令。

［功能］将选中的实体按矩形的方式进行复制。

［操作过程］

命令：_array rect
选择对象： （选择阵列对象）
选择对象： （按<Enter>键结束）
类型 = 矩形 关联 = 是
选择夹点以编辑阵列或［关联(AS)/基点(B)/计数(COU)/
间距(S)/列数(COL)/行数(R)/层数(L)/退出(X)］<退出>：col （选择设置阵列的列数）
输入列数或［表达式(E)］<4>：3 （输入列数“3”）
指定列数之间的距离或［总计(T)/表达式(E)］<47.7984>：40 （输入列间距“40”）
选择夹点以编辑阵列或［关联(AS)/基点(B)/计数(COU)/

间距(S)/列数(COL)/行数(R)/层数(L)/退出(X)]<退出>:r　　(选择设置阵列的行数)
输入行数或[表达式(E)]<3>:3　　(输入行数“3”)
指定行数之间的距离或[总计(T)/表达式(E)]<47.7984>:60　　(输入行间距“60”)
指定行数之间的标高增量或[表达式(E)]<0>:　　(输入行标高)
选择夹点以编辑阵列或[关联(AS)/基点(B)/计数(COU)/
间距(S)/列数(COL)/行数(R)/层数(L)/退出(X)]<退出>:　　(按<Enter>键结束)

阵列后的图形如图 5-29 所示。

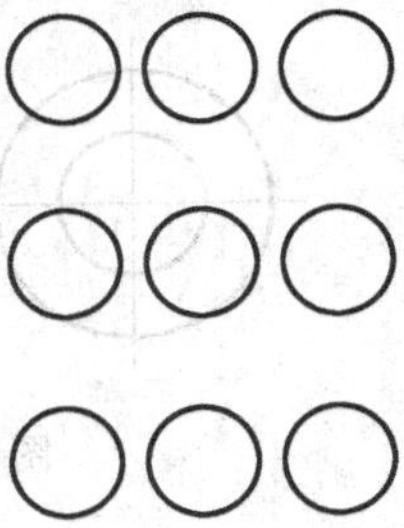

图 5-29　矩形阵列

[说明] 单击“修改”菜单中的“阵列”，还可以选择“环形阵列”和“路径阵列”。

六、移动命令：

[功能] 将选中的实体从当前位置移动到另一新位置。

[操作过程]

命令:_move
选择对象:　　(选择要移动的对象)
选择对象:　　(按<Enter>键结束选择对象)
指定基点或[位移(D)]<位移>:　　(基准点)
指定第二个点或 <使用第一个点作为位移>:　　(第 2 点)

七、旋转命令：

[功能] 将选中的对象绕指定点旋转一个角度。

[操作过程]

命令:_rotate
UCS 当前的正角方向：　ANGDIR=逆时针　ANGBASE=0
选择对象:　　(选择要旋转的对象)
选择对象:　　(按<Enter>键结束选择对象)
指定基点:　　(选择基点)
指定旋转角度,或[复制(C)/参照(R)]<0>:60　　(输入旋转角度“60”)

旋转后的图形如图 5-30 所示。

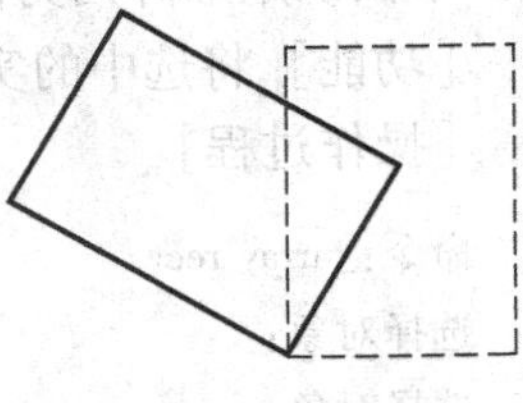

图 5-30　旋转

[说明]

参照（R）：通过输入参考角度、新角度来确定旋转角度，即旋转角度=新角度-参考角度。

复制（C）：先复制然后再旋转对象。

八、缩放命令：

[功能] 将选中的对象按一定的比例缩放。

[操作过程]

命令:_scale
选择对象:　　(选择要缩放的对象)
选择对象:　　(按<Enter>键结束选择对象)

指定基点： （选择基点）
指定比例因子或[复制(C)/参照(R)]：1.5 （输入缩放比例因子“1.5”）

缩放后的图形如图 5-31 所示。

九、拉伸命令：

[功能] 将图形某一部分拉伸、移动和变形，其余部分保持不变。
[操作过程]

命令：_stretch
以交叉窗口或交叉多边形选择要拉伸的对象…
选择对象： （用窗口选择拉伸对象）
选择对象： （按<Enter>键结束选择对象）
指定基点或[位移(D)]<位移>： （选择基点）
指定第二个点或 <使用第一个点作为位移>：（指定第 2 点）

拉伸后的图形如图 5-32 所示。

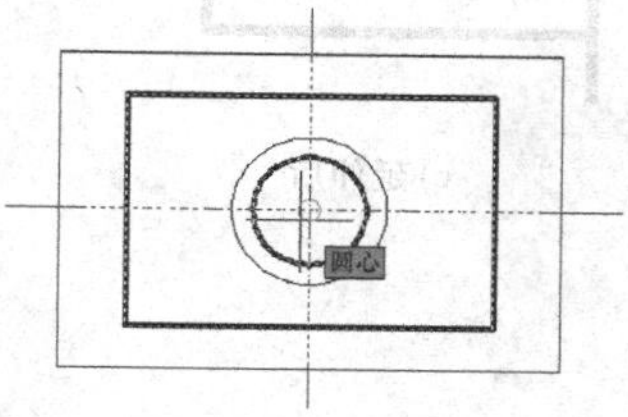

图 5-31 缩放

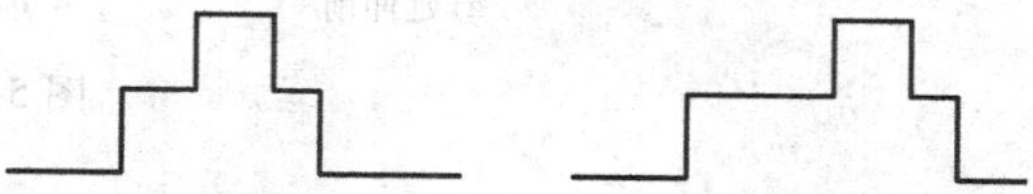
a) 拉伸前 b) 拉伸后
图 5-32 拉伸

十、修剪命令：

[功能] 以某些实体作为边界，将某些不需要的部分修剪去除。
[操作过程]

命令：_trim
当前设置：投影=UCS，边=无
选择剪切边…
选择对象或 <全部选择>： （选择剪切边界对象）
选择对象： （按<Enter>键结束选择对象）
选择要修剪的对象，或按住 Shift 键选择要延伸的对象，或
[栏选(F)/窗交(C)/投影(P)/边(E)/删除(R)/放弃(U)]： （选择被剪切的部分）
选择要修剪的对象，或按住 Shift 键选择要延伸的对象，或
[栏选(F)/窗交(C)/投影(P)/边(E)/删除(R)/放弃(U)]： （按<Enter>键结束）

修剪后的图形如图 5-33 所示。

十一、延伸命令：

[功能] 以某些实体作为边界，将其他实体延伸到边界。
[操作过程]

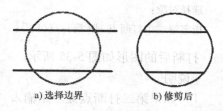

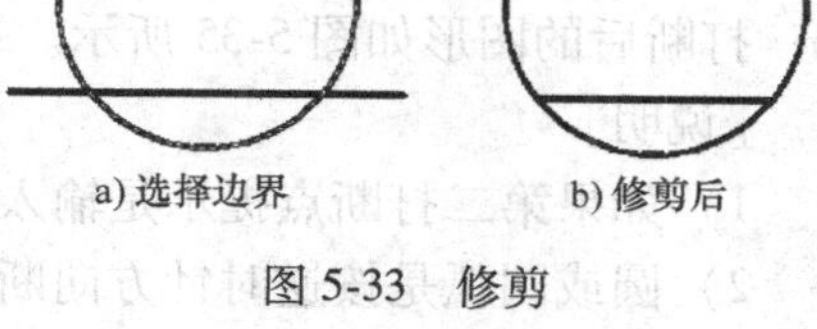
a) 选择边界 b) 修剪后
图 5-33 修剪

命令:_extend
当前设置:投影=UCS,边=无
选择边界的边…
选择对象或 <全部选择>:　　(选择延伸边界对象)
选择对象:　　(按<Enter>键结束选择对象)
选择要延伸的对象,或按住 Shift 键选择要修剪的对象,或
[栏选(F)/窗交(C)/投影(P)/边(E)/放弃(U)]:　　(选择被延伸的对象)
选择要延伸的对象,或按住 Shift 键选择要修剪的对象,或
[栏选(F)/窗交(C)/投影(P)/边(E)/放弃(U)]:　　(按<Enter>键结束)

延伸后的图形如图 5-34 所示。

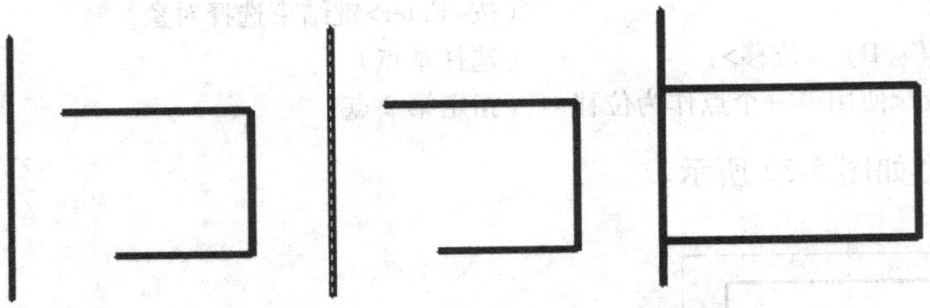

a) 延伸前　　b) 选择边界　　c) 延伸后

图 5-34　延伸

十二、打断于点命令:

[功能] 将直线、圆、圆弧、多义线等从一点分为两段。

[操作过程]

命令:_break
选择对象:
指定第二个打断点 或[第一点(F)]:　　(选择要打断的对象)
指定第一个打断点:　　(指定打断点的位置)
指定第二个打断点:　　(按<Enter>键结束命令)

十三、打断命令:

[功能] 将直线、圆、圆弧、多义线等分为两段。

[操作过程]

命令:_break
选择对象:　　(选择对象,该点作为第 1 个打断点)
指定第二个打断点 或[第一点(F)]:　　(选择第 2 个打断点)

打断后的图形如图 5-35 所示。

[说明]

1) 如果第二打断点提示是输入"F (第一点)",则重新选择第一点。

2) 圆或圆弧是按逆时针方向断开。

十四、合并命令：

［功能］将多个对象合并为一个对象。

［操作过程］

命令：_join

选择源对象或要一次合并的多个对象：　　（选择作为源对象的对象）

选择要合并的对象：　　（选择要被合并的对象）

选择要合并的对象：　　（按<Enter>键结束）

两条圆弧已合并为一条圆弧，如图 5-36 所示。

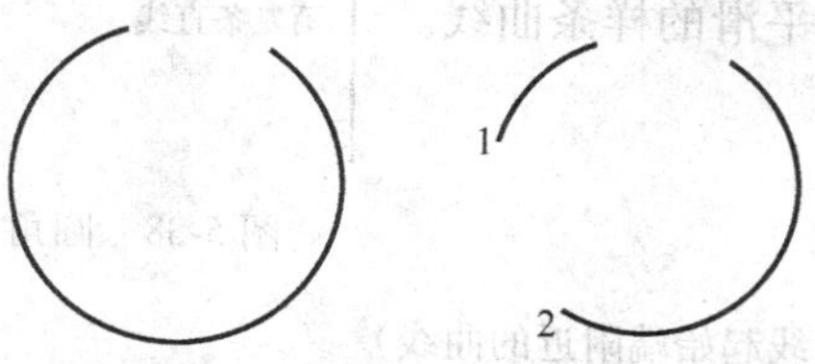

a) 打断前　　b) 打断后

图 5-35　打断

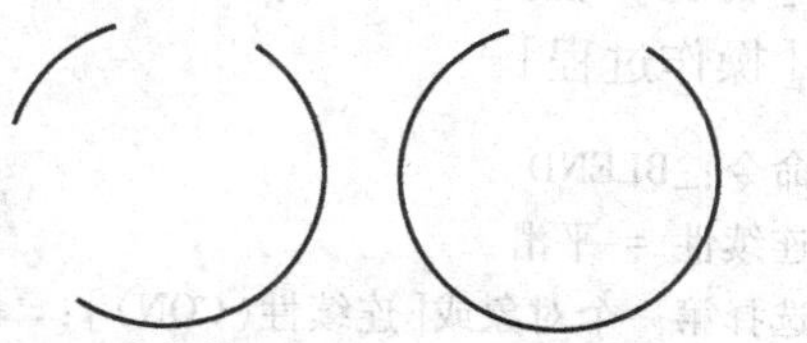

a) 合并前　　b) 合并后

图 5-36　合并

十五、倒角命令：

［功能］对两条直线或多义线倒角。

［操作过程］

命令：_chamfer

（“修剪”模式）当前倒角距离 1＝0.0000，距离 2＝0.0000

选择第一条直线或［放弃(U)/多段线(P)/距离(D)/角度(A)/修剪(T)/方式(E)/多个(M)］：d

（输入“d”并设置倒角距离）

指定第一个倒角距离 <0.0000>：10　　（设置第 1 边倒角距离值“10”）

指定第二个倒角距离 <10.0000>：20　　（设置第 2 边倒角距离值“20”）

选择第一条直线或［放弃(U)/多段线(P)/距离(D)/角度(A)/修剪(T)/方式(E)/多个(M)］：

（选择第 1 边）

选择第二条直线，或按住 Shift 键选择直线以应用角点或［距离(D)/角度(A)/方法(M)］：

（选择第 2 边）

倒角后的图形如图 5-37 所示。

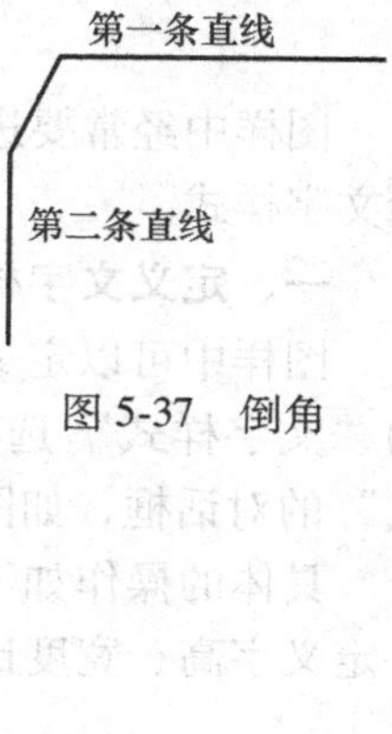

图 5-37　倒角

［说明］

1）设定倒角距离时，两条线的距离可以不同。

2）多线段（P）是对整条多义线倒角。

3）角度（A）是用角度法确定倒角参数。

4）修剪（T）是设置修剪或不修剪模式。

十六、圆角命令：

［功能］对两对象或多义线圆角。

［操作过程］

命令:_fillet
当前设置:模式 = 修剪,半径 = 0.0000
选择第一个对象或[放弃(U)/多段线(P)/半径(R)/修剪(T)/多个(M)]:r （输入“r”设置倒圆半径）
指定圆角半径 <0.0000>:10 （输入半径值“10”）
选择第一个对象或[放弃(U)/多段线(P)/半径(R)/修剪(T)/多个(M)]: （选择第1边）
选择第二个对象,或按住 Shift 键选择对象以应用角点或[半径(R)]: （选择第2边）

倒圆后的图形如图 5-38 所示。

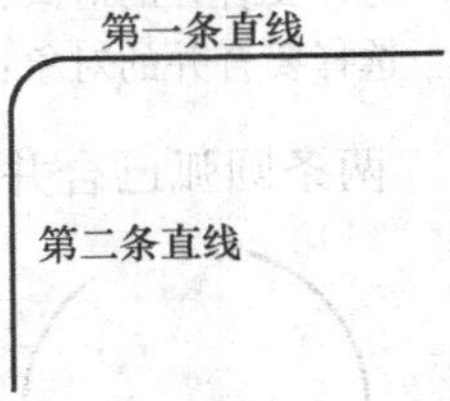

图 5-38 圆角

十七、光顺曲线：

[功能] 在两条开放曲线的端点之间创建相切或平滑的样条曲线。

[操作过程]

命令:_BLEND
连续性 = 平滑
选择第一个对象或[连续性(CON)]: （选择样条曲线起始端附近的曲线）
选择第二个点:(选择曲线 2) （选择样条曲线末端附近的另一条曲线）

创建光顺曲线前后的图形如图 5-39 所示。

a) 创建光顺曲线前　　b) 创建光顺曲线后

图 5-39 光顺曲线

十八、分解命令：

[功能] 将块、尺寸分解为单个实体，将多义线分解为失去宽度的单个实体。

十九、利用关键点自动编辑

当选取某个实体后，该实体上的关键点将显示出来。如再次单击某一关键点，则该关键点将由白色小方框变为红色小方框，从而可对该实体进行复制、平移、拉伸、旋转、缩放等操作。

第五节 设置文字样式及书写文字

图样中经常要进行注释说明，因此必须在图样上加注一些文字。在书写文本前，应先设置文字样式。

一、定义文字样式

图样中可以定义多个文字样式，每个文字样式都有一个名字。选择下拉菜单“格式”的“文字样式”选项或选取“样式”工具栏中的“文字样式”命令都可以打开“文字样式”的对话框，如图 5-40 所示。

具体的操作如下：在单击按钮“新建”弹出的对话框中给文本类型命名，选取字体，并定义字高、宽度比例。

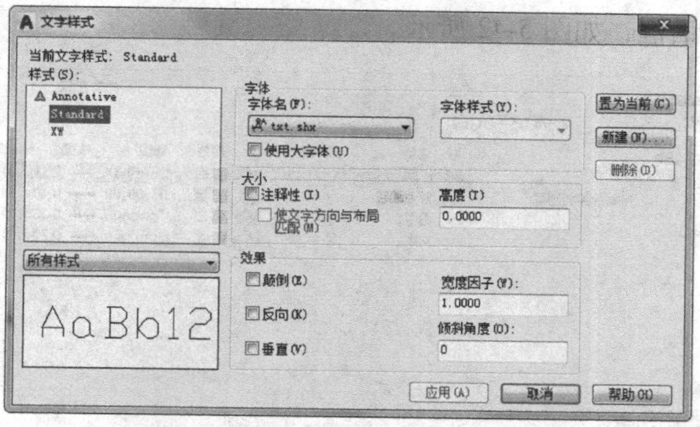

图 5-40 “文字样式”对话框

二、注写文字

1. 单行文字

［功能］在图中多处放置单行文字。

［操作过程］“绘图”—“文字”—“单行文字”。

命令：_text

当前文字样式：“Standard”文字高度：3.5000 注释性：否

指定文字的起点或［对正(J)/样式(S)］： （单击选取文本的开始点）

指定文字的旋转角度 <0>： （输入文本的旋转角度）

2. 多行文字

［功能］在图中放置多行或多段文字。

［操作］“绘图”—“文字”—“多行文字”或单击绘图工具栏中的A。

命令：_mtext

当前文字样式：“Standard”文字高度：3.5000 注释性：否

指定第一角点： （单击选取文本框第 1 角点）

指定对角点或［高度(H)/对正(J)/行距(L)/旋转(R)/样式(S)/宽度(W)/栏(C)］：“指定对角点” （指定文本框的对角点）

第六节 设置层、颜色、线型、线宽

AutoCAD 的层是透明的电子图纸，一层挨一层地放置，如图 5-41 所示 。可以根据需要增加和删除层，每层均可以拥有任意的 AutoCAD 颜色、线型、线宽，在该层上创建的对象将采用这些颜色、线型、线宽。

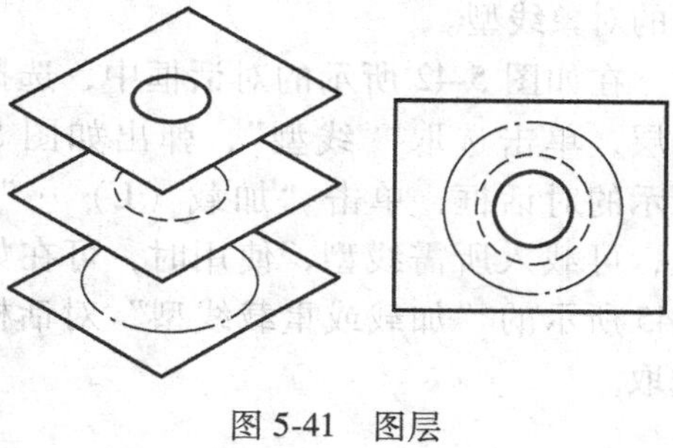

图 5-41 图层

一、图层的创建和使用

可以在“格式”菜单中选择“图层”命令或单击“图层”工具栏上的图标，AutoCAD 弹出

“图层特性管理器”对话框，如图 5-42 所示。

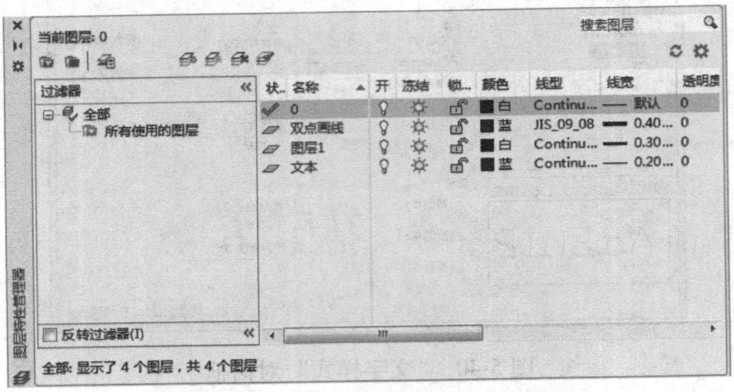

图 5-42 “图层特性管理器”对话框

图层的控制状态，包括图层的开/关、冻结/解冻、加锁/解锁，其意义如下：

1. 开/关 关闭某层，该层上的内容不可见，不输出。但如果该层设置为当前层，仍可在其上画图。

2. 冻结/解冻 冻结层不可见，不输出，当前层不能冻结。冻结层可以加快系统重新生成图形的速度。

3. 加锁/解锁 锁定层可见，不能编辑，但能输出。

4. 新建图层。

5. 删除图层。

6. 将选定图层设为当前图层。

二、设置颜色

每个图层应具有一定的颜色，即该层上的对象颜色。

在如图 5-42 所示的对话框中，在某图层上，单击“颜色”小方框，弹出如图 5-43 所示的“选择颜色”对话框，在该对话框中有 255 种颜色可供选择。当图层不多时，尽量选择前七种颜色。

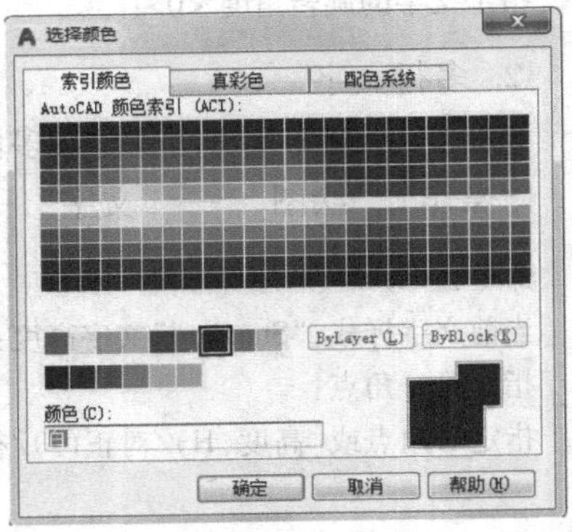

图 5-43 “选择颜色”对话框

三、设置线

每个图层应具有相应的线型，即该层上的对象线型。

在如图 5-42 所示的对话框中，选择某图层，单击选取“线型”，弹出如图 5-44 所示的对话框，单击“加载（L）…”按钮，可载入所需线型，使用时，可在如图 5-45 所示的“加载或重载线型”对话框中选取。

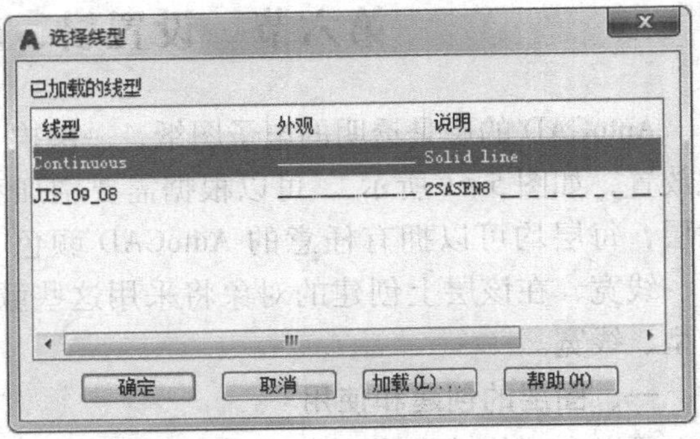

图 5-44 “选择线型”对话框

四、设置线宽

设置图层上对象的线宽。在如图 5-42 所示的对话框中，选择某图层，单击选取“线宽”，弹出如图 5-46 所示的对话框，该对话框显示所有可用的线宽设置。线宽的显示必须通过状态栏“显示/隐藏线宽”图标来控制。

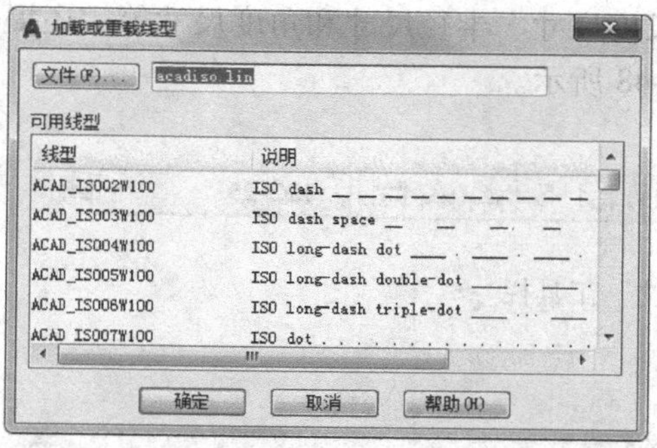

图 5-45 “加载或重载线型”对话框

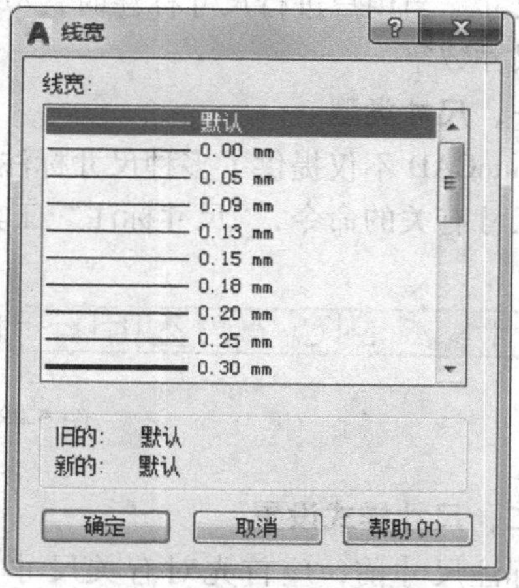

图 5-46 “线宽”对话框

五、设置线型比例

在屏幕显示或输出时，某些线型的比例可能不合适，可以通过由“格式”下拉菜单的“线型”选项打开对话框进行设置，单击“显示细节”按钮（单击之后，该按钮变为“隐藏细节”按钮），如图 5-47 所示。“全局比例因子”的数值可以全局修改新建和现有对象的线型比例；“当前对象缩放比例”的数值只可以设置新建对象的线型比例。

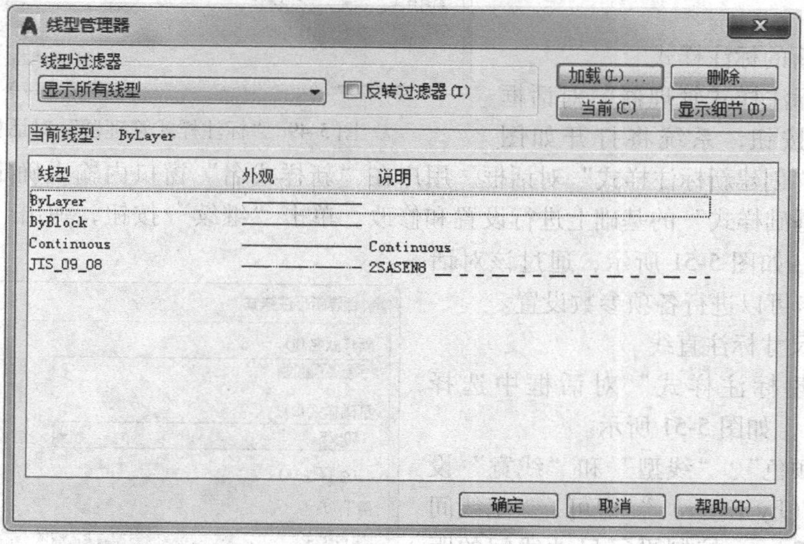

图 5-47 “线型管理器”对话框

第七节　设置尺寸样式及标注尺寸

AutoCAD 提供了一套完整的尺寸标注命令，通过这些命令，用户可方便地标注图形上的各种尺寸。当用户进行尺寸标注时，AutoCAD 会自动测量实体的大小，并在尺寸线上标出正确的尺寸数字。

一、尺寸类型

AutoCAD 不仅提供了多种尺寸标注类型，即长度尺寸、半径尺寸和角度尺寸等，还提供了与尺寸有关的命令，“尺寸标注”工具栏如图 5-48 所示。

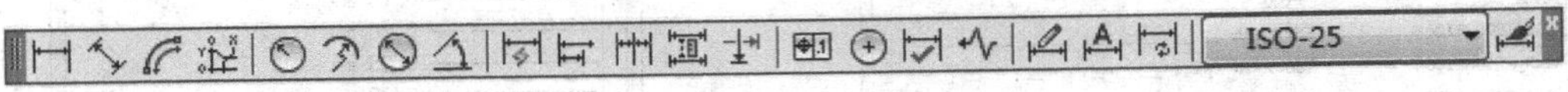

图 5-48　“尺寸标注”工具栏

二、尺寸样式设置

标注尺寸前，应首先对有关尺寸的一系列参数进行设置，具体操作为：

单击“格式”菜单中的“文字样式”命令，或单击“样式”工具栏中的图标，打开如图 5-49 所示的“标注样式管理器”对话框。

对话框中“新建”、“修改”、“替代”按钮用于新建、修改、替代标注样式。

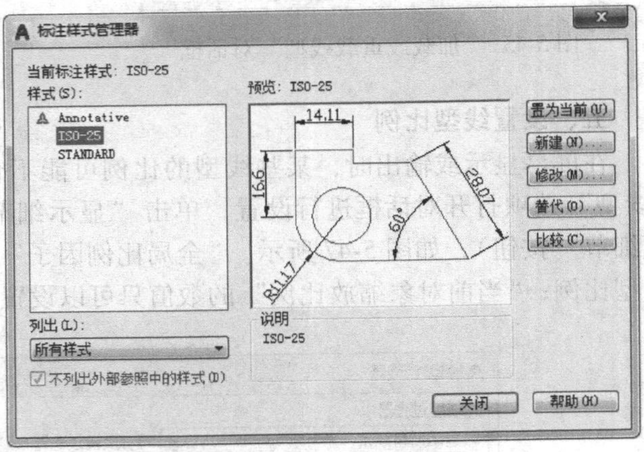

图 5-49　“标注样式管理器”对话框

1. 创建新的标注样式

单击“标注样式管理器”对话框的“新建”按钮，系统将打开如图 5-50 所示的“创建新标注样式”对话框。用户在“新样式名”窗口内输入确定的名称，新样式将在“基础样式”的基础上进行设置和修改，单击“继续”按钮，弹出“新建标注样式”对话框，如图 5-51 所示，通过该对话框中的选项卡可以进行各项参数设置。

2. 设置尺寸标注直线

在“新建标注样式”对话框中选择“线”选项卡，如图 5-51 所示。

其中“颜色”、“线型”和“线宽”设置为“随层（By Layer）”即可，“基线间距”设置为 7mm，控制平行尺寸线间的距离符合制图要求。尺寸界线“超出尺寸线”设置 3～5mm，但相对图形轮廓线的“起点

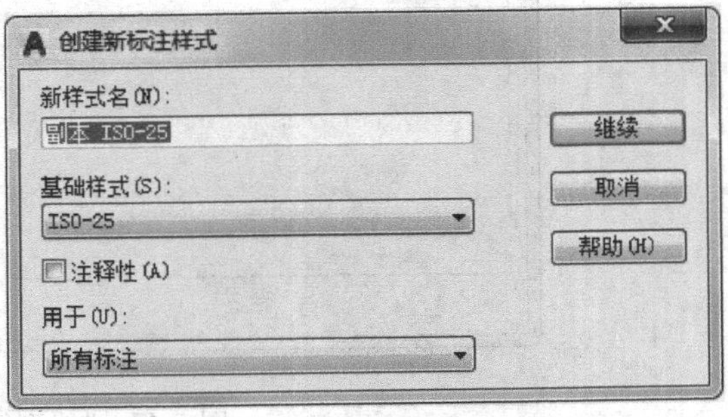

图 5-50　“创建新标注样式”对话框

偏移量”应设置为0。

至于控制尺寸线或尺寸界线是否应隐藏，应视标注尺寸而定。

3. 设置符号和箭头

点击“符号和箭头”进行设置，在如图5-52所示的对话框中，选择“实心”箭头，大小设置为4~5mm。圆心的标记选择“无”，而半径折弯标注的折弯角度可以设置为0或90°，视具体情况而定。

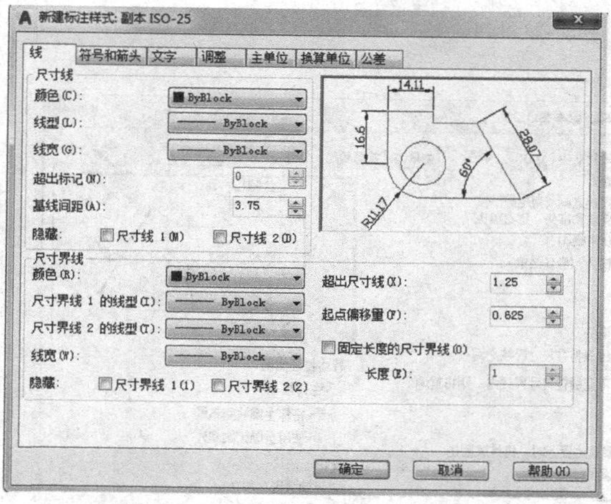

图5-51 “新建标注样式”对话框（“线”选项卡）

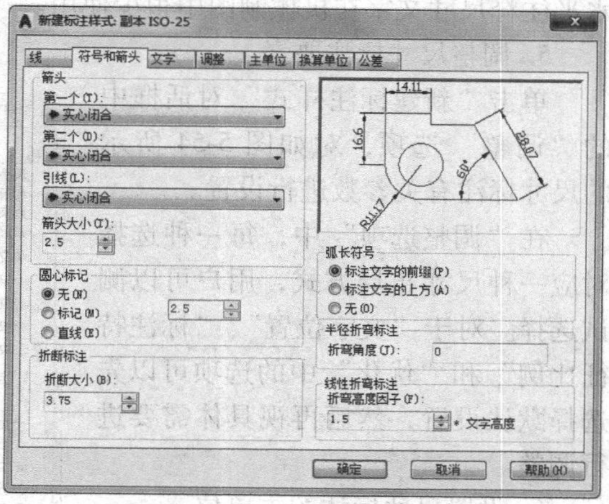

图5-52 “符号和箭头”选项卡

4. 设置尺寸标注文字

单击“新建标注样式”对话框中的“文字”选项，对如图5-53所示的文字参数进行设置。

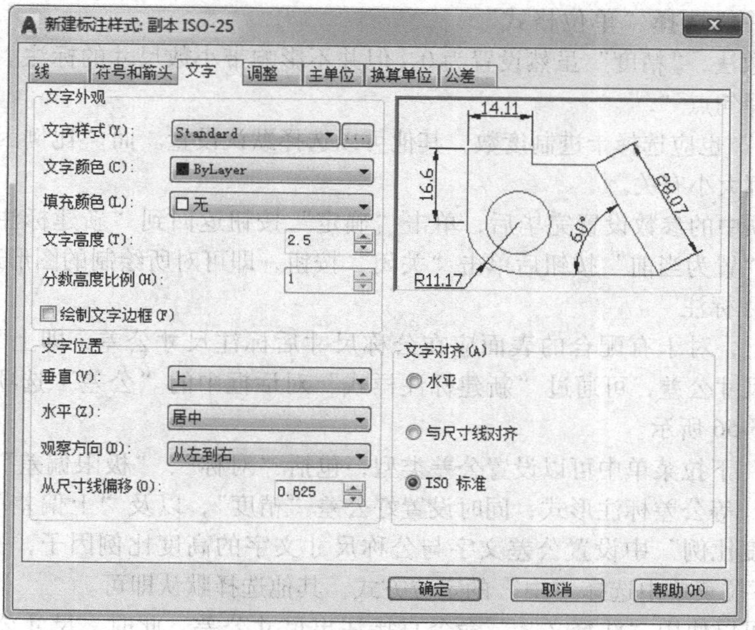

图5-53 “文字”选项卡

“文字样式”可以在建立的样式中选择，“颜色”设置随图层即可。文字的高度可以设置，也可以在标注尺寸时确定。分数高度比例是指在绘图时，用于设置分数相对于标注文字的比例，该值乘以文字高度得到分数文字的高度。文字“填充颜色”一般默认为“无”。

至于文字的位置，一般垂直时选择“上方”，水平时选择“居中”。但所标注的文字距离尺寸线的距离不可以为0，一般设置为1mm。

虽然“文字对齐”有三种方式，但应根据需要设置，一般选择“ISO标准”方式。而水平注释尺寸文字在机械制图中很少使用。

5. 调整尺寸标注要素

单击“新建标注样式”对话框中的“调整”选项，对如图5-54所示的尺寸标注有关参数进行设置。

在“调整选项”中，每一种选择对应一种尺寸布局方式，用户可以测试选择。对于“文字位置”、“标注特征比例”和“优化”中的选项可以先选择默认设置，然后再视具体需要进行调整。

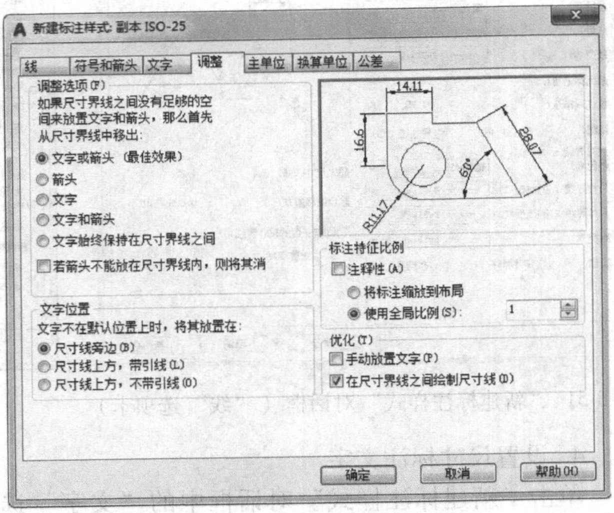

图5-54 “调整”选项卡

6. 设置尺寸标注的主单位

单击“新建标注样式”对话框中的“主单位”选项，可以对如图5-55所示的尺寸单位及精度参数进行设置。

机械图样一般选择“单位格式”为“小数”计数法，“精度”虽然设置为0，但并不影响带小数尺寸的标注。但是“小数分割符”必须选择句点“.”。

“角度标注”也应选择十进制度数，其他可以选择默认设置。而“比例因子”与打印输出图形时的比例大小有关。

以上各选项中的参数设置完毕后，单击“确定”按钮返回到“新建标注样式”对话框的首页，单击“置为当前”按钮后单击“关闭”按钮，即可对所绘制的图形进行尺寸标注。

7. 公差尺寸标注

在零件图上，对于有配合的表面应在公称尺寸后标注尺寸公差，即上下极限偏差值。AutoCAD标注尺寸公差，可通过“新建标注样式”对话框中的“公差”选项卡设置偏差值来实现，如图5-56所示。

在“方式”下拉菜单中可以设置公差类型，包括“对称”、“极限偏差”、“极限尺寸”和“基本尺寸”等公差标注形式，同时设置好公差“精度”，以及“上偏差”和“下偏差”数值。在“高度比例”中设置公差文字与公称尺寸文字的高度比例因子，一般为0.5。在“垂直位置”下拉菜单中选择“中”的定位方式。其他选择默认即可。

另外，也可以使用“注释文字”命令直接注出尺寸公差。此时，尺寸公差的字高应比尺寸数字的字高小一号。

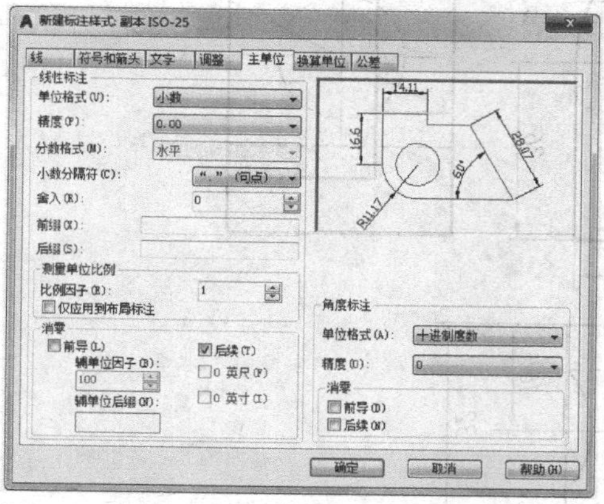

图 5-55 “主单位”选项卡

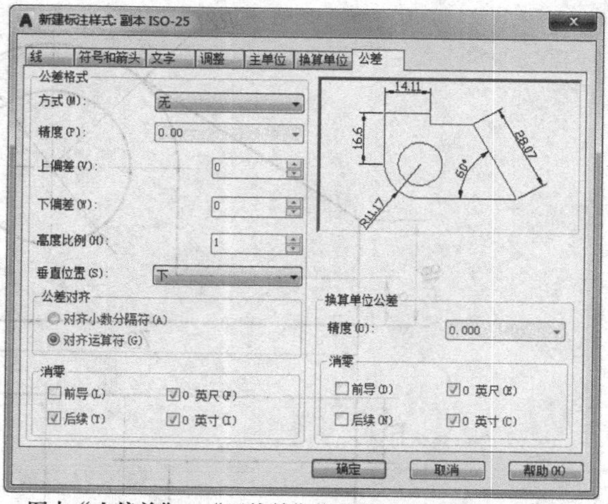

图中“上偏差”、“下偏差”指的是GB/T 1800.1—2009中的“上极限偏差”、“下极限偏差”。

图 5-56 “公差”选项卡

三、AutoCAD 尺寸标注步骤

1）为尺寸标注创建一个独立图层，使之与图样的其他信息分开。

2）为尺寸标注文本创建专门文本类型，使之符合国家标准的文本规定。

3）设置尺寸样式，使之符合国家标准的尺寸格式规定。

4）利用目标捕捉功能快速拾取定义点。

第八节 计算机绘图应用

AutoCAD 不仅可以绘制平面图形、三视图、零件图和装配图，还具有强大的三维绘图功能。

一、AutoCAD 绘制工程图样

1. 绘制组合体三视图

绘制组合体三视图是绘制零件图的基础。根据以上所介绍的 AutoCAD 技术可以快速而准确地画出组合体的三视图。对于简单组合体，可直接绘制；而对于结构较为复杂的组合体，应先画出草图，测绘并标注完尺寸才可以在计算机上绘图，以保证作图效率。

绘制三视图时，应保证主、俯视图长对正，主、左视图高平齐，俯、左视图宽相等的投影特性，这需要频繁使用 AutoCAD 状态栏中的正交模式、对象捕捉、对象追踪以及捕捉点的设置等辅助命令。

计算机绘制三视图的方法有多种，主、左视图可以使用构造线命令绘制。俯视图有多种画法，例如，用 45°辅助斜线绘制俯、左视图，或者为保证俯、左视图宽相等特性，可以将俯视图逆时针旋转 90°坐标输入法绘图，并移至左视图下方来画左视图，也可以利用辅助“圆”的特性度量俯、左视图宽相等。建议使用最后一种（辅助圆）方法作图。

如图 5-57 所示，是支架的三视图。绘制该三视图的方法步骤如下：

1）选比例，使用“图形界限”确定图幅。

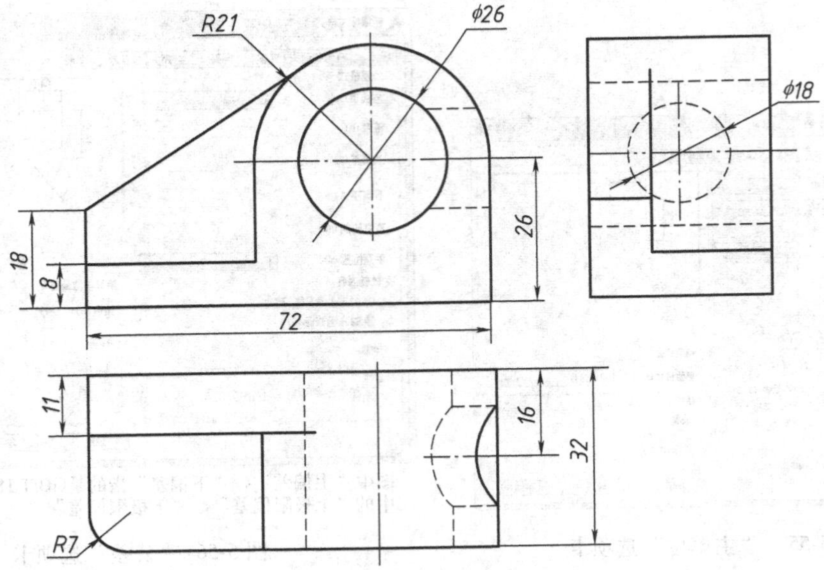

图 5-57　支架三视图

2）定义图层和线型。建立四个图层，即轮廓线、中心线、虚线和尺寸图层，各层赋予不同的颜色并设定线型。

3）打开正交模式，先画中心线以及各水平线、竖直线，绘制主、俯视图的圆和圆弧以及主要部分，并画出主要细节部分，如图 5-58a 和图 5-58b 所示。

4）退出正交模式，利用“圆”特性度量俯、左视图宽相等，并结合主、左视图高平齐绘制左视图以及三视图中的所有结构图线，如图 5-58c 所示。

5）在绘图过程中，为保证作图界面清晰，应不断修剪掉多余的辅助线。

在画每一个视图时，对于相互平行的线或同心圆，无论什么线型都可以使用“偏移”命令，绘制完毕后再匹配线型，这样可提高绘图效率。视图中的相贯线找出特殊点位置后，可以使用“圆弧”命令中的三点画弧方式近似画出。

当然，对于视图中的圆角或倒角可以很容易完成，而肋板与圆柱体的相切位置必须在相关视图中确定位置后方可画出交线。

2. 建立图块

所谓图块，就是将一些常用的结构图形绘制好后（如各种标准零件），可以作为独立的内部或外部文件保存，在需要时可以随时调用插入到当前的图形文件中，以减少重复绘图的工作。

（1）AutoCAD 图块简介

在绘制机械零件图或装配图时，需要绘制许多标准结构、图形符号、标准零件，为了提高实际绘图的效率，AutoCAD 可以把使用频率较高的图形定义成图块存储起来。需要时，在调用插入当前图形文件之前只要给出位置、方向和比例（大小），即可画出该图形。

无论多么复杂的图形，一旦成为一个块，AutoCAD 将其作为一个实体看待，所以编辑处理较为方便。如果用户想编辑一个块中的单个对象，必须首先分解这个块。外部图块实际

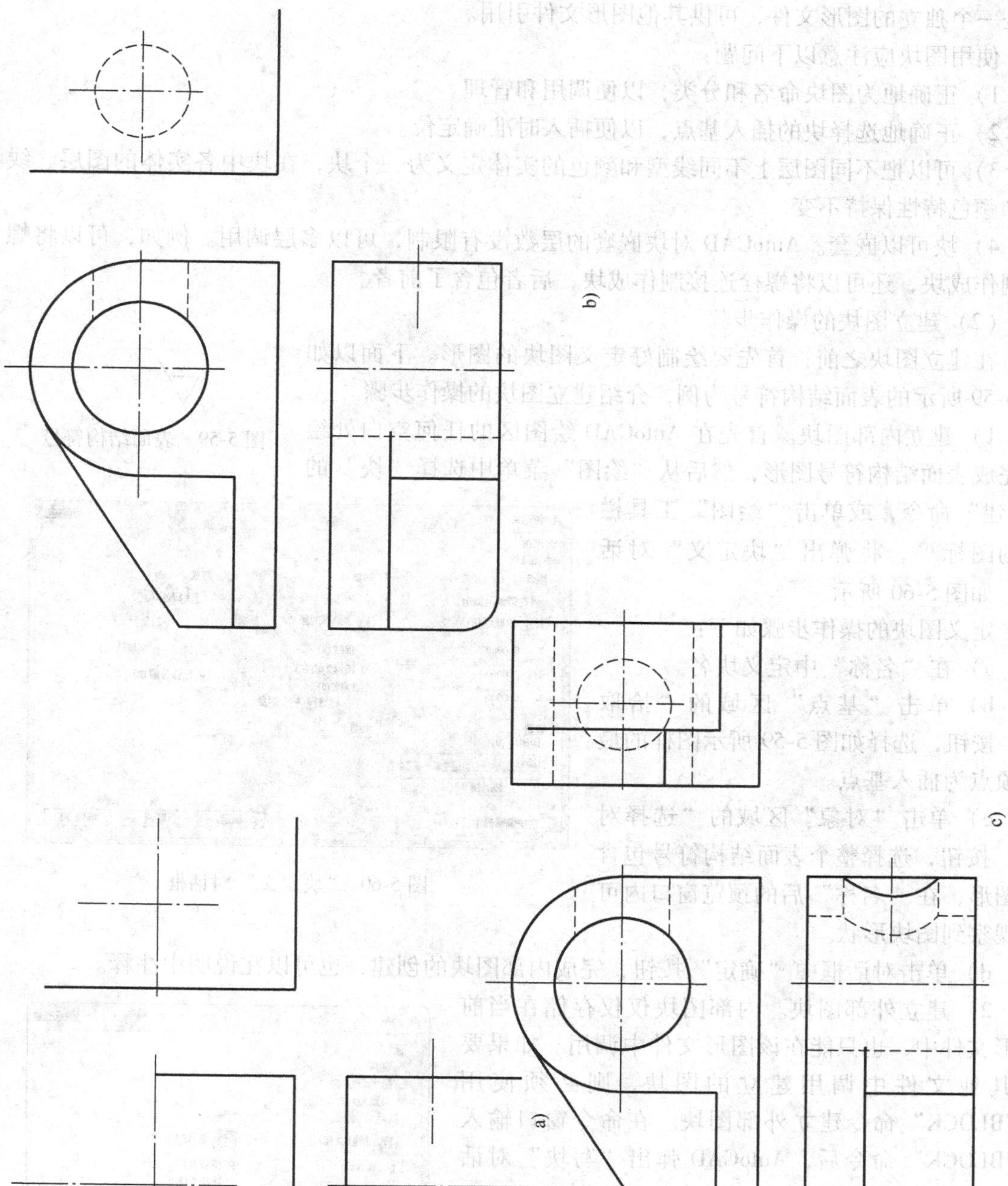

图 5-58 三视图作图分解

上是一个独立的图形文件，可供其他图形文件引用。

使用图块应注意以下问题：

1）正确地为图块命名和分类，以便调用和管理。

2）正确地选择块的插入基点，以便插入时准确定位。

3）可以把不同图层上不同线型和颜色的实体定义为一个块，在块中各实体的图层、线型和颜色特性保持不变。

4）块可以嵌套。AutoCAD 对块嵌套的层数没有限制，可以多层调用。例如，可以将螺栓制作成块，还可以将螺栓连接制作成块，后者包含了前者。

（2）建立图块的操作步骤

在建立图块之前，首先要绘制好定义图块的图形。下面以如图 5-59 所示的表面结构符号为例，介绍建立图块的操作步骤。

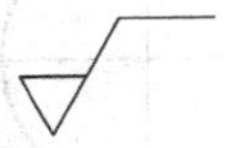

图 5-59　表面结构符号

1）建立内部图块。首先在 AutoCAD 绘图区的任何空白处绘制完成表面结构符号图形，然后从“绘图”菜单中选择“块”的“创建”命令，或单击“绘图”工具栏上的图标，将弹出“块定义”对话框，如图 5-60 所示。

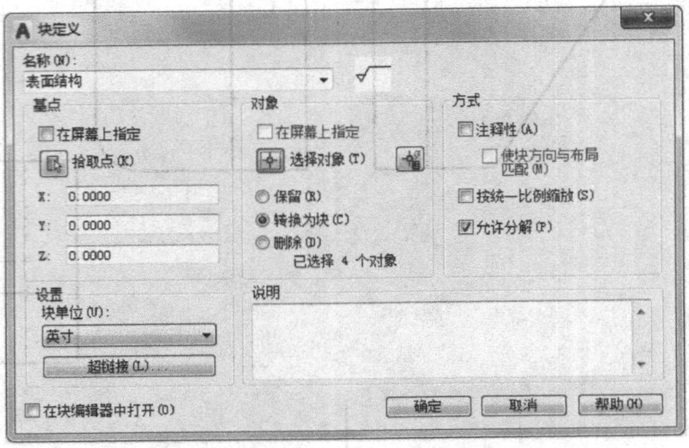

图 5-60　“块定义”对话框

定义图块的操作步骤如下：

a）在“名称”中定义块名。

b）单击“基点”区域的“拾取点”按钮，选择如图 5-59 所示图样的最下顶点为插入基点。

c）单击“对象”区域的“选择对象”按钮，选择整个表面结构符号包含的图形，在“名称”后的预览窗口内可以观察到图块形状。

d）单击对话框中“确定”按钮，完成内部图块的创建，也可以在说明中注释。

2）建立外部图块。内部图块仅仅存储在当前图形文件中，也只能在该图形文件中调用。如果要在其他文件中调用建立的图块，则必须使用“WBLOCK”命令建立外部图块。在命令窗口输入“WBLOCK”命令后，AutoCAD 弹出“写块”对话框，如图 5-61 所示。

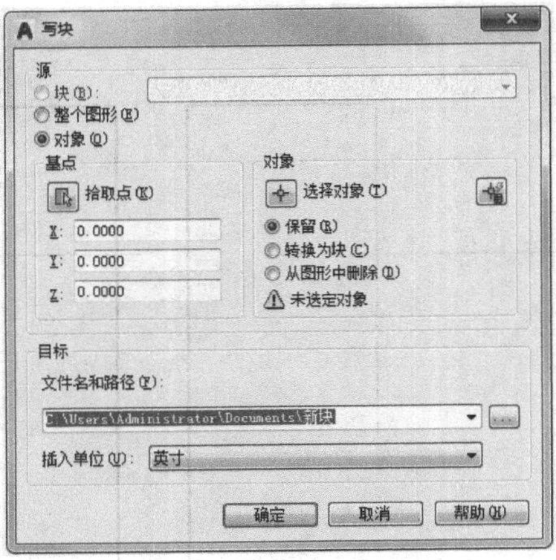

图 5-61　“写块”对话框

在“源”中选择“对象”，也可以是“整个图形”，或者是当前图形文件中已经存在的内部“块”。“基点”和“对象”区域的设置方法与内部图块建立一样。在“目标”区域中可以命名图块和文件存储的路径，也可以单击按钮在“浏览图形文件”对话框中命名和选择路径，然后单击“确定”按钮即可。

(3) 图块的插入

在“插入”菜单中选择“块”命令，或单击“绘图”工具栏上的图标按钮，弹出“插入”对话框，如图 5-62 所示。

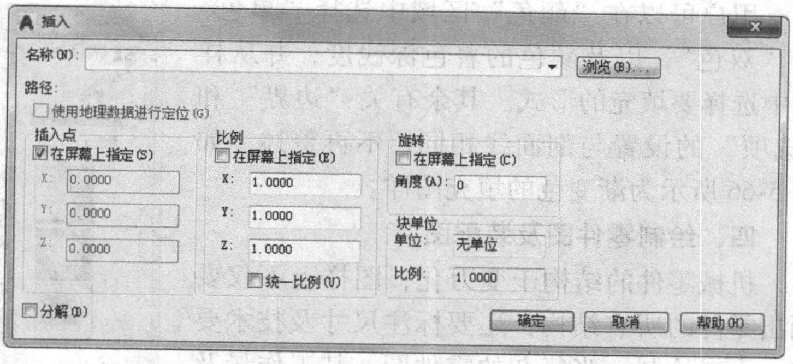

图 5-62 “插入”对话框

在“名称”下拉菜单内选择欲插入的块或文件，或单击“浏览”按钮，系统将弹出“选择图形文件”对话框，从中选取所需要的图块文件。“插入点”、“比例”和“旋转”可以在对话框中指定，也可以输入具体的数值。如图 5-62 所示的“分解”选项可确定插入的块是作为单个实体对象，还是分解成若干实体对象。

三、AutoCAD 图案填充

AutoCAD“绘图”菜单中的“图案填充”和“渐变色”命令实际上在一个对话框中，如果执行“图案填充”命令，屏幕弹出“图案填充和渐变色”对话框，如图 5-63 所示。

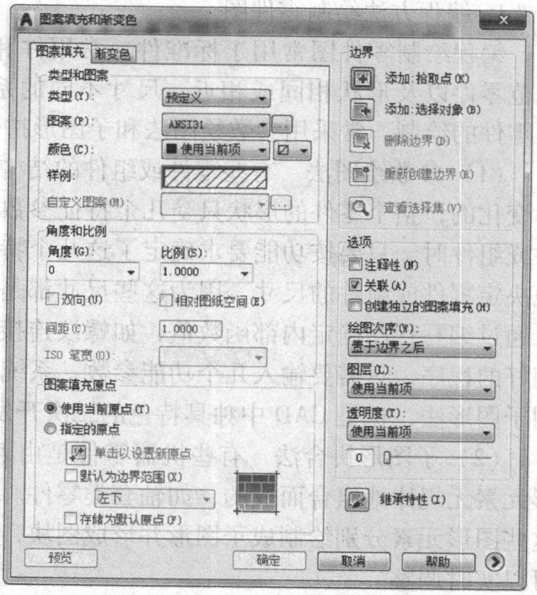

图 5-63 “图案填充和渐变色”对话框

1. 填充剖面线

如果是为零件图或装配图填充剖面线或其他符号，在如图 5-63 所示的对话框中，可以从“图案”或“样例”中选择相应的名称和图例。单击“添加：拾取点”按钮，在屏幕上封闭的图形边界内任意单击一次，则选中的区域成虚线表示。按<Enter>键后，单击“确定”按钮即可。如图 5-64 所示为剖面线图案的填充过程。

2. 填充渐变色

如果单击“图案填充和渐变色”对话框中的“渐变色”选项卡，则对话框变为如图 5-65 所示的内容。

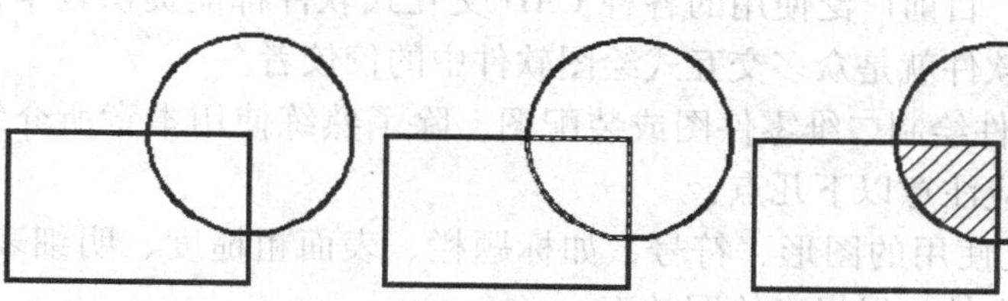

图 5-64 图案填充过程

用户可以在“颜色”区域中选择“单色”或“双色”，以及颜色的着色深浅度，并从样图中选择要填充的形式。其余有关“边界”和“选项”的设置与剖面线相同，不再赘述。如图 5-66 所示为渐变色的填充图样。

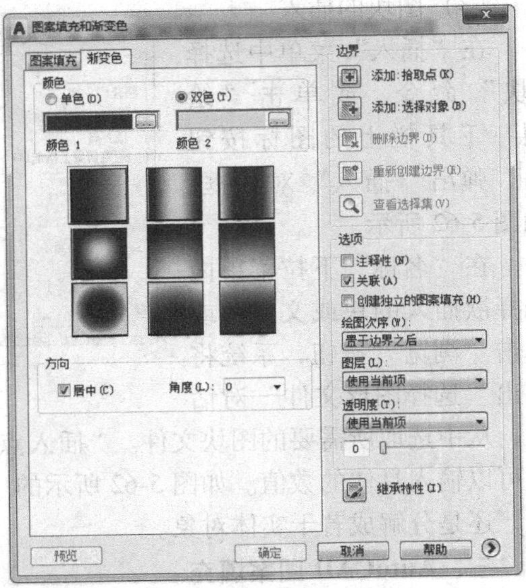

图 5-65 “渐变色”选项卡

四、绘制零件图及装配图

机械零件的结构千变万化，图样上不仅要画出零件的所有结构，还要标注尺寸及技术要求，人工绘制一张复杂的零件图，其工作量及劳动强度都是相当大的，但只要掌握了计算机绘图技能与技巧，便可以高质量、高速度地绘制出复杂的零件图。

计算机绘制零件图常用的方法有以下两种：

1. 编程方法绘制零件图

编程绘制零件图常用于标准件、常用件和规范零件以及形状相同或相近、尺寸不同的系列零件的绘制。常采用参数绘图法和子图形拼合法。

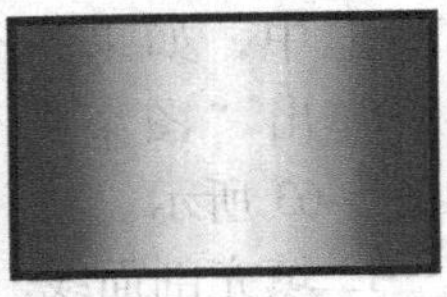
图 5-66 渐变色填充

（1）参数绘图法 有些零件或组件的结构、形状是固定的或有规律变化的，整个零件的形状只受几个特征参数的影响。在设计此类零件或组件时，只要按功能要求确定了这几个特征参数，便可以确定其他决定零件或组件的尺寸，因为这些尺寸都是这几个参数的函数，可以通过编写程序确定内部函数值，如螺纹连接件等。绘图时根据事先编好的程序，只需要输入几个功能参数，系统就会自动画出全部图形。这是最基本的编程绘制子图形法，也是 CAD 中独具特色的二次开发技术。

（2）子图形拼合法 有些机器零件是由若干种结构、形状相同，但尺寸大小不同的图形元素无规律地组合而成的，如轴套类零件。绘制此类零件图样的方法是根据特征参数，将这些图形元素分别绘制成子图形并形成图块，绘图时调用插入即可。其大小、方向、位置均可以实时调整。

2. 交互方法绘制零件图

这种绘图方式是用户最常用的基本方式，根据需要控制或干预正在显示的图形，用户与图形之间实时对话。这种绘图方法简单易学，且适用于各类零件图或装配图的绘制，因而在实际中得到广泛应用。目前广泛使用的各种 CAD 交互式软件都能提供较丰富的绘图与编程功能，AutoCAD 绘图软件就是众多交互式绘图软件中的佼佼者。

使用 AutoCAD 软件绘制二维零件图或装配图，除了熟练使用本章所介绍的各种绘图命令和编辑命令外，还应注意以下几点：

1）对于多次重复使用的图形、符号，如标题栏、表面粗糙度、明细表、零件序号等，可制作成图块或图形文件，以提高绘图效率。

2）绘图中使用的线型、字体、尺寸标注等要符合国家标准规定。

第九节 AutoCAD 绘制正等轴测图

AutoCAD 提供了绘制正等轴测图的功能，使用相关命令可以方便地绘出形体的轴测图。但所绘的正等轴测图仍然是一个二维状态的三维图形，这种轴测图无法生成 AutoCAD 中的基本视图。本节主要介绍利用 AutoCAD 的正等轴测模式绘制轴测图。

一、设置正等轴测投影图模式

用户可以通过“工具”菜单选择“绘图设置”选项，弹出如图 5-67 所示的“草图设置”对话框。选择该对话框“捕捉和栅格”选项卡中“捕捉类型”区域中的“栅格捕捉”和“等轴测捕捉”选项，并将 Y 轴向的捕捉间距设置为 0.1 或 1，单击“确定”按钮后即可打开正等轴测模式。

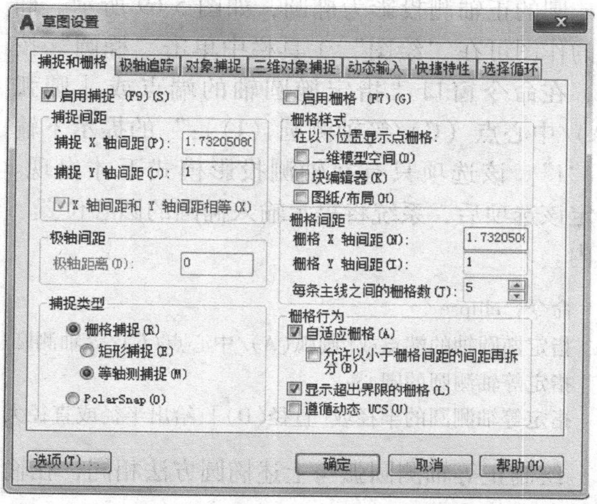

图 5-67　设置正等轴测模式

轴测投影模式被激活时，捕捉和栅格被调整到轴测投影图的 X、Y、Z 轴方向。但是 X 间距值不起作用。

用户也可以输入“SNAP”命令后，按下面的程序进入正等轴测模式：

命令:SNAP

指定捕捉间距或[打开(ON)/关(OFF)/传统(L)/样式(S)/类型(T)]<10.0000>:s

（输入“s”进入样式选择）

输入捕捉栅格类型[标准(S)/等轴测(I)]<I>:i　　（输入“i”选择正等轴测模式）

指定垂直间距 <10.0000>:　　（设置的垂直间距）

二、正等轴测面的变换

由于 AutoCAD 正等轴测投影只是对三维空间的模拟，实际上仍在 X-Y 坐标系内绘图。因此，在作图过程中需要不断变换正等轴测投影的三个基本投影面。

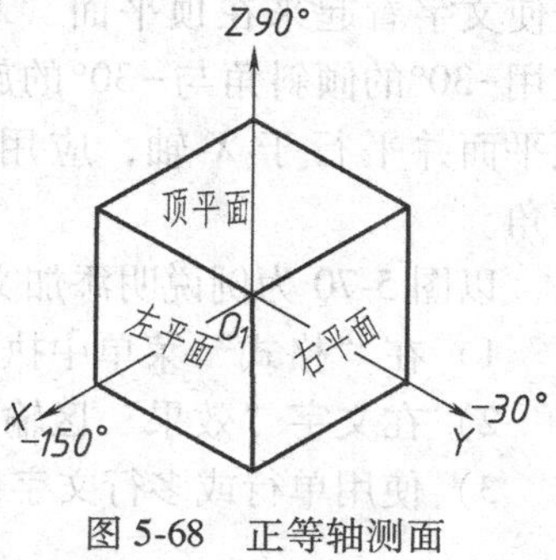

图 5-68　正等轴测面

如图 5-68 所示，用户只需要按<F5>键就可以在顶、右、左三个轴测投影面之间依次切换。其中：

顶平面：X 轴与 Y 轴定义的轴测面。

右平面：X 轴与 Z 轴定义的轴测面。

左平面：Y 轴与 Z 轴定义的轴测面。

三、绘制正等轴测投影图

1. 画直线

在轴测投影模式下画直线最简单的方法是使用正交模式、目标捕捉功能及相对坐标。如果画平行于三条轴测轴的任意长度的直线，可用正交模式。使用极坐标画平行于 X 轴的线段，其角度可用30°或210°；画平行于Y轴的直线，其角度可用150°或-30°；画平行于Z轴的直线，其角度可用90°或-90°。如果画不平行于三轴的直线，则必须使用目标捕捉功能，否则画出的直线不一定符合正等轴测图的特性。

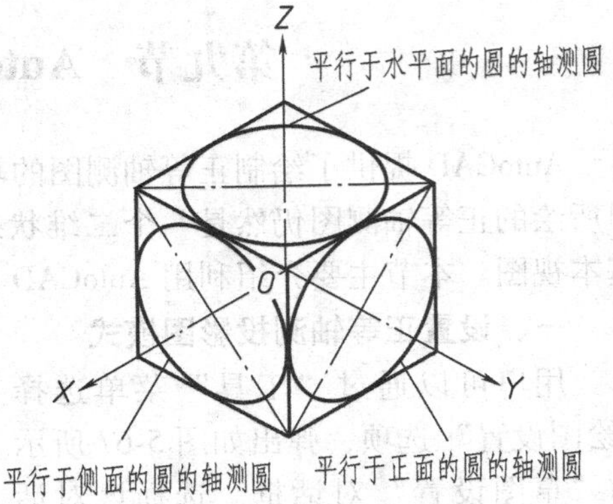

图5-69　圆的正等轴测图

2. 画圆和圆弧

圆的正轴测投影为椭圆，如图5-69所示。椭圆的作图可在“绘图”工具栏中单击“椭圆”按钮，在命令窗口“指定椭圆轴的端点或［圆弧(A)/中心点（C)/等轴测圆（I)］:”的提示下输入“i”。该选项只有在轴测投影模式下才出现。指定该选项后，系统将提示输入椭圆的圆心位置、半径或直径，椭圆就自动出现在当前轴测面内。

命令:_ellipse

指定椭圆轴的端点或[圆弧(A)/中心点(C)/等轴测圆(I)]:i　　（输入“i”选择正等轴测模式）

指定等轴测圆的圆心:　　（确定圆心位置）

指定等轴测圆的半径或[直径(D)]:给出半径或直径大小

绘制正等轴测圆弧与上述椭圆方法相同，在输入圆心、半径或直径后，提示输入圆弧的起始角和终止角。

3. 轴测模式下注释文字

如图5-70所示，要在轴测图的某一表面中添加文字，一般使文字倾斜角与基线旋转角成30°或-30°。要使文字在右平面（XOZ平面）中看起来是直立的，应用30°的倾斜角与30的旋转角；要使文字在左平面（YOZ平面）看起来是直立的，应用-30°的倾斜角与-30°的旋转角；而使文字看起来在顶平面（XOY平面）并平行于Y轴，应用-30°的倾斜角与-30°的旋转角；要使文字看起来在顶平面并平行于X轴，应用-30°的倾斜角与30°的旋转角。

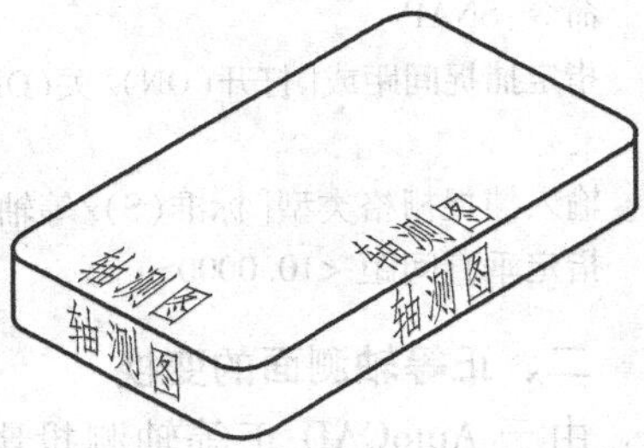

图5-70　在轴测图上注释文字

以图5-70为例说明添加文字的步骤如下：

1）在“格式”菜单中执行“文字样式”命令，在对话框中设置各种文字样式和字体。

2）在文字“效果”区输入每种文字样式的倾斜角，关闭对话框。

3）使用单行或多行文字命令输入每个轴测面中的文字，并设置旋转角度。

第十节　三维造型简介

本节主要介绍三维空间作图需要的基本知识和实体绘图命令的使用方法。读者应在掌握基本命令的基础上，探索三维绘图的技巧。

一、三维空间概述

AutoCAD 三维空间有许多命令，本部分只介绍如何进入三维空间以及观察三维空间物体的方法。

1. 进入三维空间

要进入三维空间，只需要在“视图”菜单中选择“三维视图”命令，然后从四种等轴测视图中选择一种即可。一般选择“西南等轴测”或“东南等轴测”视图，如图 5-71 所示。选择了一种等轴测模式后，AutoCAD 进入三维空间模式，其坐标也变成三维形式。

在三维空间模式下，“绘图”和“修改”命令仍可以使用，但一般只能在 *X—Y* 平面内作图。

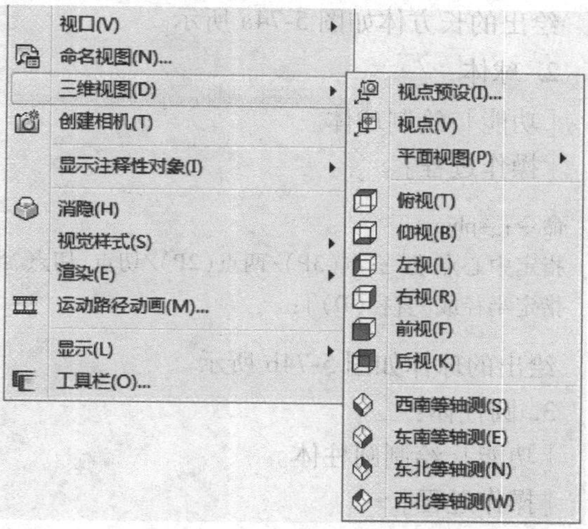

图 5-71 三维视图命令

2. 观察三维空间

在三维作图过程中，要经常适时观察实体的位置和相互之间的关系，用户可以执行“视图”菜单中的“动态观察”命令，或者单击“动态观察”工具栏上的图标命令。在每次观察完毕后，应执行缩放中的“返回”命令，恢复到原来的作图状态，保证继续作图的规范性，如图 5-72 所示。

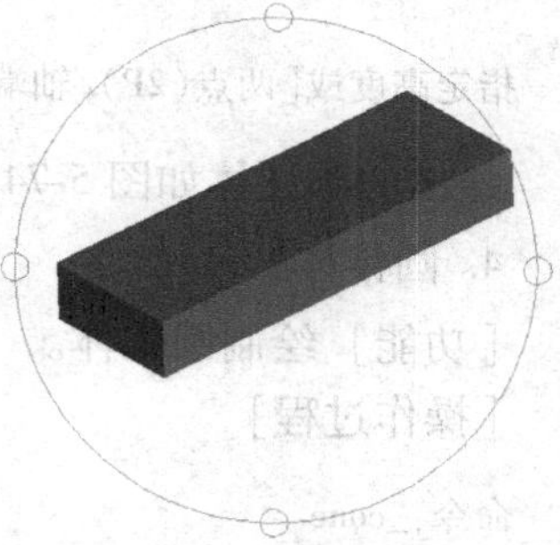

图 5-72 三维动态观察

二、三维实体绘图命令

AutoCAD 提供的三维绘图命令完全可以满足用户的实际需要，用户应熟练掌握三维“建模”绘图命令。如图 5-73 所示为三维“建模”绘图工具栏，对应的菜单在“绘图”栏目下。这里只介绍基本体绘图命令，而且建议读者在练习时使用图标命令，这样作图更加快捷。

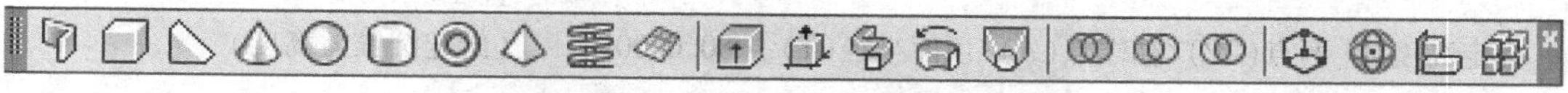

图 5-73 三维“建模”绘图工具栏

1. 长方体：

[功能] 绘制长方体。

[操作过程]

命令:_box	
指定第一个角点或[中心(C)]:	(指定第一角点)
指定其他角点或[立方体(C)/长度(L)]:l	(输入 l,选择长、宽、高参数)
指定长度 <100.0000>:	(给定长度尺寸)
指定宽度 <50.0000>:	(给定宽度尺寸)

指定高度或[两点(2P)]<30.0000>: （给定高度尺寸）

绘出的长方体如图 5-74a 所示。

2. 球体：

[功能] 绘制球体。

[操作过程]

命令:_sphere
指定中心点或[三点(3P)/两点(2P)/切点、切点、半径(T)]: （指定球体中心点）
指定半径或[直径(D)]: （输入球的半径）

绘出的球体如图 5-74b 所示。

3. 圆柱体：

[功能] 绘制圆柱体。

[操作过程]

命令:_cylinder
指定底面的中心点或[三点(3P)/两点(2P)/切点、切点、半径(T)/椭圆(E)]: （确定圆柱体底圆圆心位置）
指定底面半径或[直径(D)]<50.0000>: （给定圆柱体半径或输入“d”并选择直径）
指定高度或[两点(2P)/轴端点(A)]<30.0000>: （给定圆柱体高度）

绘出的圆柱体如图 5-74c 所示。

4. 圆锥体：

[功能] 绘制圆锥体。

[操作过程]

命令:_cone
指定底面的中心点或[三点(3P)/两点(2P)/切点、切点、半径(T)/椭圆(E)]: （确定圆锥体底圆圆心位置）
指定底面半径或[直径(D)]<50.0000>: （给定圆锥体半径或输入“d”并选择直径）
指定高度或[两点(2P)/轴端点(A)/顶面半径(T)]<80.0000>: （给定圆锥体高度）

绘出的圆锥体如图 5-74d 所示。

5. 圆环体：

[功能] 绘制圆环体。

[操作过程]

命令:_torus
指定中心点或[三点(3P)/两点(2P)/切点、切点、半径(T)]: （确定圆环体圆心位置）
指定半径或[直径(D)]: （给定圆环体半径或输入“d”并选择直径）
指定圆管半径或[两点(2P)/直径(D)]: （给定圆环体管截面的半径）

绘出的圆环体如图 5-74e 所示。

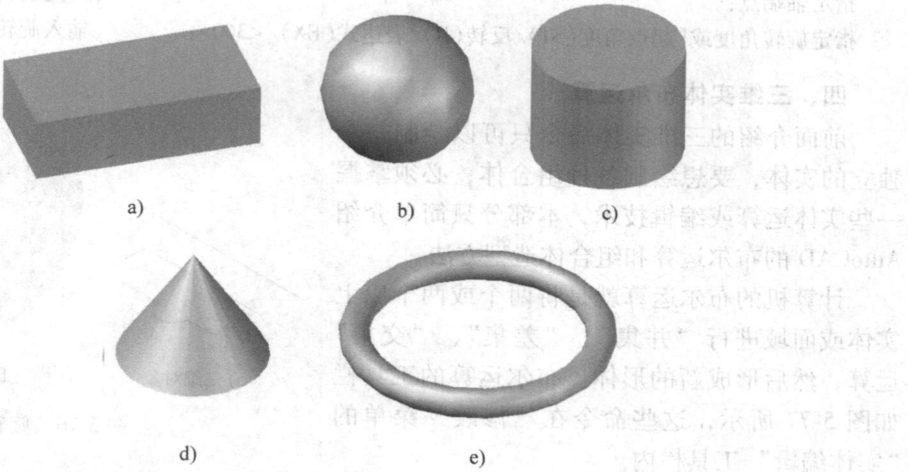

图 5-74　三维实体

三、特征建模

1. 拉伸：

拉伸就是将封闭的线框先执行“绘图”菜单中的“面域”命令，形成一个平面，如图 5-75a 所示。然后再单击命令，按下面的程序绘制拉伸体，所绘拉伸体如图 5-75b 所示。

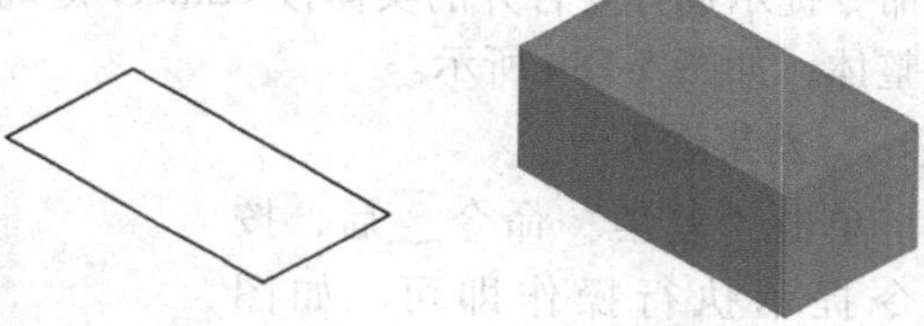

a) 闭合对象　　b) 拉伸后的实体

图 5-75　拉伸

命令：_extrude
当前线框密度：　ISOLINES=4，闭合轮廓创建模式 = 实体
选择要拉伸的对象或[模式(MO)]：_mo
闭合轮廓创建模式[实体(SO)/曲面(SU)]<实体>：_so
选择要拉伸的对象或[模式(MO)]：　　（选择面域）
选择要拉伸的对象或[模式(MO)]：　　（按<Enter>键结束选择对象）
指定拉伸的高度或[方向(D)/路径(P)/倾斜角(T)/表达式(E)]：　　（输入拉伸高度）

2. 旋转：

旋转体与拉伸体一样，先将封闭的线框执行面域命令变成一个平面，如图 5-76a 所示。然后再单击命令，按下面的程序绘制旋转体，所绘旋转体如图 5-76b 所示。

命令：_revolve
当前线框密度：ISOLINES=4，闭合轮廓创建模式 = 实体
选择要旋转的对象或[模式(MO)]：_mo
闭合轮廓创建模式[实体(SO)/曲面(SU)]<实体>：_so
选择要旋转的对象或[模式(MO)]：　　（选择面域）
选择要旋转的对象或[模式(MO)]：　　（按<Enter>键结束选择对象）
指定轴起点或根据以下选项之一定义轴[对象(O)/X/Y/Z]<对象>：　　（确定旋转轴一端点）

指定轴端点：　　　　　　　　　　　　　　　　　　　　　　　　（确定旋转轴另一端点）
指定旋转角度或[起点角度(ST)/反转(R)/表达式(EX)]<360>：　　　（输入旋转体的包含角度）

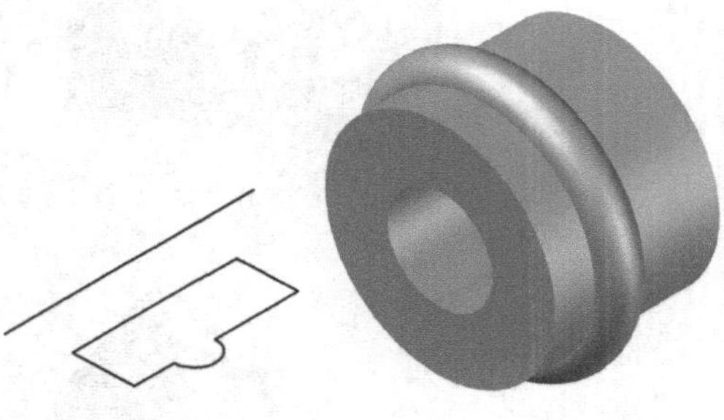

a) 二维对象　　b) 旋转后的实体

图 5-76　旋转

四、三维实体布尔运算

前面介绍的三维实体命令只可以绘制一个独立的实体，要想绘制各种组合体，必须掌握一些实体运算或编辑技术，本部分只简单介绍 AutoCAD 的布尔运算和组合体造型方法。

计算机的布尔运算就是将两个或两个以上实体或面域进行“并集”、“差集”、“交集”运算，然后形成新的形体。布尔运算的工具栏如图 5-77 所示，这些命令在“修改”菜单的“实体编辑”工具栏内。

图 5-77　布尔运算

1. 并集运算：

如图 5-78a 所示为绘制好的两个实体，单击“并集”命令后，按命令提示选择要合并的实体按<Enter>键确定，所有的实体成为一个整体，如图 5-78b 所示。

2. 差集运算：

单击“差集”命令后，按命令提示执行操作即可。如图 5-79 所示为两个实体的差集运算。

3. 交集运算：

单击“交集”命令后，命令提示用户选择要进行交集运算的实体，选择完结束即可。如图 5-80a 所示为绘制好的两个实体，执行交集运算后保存两个实体的共有部分，如图 5-80b 所示。

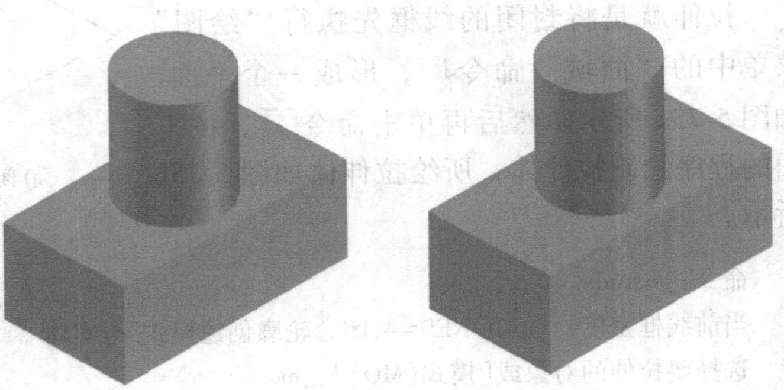

a) 并集前　　b) 并集后

图 5-78　实体并集

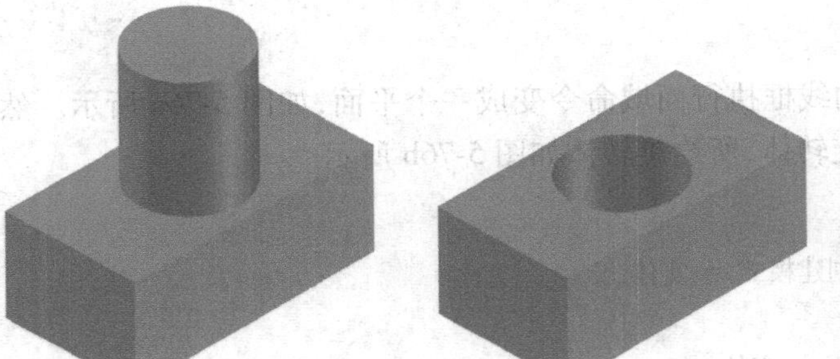

a) 差集前　　b) 差集后

图 5-79　实体差集

a) 交集前　　b) 交集后

图 5-80　实体交集

五、编辑三维实体对象的面

可以通过拉伸、移动、旋转、偏移、倾斜、删除或复制实体对象来对三维实体对象的面进行编辑，或者改变面的颜色。AutoCAD 也可以改变边的颜色或复制三维实体对象的各个边。如图 5-81 所示为对三维实体的面进行编辑的工具条。

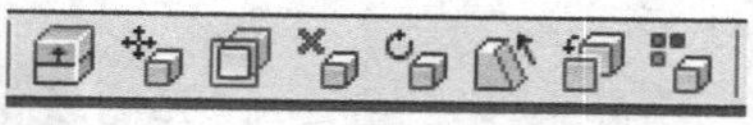

图 5-81　实体编辑（面）工具栏

1. 拉伸面：

AutoCAD 可以沿一条路径拉伸平面，或者通过指定的一个高度值和倾斜角来对平面进行拉伸。每个面都有一个正边，该边在当前选择面的法线方向上，输入一个正值可沿正方向拉伸面（通常是向外），输入一个负值可沿负方向拉伸面（通常是向内）。操作实例如图 5-82 所示。

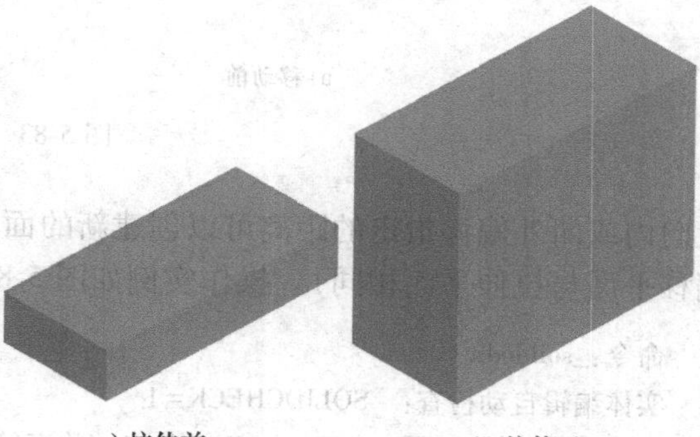

a) 拉伸前　　b) 拉伸后

图 5-82　拉伸面

命令:_solidedit
实体编辑自动检查：SOLIDCHECK=1
输入实体编辑选项[面(F)/边(E)/体(B)/放弃(U)/退出(X)]<退出>:f　　（输入“f”进行面编辑）
输入面编辑选项
[拉伸(E)/移动(M)/旋转(R)/偏移(O)/倾斜(T)/删除(D)/复制(C)/颜色(L)/材质(A)/放弃(U)/退出(X)]<退出>:e　　（输入“e”进行拉伸操作）
选择面或[放弃(U)/删除(R)]:　　（选择对象）
选择面或[放弃(U)/删除(R)/全部(ALL)]:　　（按<Enter>键结束）
指定拉伸高度或[路径(P)]:　　（输入高度数值）
指定拉伸的倾斜角度 <0>:

2. 移动面：

AutoCAD 可以按指定的距离在三维实体上移动面（向平面法线方向上移动或向曲面径向移动，移动平面与拉伸平面相同）。操作实例如图 5-83 所示。

命令:_solidedit
实体编辑自动检查：SOLIDCHECK=1
输入实体编辑选项[面(F)/边(E)/体(B)/放弃(U)/退出(X)]<退出>:f　　（输入“f”进行面编辑）
输入面编辑选项
[拉伸(E)/移动(M)/旋转(R)/偏移(O)/倾斜(T)/删除(D)/复制(C)/颜色(L)/材质(A)/放弃(U)/退出(X)]<退出>:m　　（输入“m”进行移动操作）
选择面或[放弃(U)/删除(R)]:　　（选择对象）
选择面或[放弃(U)/删除(R)/全部(ALL)]:　　（按<Enter>键结束）
指定基点或位移:　　（指定基点或位移第一点）
指定位移的第二点:　　（指定位移第二点）

3. 偏移面：

AutoCAD 可以按指定的距离在一个三维实体上均匀地偏移面。通过将现有的面从原始位

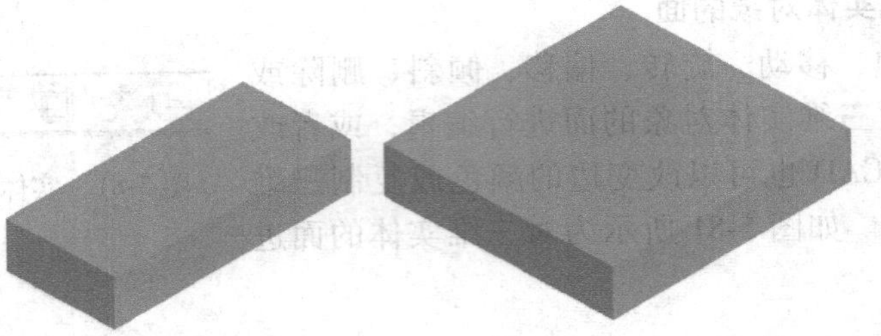

a) 移动前　　b) 移动后

图 5-83　移动面

置向内或向外偏移指定的距离可以创建新的面（向平面法线方向上偏移或向曲面径向偏移，偏移平面与拉伸平面相同）。操作实例如图 5-84 所示。

命令:_solidedit

实体编辑自动检查:　SOLIDCHECK=1

输入实体编辑选项[面(F)/边(E)/体(B)/放弃(U)/退出(X)]<退出>:f　（输入“f”进行面编辑）

输入面编辑选项

[拉伸(E)/移动(M)/旋转(R)/偏移(O)/倾斜(T)/删除(D)/复制(C)/颜色(L)/材质(A)/放弃(U)/退出(X)]<退出>:o　（输入“o”进行偏移操作）

选择面或[放弃(U)/删除(R)]:　（选择对象）

选择面或[放弃(U)/删除(R)/全部(ALL)]:　（按<Enter>键结束）

指定偏移距离:　（输入偏移距离）

4. 复制面:

AutoCAD 可以复制三维实体对象上的面，它将选定的面复制为面域。如果指定了两个点，AutoCAD 会将第一点用作基点，并相对于基点放置一个副本。如果只指定了一个点，然后按<Enter>键，AutoCAD 将会使用原始选择点作为基点，下一点作为位移点。操作实例如图 5-85 所示。

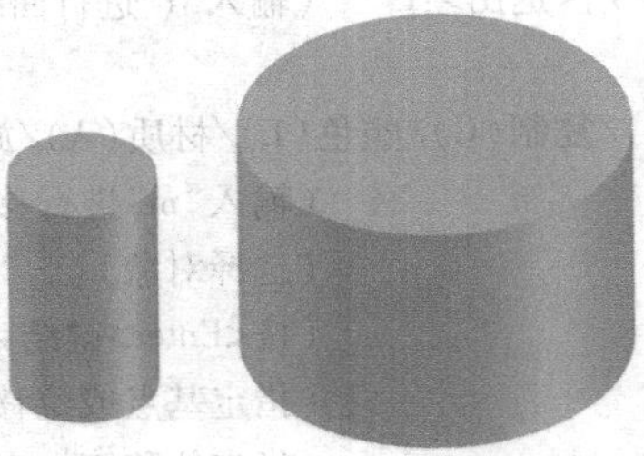

a) 偏移前　　b) 偏移后

图 5-84　偏移面

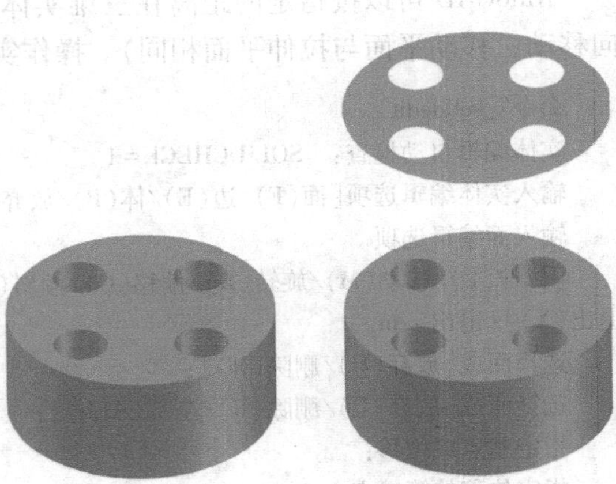

a) 复制前　　b) 复制后

图 5-85　复制面

命令:_solidedit
实体编辑自动检查:SOLIDCHECK=1
输入实体编辑选项[面(F)/边(E)/体(B)/放弃(U)/退出(X)]<退出>:f （输入“f”进行面编辑）
输入面编辑选项
[拉伸(E)/移动(M)/旋转(R)/偏移(O)/倾斜(T)/删除(D)/复制(C)/颜色(L)/材质(A)/放弃(U)/退出(X)]<退出>:c （输入“c”进行复制操作）
选择面或[放弃(U)/删除(R)]: （选择对象）
选择面或[放弃(U)/删除(R)/全部(ALL)]: （按<Enter>键结束）
指定基点或位移: （指定基点或位移第一点）
指定位移的第二点: （指定位移第二点）

5. 倾斜面：

AutoCAD 可以沿矢量方向绘制角度倾斜面，以正角度倾斜选定的面将向内倾斜，以负角度倾斜选定的面将向外倾斜。操作实例如图 5-86 所示。

命令:_solidedit
实体编辑自动检查:SOLIDCHECK=1
输入实体编辑选项[面(F)/边(E)/体(B)/放弃(U)/退出(X)]<退出>:f （输入“f”进行面编辑）
输入面编辑选项
[拉伸(E)/移动(M)/旋转(R)/偏移(O)/倾斜(T)/删除(D)/复制(C)/颜色(L)/材质(A)/放弃(U)/退出(X)]<退出>:t （输入“t”进行倾斜操作）
选择面或[放弃(U)/删除(R)]: （选择对象）
选择面或[放弃(U)/删除(R)/全部(ALL)]: （按<Enter>键结束）
指定基点<打开对象捕捉>: （指定基点）
指定沿倾斜轴的另一个点: （指定沿倾斜轴的另一个点）
指定倾斜角度: （指定倾斜角度）

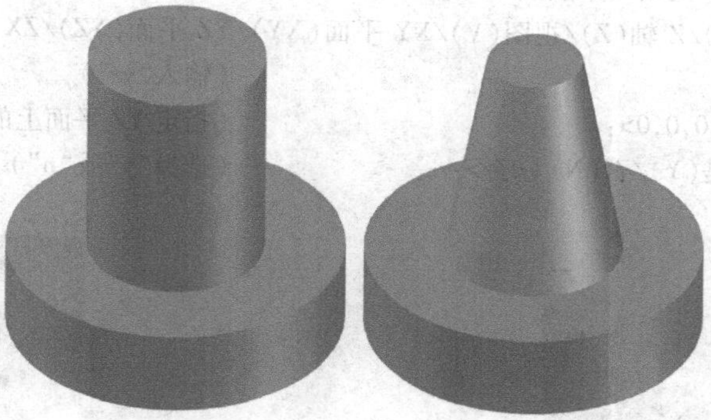

a) 倾斜前　　b) 倾斜后

图 5-86 倾斜面

六、三维实体基本编辑操作

1. 三维阵列：

三维阵列可以在三维空间创建对象的矩形阵列或环形阵列。操作实例如图 5-87 所示。

命令:_3darray

选择对象:	(选择对象)
选择对象:	(按<Enter>键结束)
输入阵列类型[矩形(R)/环形(P)]<矩形>:p	(输入"p"进行环形阵列)
输入阵列中的项目数目:6	(输入阵列项目数"6")
指定要填充的角度(+=逆时针,-=顺时针)<360>:	(按<Enter>键)
旋转阵列对象?[是(Y)/否(N)]<Y>:	(按<Enter>键)
指定阵列的中心点:	(指定阵列中心点)
指定旋转轴上的第二点:	(指定旋转轴上第二点)

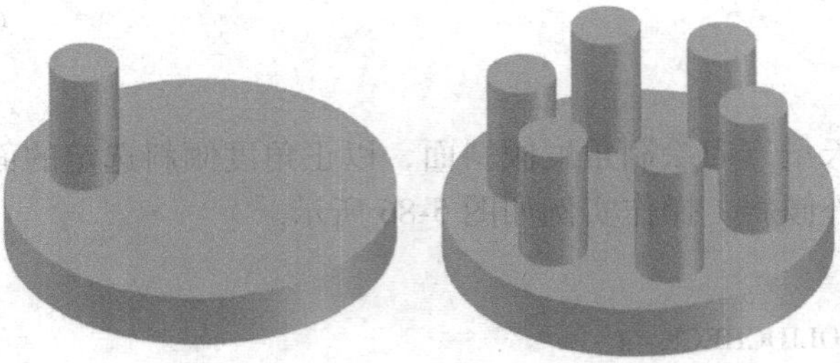

a) 阵列前　　b) 阵列后

图 5-87　三维阵列

2. 三维镜像: %

使用三维镜像命令可以沿指定的镜像平面创建对象的镜像。操作实例如图 5-88 所示。

命令:_mirror3d

选择对象:　　(选择对象)

选择对象:　　(按<Enter>键结束)

指定镜像平面(三点)的第一个点或

[对象(O)/最近的(L)/Z 轴(Z)/视图(V)/XY 平面(XY)/YZ 平面(YZ)/ZX 平面(ZX)/三点(3)]<三点>:yz　　(输入"yz")

指定 YZ 平面上的点<0,0,0>:　　(指定 YZ 平面上的点)

是否删除源对象?[是(Y)/否(N)]<否>:　　(选择"y"或"n")

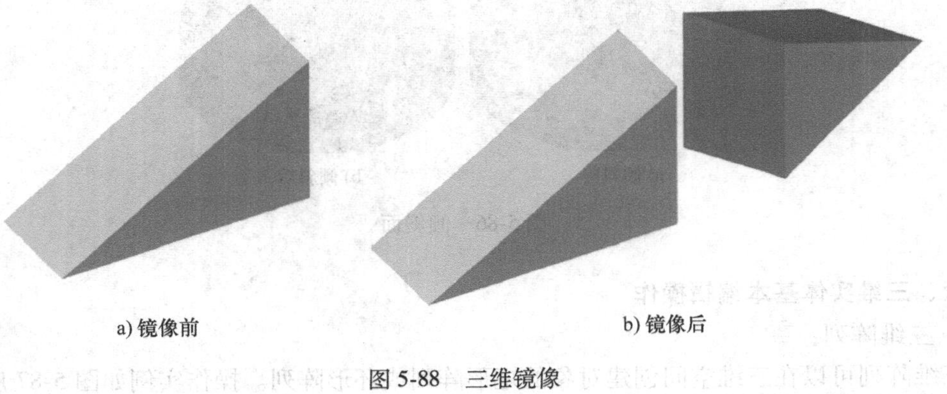

a) 镜像前　　b) 镜像后

图 5-88　三维镜像

3. 三维旋转：

三维旋转用于将实体沿指定的轴旋转，可以根据两点指定旋转轴，指定对象，指定 X 轴、Y 轴和 Z 轴，或者指定当前视图的 Z 方向。操作实例如图 5-89 所示。

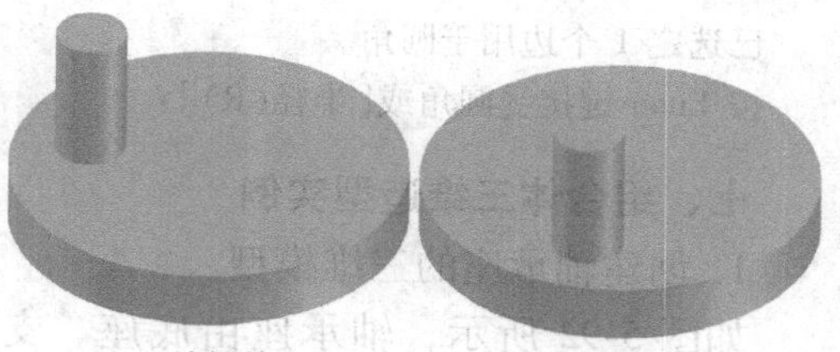

a) 旋转前　b) 旋转后

图 5-89　三维旋转

命令：_3drotate

UCS 当前的正角方向：ANGDIR＝逆时针　ANGBASE＝0

选择对象：　（选择对象）

选择对象：　（按<Enter>键结束）

指定基点：　（指定基点）

拾取旋转轴：　（指定旋转轴）

指定角的起点或键入角度：90　（输入角度“90”）

4. 实体倒角：

实体倒角可以为实体对象的边制作倒角。操作实例如图 5-90 所示。

命令：_CHAMFEREDGE

选择一条边或[环(L)/距离(D)]：　（选择一条边）

选择同一个面上的其他边或[环(L)/距离(D)]：d　（输入“d”）

指定距离 1 或[表达式(E)]<15. 0000>：8　（输入距离“8”）

指定距离 2 或[表达式(E)]<15. 0000>：8　（输入距离“8”）

选择同一个面上的其他边或[环(L)/距离(D)]：　（选择同一个面上的其他边）

按 Enter 键接受倒角或[距离(D)]：　（按<Enter>键结束）

a) 倒角前　b) 倒角后

图 5-90　实体倒角

5. 实体倒圆：

实体倒圆可以为实体对象的边制作圆角。操作实例如图 5-91 所示。

命令：_FILLETEDGE

半径 = 1.0000

选择边或[链(C)/环(L)/半径(R)]：r　（输入“r”）

输入圆角半径或[表达式(E)]<1. 0000>：4　（输入“4”）

选择边或[链(C)/环(L)/半径(R)]：　（选择一条边）

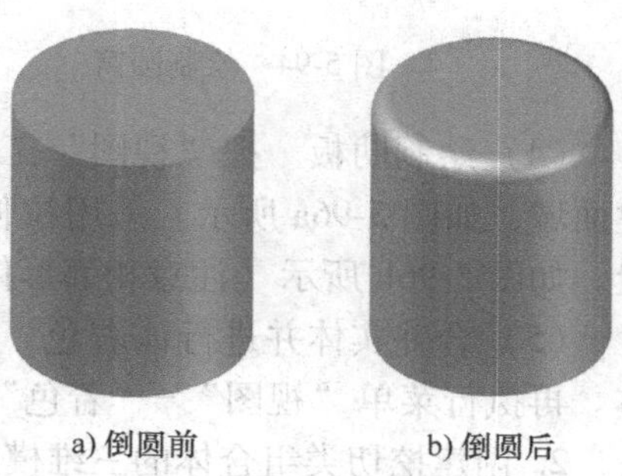

a) 倒圆前　b) 倒圆后

图 5-91　实体倒圆

已选定 1 个边用于圆角。

按 Enter 键接受圆角或[半径(R)]：　　(按<Enter>键结束)

七、组合体三维造型实例

1. 创建轴承座的三维模型

如图 5-92 所示，轴承座由底座、支撑板、圆筒和肋板等几部分组成，由于不同部分形状特征视图位置不同，在同一视图很难完成，因此采用切换视图和移动坐标原点的方法可以很方便地创建三维实体。

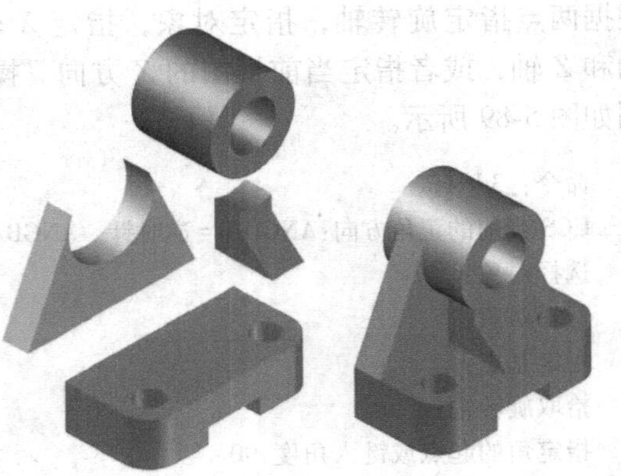

图 5-92　轴承座

操作提示：

(1) 绘制底座　把“视图”工具栏切换到“俯视图”位置，绘制如图 5-93 所示的底座。

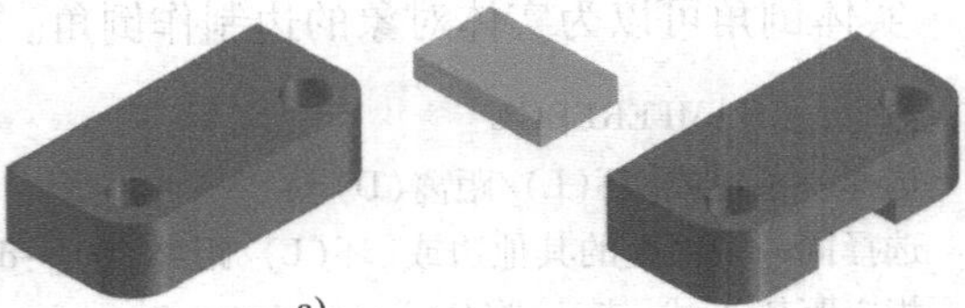

a)　b)

图 5-93　绘制底座

(2) 绘制圆筒　把“视图”工具栏切换到“主视图”位置，绘制两同心圆，创建面域，并进行布尔差集运算，如图 5-94a 所示。采用拉伸法造型，并把“视图”工具栏切换到西南等轴测视图位置，如图 5-94b 所示。

(3) 绘制支承板　把“视图”工具栏切换到“主视图”位置，绘制支承板的特征视图并创建面域，如图 5-95a 所示。采用拉伸法造型，把“视图”工具栏切换到西南等轴测视图位置，如图 5-95b 所示（注意相邻形体的表面连接关系）。

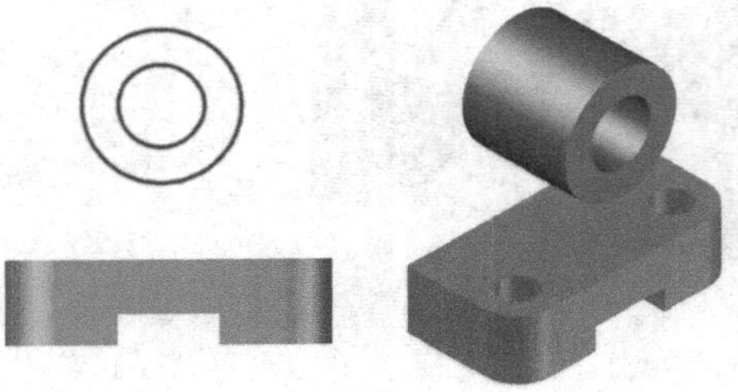

a)　b)

图 5-94　绘制圆筒

a)　b)

图 5-95　绘制支承板

(4) 绘制肋板　把“视图”工具栏切换到“左视图”位置，绘制肋板的特征视图并创建面域，如图 5-96a 所示。采用拉伸法造型，把“视图”工具栏切换到西南等轴测视图位置，如图 5-96b 所示（注意相邻形体的表面连接关系）。

(5) 合并实体并进行体着色　单击“实体编辑”工具栏中的“并集”按钮，合并实体。再执行菜单“视图”-“着色”-“体着色”命令，对轴承座进行体着色。

2. 创建挖切类组合体的三维模型

1) 绘制截切后的半圆柱。用“视图”工具栏切换到“主视图”位置，绘制如图 5-97a

所示的特征视图并创建面域。采用拉伸法造型，并把“视图”工具栏切换到西南等轴测视图位置，执行菜单“视图”-“着色”-“体着色”命令，对形体进行体着色，如图 5-97a 所示。

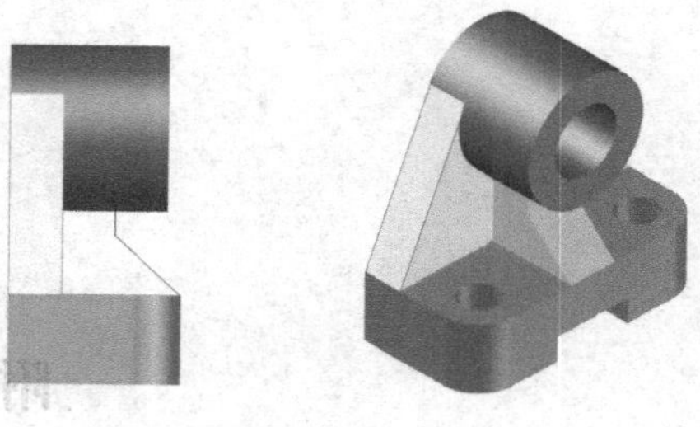

a) b)

图 5-96 绘制肋板

2）绘制铅垂半圆柱。用“视图”工具栏切换到“俯视图”位置，绘制半圆柱的特征视图并创建面域。采用拉伸法造型，并用“视图”工具栏切换到西南等轴测视图位置，如图 5-97b 所示。执行菜单“工具”-“新建（UCS）”-“原点”命令，把原点设置在半圆柱的圆心处。执行“实体”工具栏中的“剖切”命令，选择对象，选择 *ZX* 面为剖切面，选定坐标原点，选择保留两侧，按<Enter>键。剖开轴线为正垂线的圆柱如图 5-97c 所示。

3）对铅垂半圆柱和切开圆柱的前部进行“交集运算”，整个形体进行“并集运算”，如图 5-97d 所示。

4）分别绘制轴线铅垂、正垂线的圆柱。用“视图”工具栏切换到“俯视图”位置，绘制圆柱的特征视图，采用拉伸法造型。用“视图”工具栏切换到“主视图”位置，绘制圆柱的特征视图，采用拉伸法造型。然后用“视图”工具栏切换到西南等轴测视图位置，如图 5-97e 所示。

5）进行“差集运算”，挖轴线为铅垂和正垂线的两个孔，如图 5-97f 所示。

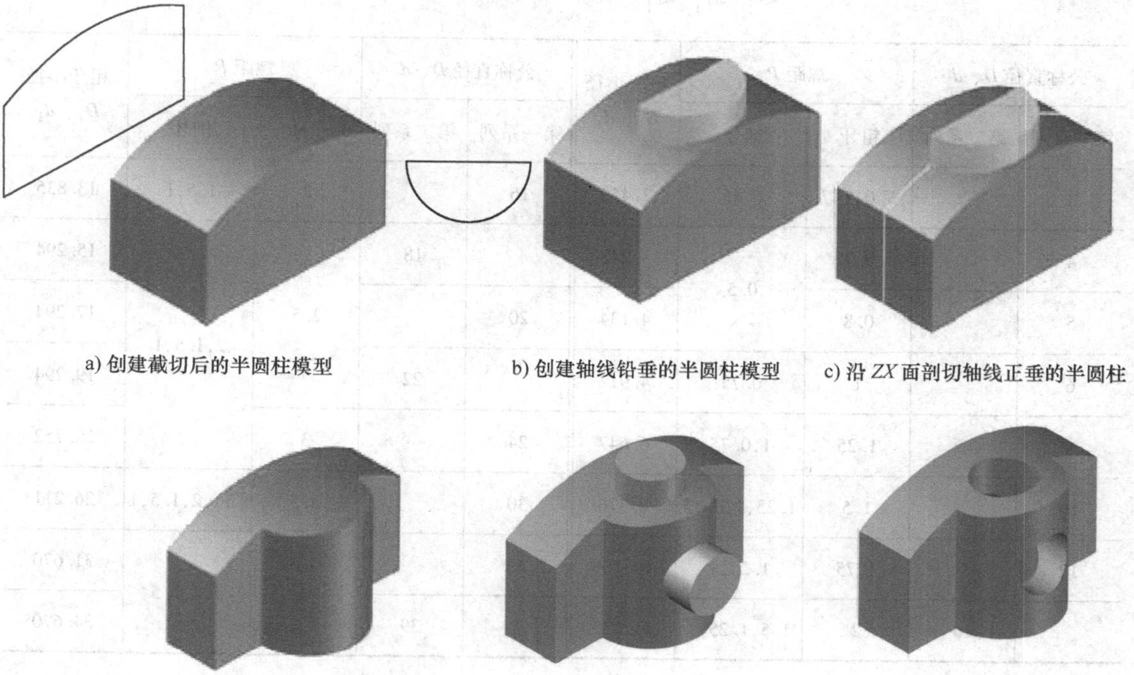

a) 创建截切后的半圆柱模型 b) 创建轴线铅垂的半圆柱模型 c) 沿 *ZX* 面剖切轴线正垂的半圆柱

d) 前面部分求交，整体求并 e) 创建圆柱模型 f) 求差集

图 5-97 挖切类组合体三维模型过程

附　录

附录 A　螺　纹

附表 A-1　普通螺纹（摘自 GB/T 193—2003，GB/T 196—2003）　（单位：mm）

标记示例：

公称直径 24mm，螺距 3mm，右旋粗牙普通螺纹，公差带代号 6g，标记为：M24

公称直径 24mm，螺距 1.5mm，左旋细牙普通螺纹，公差带代号 7H，标记为：M24×1.5-7H-LH

内外螺纹旋合的标记：M24-7H/6g

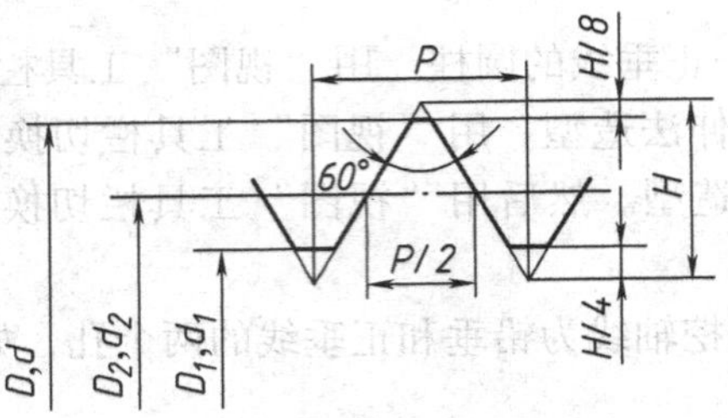

公称直径 D、d		螺距 P		粗牙小径 D_1、d_1	公称直径 D、d		螺距 P		粗牙小径 D_1、d_1
第一系列	第二系列	粗牙	细牙		第一系列	第二系列	粗牙	细牙	
3		0.5	0.35	2.459	16		2	1.5,1	13.835
4		0.7	0.5	3.242		18	2.5	2,1.5,1	15.294
5		0.8		4.134	20				17.294
6		1	0.75	4.917		22			19.294
8		1.25	1,0.75	6.647	24		3		20.752
10		1.5	1.25,1,0.75	8.376	30		3.5	(3),2,1.5,1	26.211
12		1.75	1.25,1	10.106	36		4	3,2,1.5	31.670
	14	2	1.5,1.25,1	11.835		39			34.670

注：1. 优先选用第一系列，括号内尺寸尽可能不用。

2. 第三系列未列入。

3. M14×1.25 仅用于发动机的火花塞。

附表 A-2 梯形螺纹（摘自 GB/T 5796.1～5796.4—2005） （单位：mm）

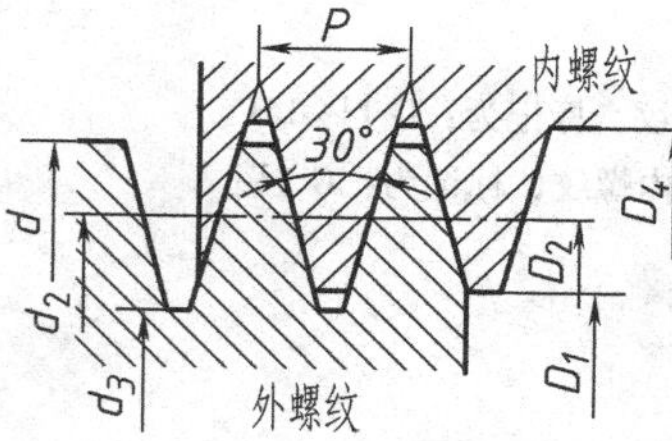

标记示例：

公称直径为 36mm、螺距为 6mm 的单线右旋梯形螺纹：Tr36×6

公称直径为 36mm、导程为 12mm、螺距为 6mm 的双线左旋梯形螺纹，标记为：Tr36×12（P6）LH

公称直径 d		螺距 P	中径 $D_2=d_2$	大径 D_4	小径	
第一系列	第二系列				d_3	D_1
8		1.5	7.250	8.300	6.200	6.500
	9	2	8.000	9.500	6.500	7.000
10		2	9.000	10.500	7.500	8.000
	11	3	9.500	11.500	7.500	8.000
12		3	10.500	12.500	8.500	9.000
	14	3	12.500	14.500	10.500	11.000
16		4	14.000	16.500	11.500	12.000
	18	4	16.000	18.500	13.500	14.000
20		4	18.000	20.500	15.500	16.000
	22	5	19.500	22.500	16.500	17.000
24		5	21.500	24.500	18.500	19.000
	26	5	23.500	26.500	20.500	21.000
28		5	25.500	28.500	22.500	23.000
	30	6	27.000	31.000	23.000	24.000
32		6	29.000	33.000	25.000	26.000
	34	6	31.000	35.000	27.000	28.000
36		6	33.000	37.000	29.000	30.000
	38	7	34.500	39.000	30.000	31.000
40		7	36.500	41.000	32.000	33.000

注：优先选用第一系列直径。

附表 A-3 55°非密封管螺纹（摘自 GB/T 7307—2001） （单位：mm）

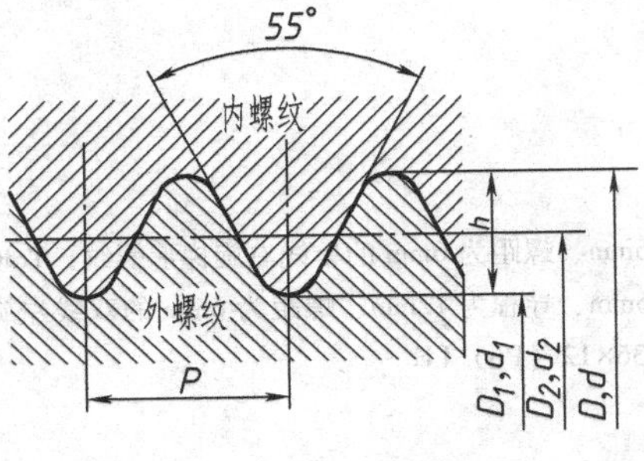

标记示例：

1½ 左旋内螺纹，标记为：G 1½ LH

1½ A 级右旋内螺纹，标记为：G 1½ A

尺寸代号	每 25.4mm 内的牙数 n	螺距 P	牙高 h	基本直径		
				大径 $d=D$	中径 $d_2=D_2$	小径 $d_1=D_1$
1/8	28	0.907	0.581	9.728	9.147	8.566
1/4	19	1.337	0.856	13.157	12.301	11.445
3/8	19	1.337	0.856	16.662	15.806	14.950
1/2	14	1.814	1.162	20.955	19.793	18.631
5/8	14	1.814	1.162	22.911	21.749	20.587
3/4	14	1.814	1.162	26.441	25.279	24.117
7/8	14	1.814	1.162	30.201	29.039	27.877
1	11	2.309	1.479	33.249	31.770	30.291
1¼	11	2.309	1.479	41.910	40.431	38.952
1½	11	2.309	1.479	47.803	46.324	44.845
1¾	11	2.309	1.479	53.746	52.267	50.788
2	11	2.309	1.479	59.614	58.135	56.656
2¼	11	2.309	1.479	65.710	64.231	62.752
2½	11	2.309	1.479	75.184	73.705	72.226
2¾	11	2.309	1.479	81.534	80.055	78.576
3	11	2.309	1.479	87.884	86.405	84.926
3½	11	2.309	1.479	100.330	98.851	97.372
4	11	2.309	1.479	113.030	111.551	110.072
4½	11	2.309	1.479	125.730	124.251	122.772
5	11	2.309	1.479	138.430	136.951	135.472
6	11	2.309	1.479	163.830	162.351	160.872

注：标准适用于管接头、旋塞、阀门及其附件。

附录 B 常用标准件

附表 B-1 螺栓（摘自 GB/T 5782—2016，GB/T 5783—2016） （单位：mm）

六角头螺栓（GB/T 5782—2016） 六角头螺栓全螺纹（GB/T 5783—2016）

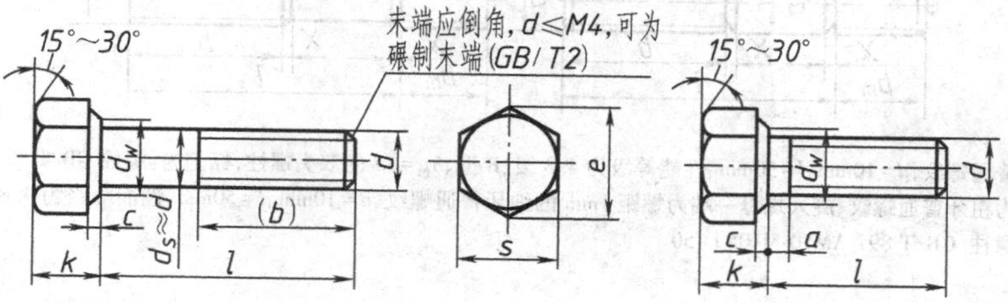

标记示例：

螺纹规格 d=M12、公称长度 l=80mm、性能等级为 8.8 级、表面氧化、A 级的六角头螺栓，标记为：螺栓 GB/T 5782 M12×80

若为全螺纹，标记为：螺栓 GB/T 5783 M12×80

螺纹规格 d			M3	M4	M5	M6	M8	M10	M12	M16	M20	M24	M30	M36
e（min）	产品等级	A	6.01	7.66	8.79	11.05	14.38	17.77	20.03	26.75	33.53	39.98	—	—
		B	5.88	7.50	8.63	10.89	14.20	17.59	19.85	26.17	32.95	39.55	50.85	60.79
s（公称 max）			5.50	7.00	8.00	10.00	13.00	16.00	18.00	24.00	30.00	36.00	46	55.0
k（公称）			2	2.8	3.5	4	5.3	6.4	7.5	10	12.5	15	18.7	22.5
c	max		0.40	0.40	0.50	0.50	0.60	0.60	0.60	0.8	0.8	0.8	0.8	0.8
	min		0.15	0.15	0.15	0.15	0.15	0.15	0.15	0.2	0.2	0.2	0.2	0.2
d_w（min）	产品等级	A	4.57	5.88	6.88	8.88	11.63	14.63	16.63	22.49	28.19	33.61	—	—
		B	4.45	5.74	6.74	8.74	11.47	14.47	16.47	22	27.7	33.25	42.75	51.11
GB/T 5782—2016	b（参考）	l≤125	12	14	16	18	22	26	30	38	46	54	66	—
		125<l≤200	18	20	22	24	28	32	36	44	52	60	72	84
		l>200	31	33	35	37	41	45	49	57	65	73	85	97
	l 范围		20~30	25~40	25~50	30~60	40~80	45~100	50~120	65~160	80~200	90~240	110~300	140~360
GB/T 5783—2016	a	max	1.50	2.10	2.40	3.00	4.00	4.50	5.30	6.00	7.50	9.00	10.50	12.00
		min	0.50	0.70	0.80	1.00	1.25	1.5	1.75	2.00	2.50	3.00	3.50	4.00
	l 范围		6~30	8~40	10~50	12~60	16~80	20~100	25~120	30~200	40~200	50~200	60~200	70~200

注：1. 标准规定螺栓的螺纹规格 d=M1.6~M64。

2. 标准规定螺栓公称长度 l（系列）：2，3，4，5，6，8，10，12，16，20~65（5 进位），70~160（10 进位），180~500（20 进位）mm。GB/T 5782 的公称长度 l 为 12~500mm，GB/T 5783 的 l 为 2~200mm。

3. 产品等级 A、B 是根据公差取值不同而定的，A 级公差小，用于 d=1.6~24mm 和 l≤10d 或 l≤150mm 的螺栓，B 级用于 d>24mm 或 l>10d 或 l>150mm 的螺栓。

4. 材料为钢的螺栓性能等级有 5.6、8.8、9.8、10.9 级，其中 8.8 级为常用等级。8.8 级前面的数字 8 表示公称抗拉强度（R_m，N/mm²）的 1/100，后面的数字 8 表示公称屈服强度（σ_s，N/mm²）或公称规定非比例伸长应力（$\sigma_{p0.2}$，N/mm²）与公称抗拉强度（R_m）的比值（屈强比）的 10 倍。

附表 B-2 螺柱（摘自 GB/T 897—1988 ~ GB/T 900—1988） （单位：mm）

双头螺柱—$b_m=1d$(GB/T 897—1988)
双头螺柱—$b_m=1.25d$(GB/T 898—1988)
双头螺柱—$b_m=1.5d$(GB/T 899—1988)
双头螺柱—$b_m=2d$(GB/T 900—1988)

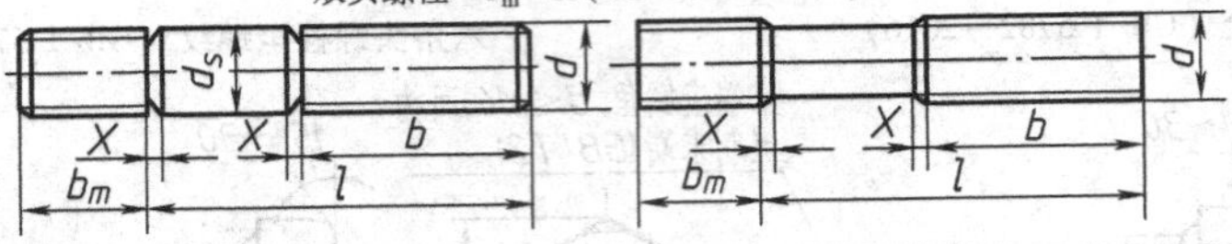

标记示例：
两端均为粗牙普通螺纹，$d=10$mm、$l=50$mm、性能等级为 4.8 级、B 型、$b_m=1d$ 的双头螺柱，标记为：螺柱 GB/T 897 M10×50

旋入机体一端为粗牙普通螺纹、旋入螺母一端为螺距 1mm 的细牙普通螺纹、$d=10$mm、$l=50$mm、性能等级为 4.8 级、A 型、$b_m=1d$ 的双头螺柱，标记为：螺柱 GB/T 897 AM10-M10×1×50

螺纹规格 d		M3	M4	M5	M6	M8	M10	M12	M16	M20	M24
b_m（公称）	GB/T 897—1988			5	6	8	10	12	16	20	24
	GB/T 898—1988			6	8	10	12	15	20	25	30
	GB/T 899—1988	4.5	6	8	10	12	15	18	24	30	36
	GB/T 900—1988	6	8	10	12	16	20	24	32	40	48
$\frac{l}{b}$		$\frac{16\sim20}{6}$ $\frac{(22)\sim40}{12}$	$\frac{16\sim(22)}{8}$ $\frac{25\sim40}{14}$	$\frac{16\sim(22)}{10}$ $\frac{25\sim50}{16}$	$\frac{20\sim(22)}{10}$ $\frac{25\sim30}{14}$ $\frac{(32)\sim(75)}{18}$	$\frac{20\sim(22)}{12}$ $\frac{25\sim30}{16}$ $\frac{(32)\sim90}{22}$	$\frac{25\sim(28)}{14}$ $\frac{30\sim(38)}{16}$ $\frac{40\sim120}{26}$ $\frac{130}{32}$	$\frac{25\sim30}{16}$ $\frac{(32)\sim40}{20}$ $\frac{45\sim120}{30}$ $\frac{130\sim180}{36}$	$\frac{30\sim(38)}{20}$ $\frac{40\sim(55)}{30}$ $\frac{60\sim120}{38}$ $\frac{130\sim200}{44}$	$\frac{35\sim40}{25}$ $\frac{45\sim(65)}{35}$ $\frac{70\sim120}{46}$ $\frac{130\sim200}{52}$	$\frac{45\sim50}{30}$ $\frac{(55)\sim(75)}{45}$ $\frac{80\sim120}{54}$ $\frac{130\sim200}{60}$

注：1. GB/T 897—1988 和 GB/T 898—1988 规定的螺纹规格 d=M5 ~ M48，公称长度 $l=16\sim300$mm；GB/T 899—1988 和 GB/T 900—1988 规定的螺纹规格 d=M2 ~ M48，公称长度 $l=12\sim300$mm。

2. 螺柱公称长度 l（系列）：12，（14），16，（18），20，（22），25，（28），30，（32），35，（38），40，45，50，（55），60，（65），70，（75），80，（85），90，（95），100~260（10 进位），280，300mm，尽可能不采用括号内的数值。

3. 材料为钢的螺柱性能等级有 4.8、5.8、6.8、8.8、10.9、12.9 级，其中 4.8 级为常用等级。

附表 B-3 内六角圆柱头螺钉（摘自 GB/T 70.1—2008） （单位：mm）

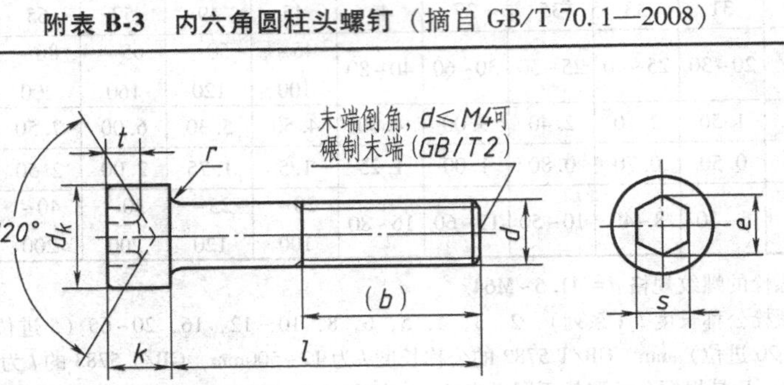

标记示例：

螺纹规格 d=M5、公称长度 l=20mm、性能等级为 8.8 级、表面氧化的内六角圆柱头螺钉，标记为：螺钉 GB/T 70.1 M5×20

（续）

螺纹规格 d	M3	M4	M5	M6	M8	M10	M12	（M14）	M16	M20
P（螺距）	0.5	0.7	0.8	1	1.25	1.5	1.75	2	2	2.5
$b_{参考}$	18	20	22	24	28	32	36	40	44	52
d_k（max）	5.50	7.00	8.50	10.00	13.00	16.00	18.00	21.00	24.00	30.00
d	3.00	4.00	5.00	6.00	8.00	10.00	12.00	14.00	16.00	20.00
t（min）	1.3	2	2.5	3	4	5	6	7	8	10
s（公称）	2.5	3	4	5	6	8	10	12	14	17
e（min）	2.873	3.443	4.583	5.723	6.683	9.149	11.429	13.716	15.996	19.437
r（min）	0.1	0.2	0.2	0.25	0.4	0.4	0.6	0.6	0.6	0.8
公称长度	5~30	6~40	8~50	10~60	12~80	16~100	20~120	25~140	25~160	30~200
l 小于或等于表中数值时，制出全螺纹	20	25	25	30	35	40	50	55	60	70
l 系列	2.5，3，4，5，6，8，10，12，16，20，25，30，35，40，45，50，55，60，65，70，80，90，100，110，120，130，140，150，160，180，200，220，240，260，280，300									

注：1. 螺纹规格 d=M1.6~M64。

2. 括号内的规格尽可能不采用。

附表 B-4　开槽沉头螺钉（摘自 GB/T 68—2016）　　（单位：mm）

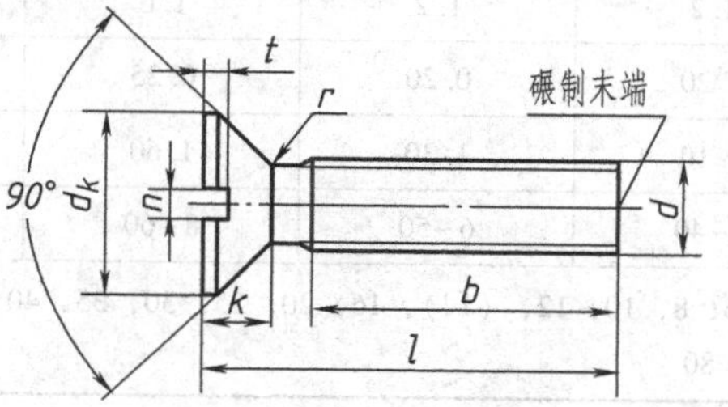

标记示例：

螺纹规格 d=M5、公称长度 l=20mm、性能等级为 4.8 级、不经表面处理的 A 级开槽沉头螺钉，标记为：螺钉 GB/T 68 M5×20

螺纹规格 d	M1.6	M2	M2.5	M3	M4	M5	M6	M8	M10
P（螺距）	0.35	0.4	0.45	0.5	0.7	0.8	1	1.25	1.5
b（min）	25	25	25	25	38	38	38	38	38
d_k（理论值 max）	3.6	4.4	5.5	6.3	9.4	10.4	12.6	17.3	20
k（公称 max）	1	1.2	1.5	1.65	2.7	2.7	3.3	4.65	5
n（公称）	0.4	0.5	0.6	0.8	1.2	1.2	1.6	2	2.5
r（max）	0.4	0.5	0.6	0.8	1	1.3	1.5	2	2.5
t（max）	0.50	0.6	0.75	0.85	1.3	1.4	1.6	2.3	2.6
公称长度 l	2.5~16	3~20	4~25	5~30	6~40	8~50	8~60	10~80	12~80
l 系列	2.5，3，4，5，6，8，10，12，（14），16，20，25，30，35，40，45，50，（55），60，（65），70，（75），80								

注：1. 括号内的规格尽可能不采用。

2. M1.6~M3 的螺钉、公称长度 l≤30mm，制出全螺纹；M4~M10 的螺钉，公称长度 l≤45mm，制出全螺纹。

附表 B-5　开槽圆柱头螺钉（摘自 GB/T 65—2016）　　（单位：mm）

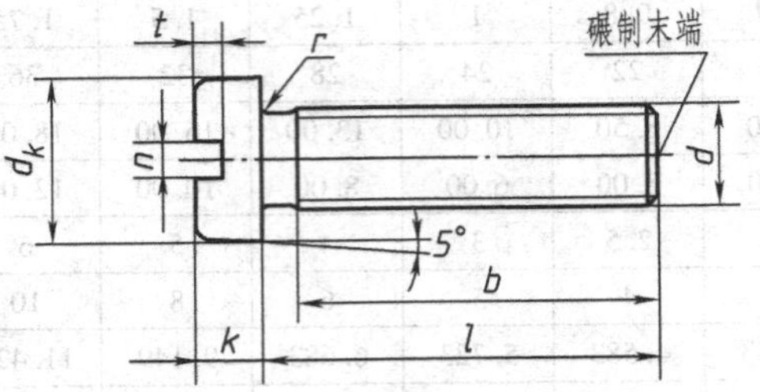

标记示例：

螺纹规格 d=M5、公称长度 l=20mm、性能等级为 4.8 级、不经表面氧化的 A 级开槽圆柱头螺钉，标记为：

螺钉 GB/T 65 M5×20

螺纹规格 d	M4	M5	M6	M8	M10
P（螺距）	0.7	0.8	1	1.25	1.5
b（min）	38	38	38	38	38
d_k（公称 max）	7.00	8.50	10.00	13.00	16.00
k（公称 max）	2.60	3.30	3.9	5.0	6.0
n（公称）	1.2	1.2	1.6	2	2.5
r（min）	0.20	0.20	0.25	0.40	0.40
t（min）	1.10	1.30	1.60	2.00	2.40
公称长度 l	5~40	6~50	8~60	10~80	12~80
l 系列	5，6，8，10，12，（14），16，20，25，30，35，40，45，50，（55），60，（65），70，（75），80				

注：1. 公称长度 l≤40mm 的螺钉，制出全螺纹。

2. 括号内的规格尽可能不采用。

3. 螺纹规格 d=M1.6~M10，公称长度 l=2~80mm。

附表 B-6　开槽盘头螺钉（摘自 GB/T 67—2016）　　（单位：mm）

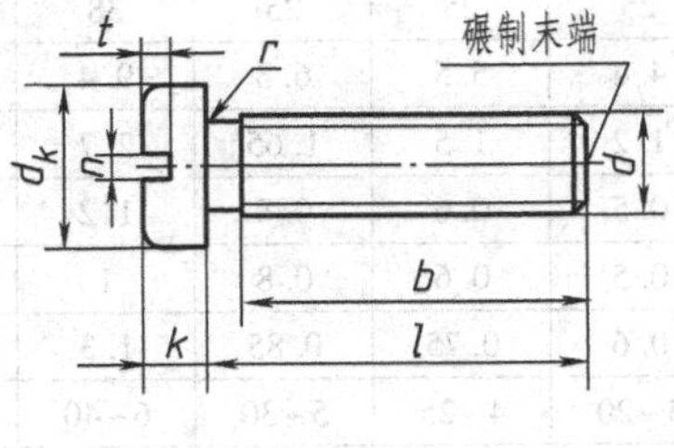

标记示例：

螺纹规格 d=M5、公称长度 l=20mm、性能等级为 4.8 级、不经表面处理的 A 级开槽盘头螺钉，标记为：

螺钉 GB/T 67 M5×20

（续）

螺纹规格 d	M1.6	M2	M2.5	M3	M4	M5	M6	M8	M10
P（螺距）	0.35	0.4	0.45	0.5	0.7	0.8	1	1.25	1.5
b（min）	25	25	25	25	38	38	38	38	38
d_k（公称 max）	3.2	4.0	5.0	5.6	8.00	9.50	12.00	16.00	20.00
k（公称 max）	1.00	1.30	1.50	1.80	2.40	3.00	3.6	4.8	6.0
n（公称）	0.4	0.5	0.6	0.8	1.2	1.2	1.6	2	2.5
r（min）	0.1	0.1	0.1	0.1	0.2	0.2	0.25	0.4	0.4
t（min）	0.35	0.5	0.6	0.7	1	1.2	1.4	1.9	2.4
公称长度 l	2~16	2.5~20	3~25	4~30	5~40	6~50	8~60	10~80	12~80
l 系列	2，2.5，3，4，5，6，8，10，12，（14），16，20，25，30，35，40，45，50，（55），60，（65），70，（75），80								

注：1. 括号内的规格尽可能不采用。

2. M1.6~M3 的螺钉，公称长度 $l \leqslant 30$mm，制出全螺纹。

3. M4~M10 的螺钉，公称长度 $l \leqslant 40$mm，制出全螺纹。

附表 B-7 紧定螺钉（摘自 GB/T 71—1985，GB/T 73—1985，GB/T 75—1985）

（单位：mm）

开槽锥端紧定螺钉（GB/T 71—1985）　开槽平端紧定螺钉（GB/T 73—1985）　开槽长圆柱端紧定螺钉（GB/T 75—1985）

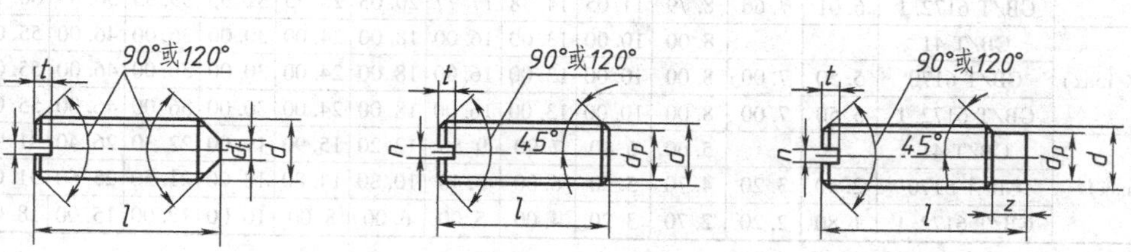

标记示例：

螺纹规格 d=M5、公称长度 l=12mm、性能等级为 14H、表面氧化的开槽长圆柱端紧定螺钉，标记为：

螺钉 GB/T 75 M5×12

螺纹规格 d		M1.6	M2	M2.5	M3	M4	M5	M6	M8	M10	M12
P（螺距）		0.35	0.4	0.45	0.5	0.7	0.8	1	1.25	1.5	1.75
n（公称）		0.25	0.25	0.4	0.4	0.6	0.8	1	1.2	1.6	2
t（max）		0.74	0.84	0.95	1.05	1.42	1.63	2	2.5	3	3.6
d_t（max）		0.16	0.2	0.25	0.3	0.4	0.5	1.5	2	2.5	3
d_p（max）		0.8	1	1.5	2	2.5	3.5	4	5.5	7	8.5
z（max）		1.05	1.25	1.5	1.75	2.25	2.75	3.25	4.3	5.3	6.3
l 范围	GB/T 71—1985	2~8	3~10	3~12	4~16	6~20	8~25	8~30	10~40	12~50	14~60
	GB/T 73—1985	2~8	2.5~10	3~12	3~16	4~20	5~25	6~30	8~40	10~50	12~60
	GB/T 75—1985	2.5~8	3~10	4~12	5~16	6~20	8~25	8~30	10~40	12~50	14~60
l 系列		2，2.5，3，4，5，6，8，10，12，（14），16，20，25，30，35，40，45，50，（55），60									

注：1. l 为公称长度。

2. 括号内的规格尽可能不采用。

附表 B-8 螺母（摘自 GB/T 41—2016，GB/T 6170—2015，GB/T 6172.1—2016）

（单位：mm）

1 型六角螺母—C 级（GB/T 41—2016）　　1 型六角螺母—A 和 B 级（GB/T 6170—2015）　　六角薄螺母（GB/T 6172.1—2016）

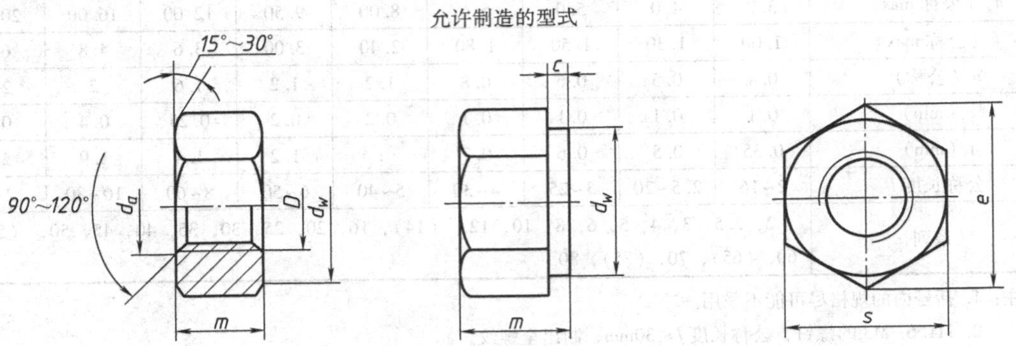

标记示例：

螺纹规格 D=M12、性能等级为 5 级、不经表面处理、C 级的六角螺母，标记为：螺母 GB/T 41 M12

螺纹规格 D=M12、性能等级为 8 级、不经表面处理、A 级的 1 型六角螺母，标记为：螺母 GB/T 6170 M12

螺纹规格 D		M3	M4	M5	M6	M8	M10	M12	M16	M20	M24	M30	M36	M42
e（min）	GB/T 41			8.63	10.89	14.20	17.59	19.85	26.17	32.95	39.55	50.85	60.79	71.30
	GB/T 6170	6.01	7.66	8.79	11.05	14.38	17.77	20.03	26.75	32.95	39.55	50.85	60.79	71.30
	GB/T 6172.1	6.01	7.66	8.79	11.05	14.38	17.77	20.03	26.75	32.95	39.55	50.85	60.79	71.30
s（公称 max）	GB/T 41			8.00	10.00	13.00	16.00	18.00	24.00	30.00	36.00	46.00	55.00	65.00
	GB/T 6170	5.50	7.00	8.00	10.00	13.00	16.00	18.00	24.00	30.00	36.00	46.00	55.00	65.00
	GB/T 6172.1	5.50	7.00	8.00	10.00	13.00	16.00	18.00	24.00	30.00	36.00	46.00	55.00	65.00
m（max）	GB/T 41			5.60	6.40	7.90	9.50	12.20	15.90	19.00	22.30	26.40	31.90	34.90
	GB/T 6170	2.40	3.20	4.70	5.20	6.80	8.40	10.80	14.80	18.00	21.50	25.60	31.00	34.00
	GB/T 6172.1	1.80	2.20	2.70	3.20	4.00	5.00	6.00	8.00	10.00	12.00	15.00	18.00	21.00

注：A 级用于 $D\leqslant16$mm 的螺母，B 级用于 $D>16$mm 的螺母。

附表 B-9 垫圈（摘自 GB/T 848—2002，GB/T 97.1~97.2—2002）　（单位：mm）

小垫圈—A 级（GB/T 848—2002）

平垫圈—A 级（GB/T 97.1—2002）

平垫圈　倒角型—A 级（GB/T 97.2—2002）

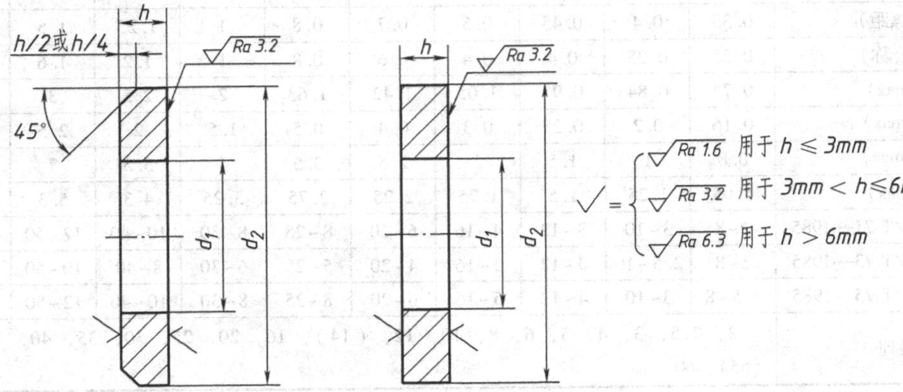

标记示例：

标准系列、规格 8mm、性能等级为 140HV 级、不经表面处理的平垫圈，标记为：垫圈 GB/T 97.1 8

(续)

公称尺寸（螺纹规格 d）		1.6	2	2.5	3	4	5	6	8	10	12	(14)	16	20	24	30	36
d_1（公称 min）	GB/T 848	1.7	2.2	2.7	3.2	4.3	5.3	6.4	8.4	10.5	13	15	17	21	25	31	37
	GB/T 97.1	1.7	2.2	2.7	3.2	4.3	5.3	6.4	8.4	10.5	13	15	17	21	25	31	37
	GB/T 97.2						5.3	6.4	8.4	10.5	13	15	17	21	25	31	37
d_2（公称 max）	GB/T 848	3.5	4.5	5	6	8	9	11	15	18	20	24	28	34	39	50	60
	GB/T 97.1	4	5	6	7	9	10	12	16	20	24	28	30	37	44	56	66
	GB/T 97.2						10	12	16	20	24	28	30	37	44	56	66
h（公称）	GB/T 848	0.3	0.3	0.5	0.5	0.5	1	1.6	1.6	1.6	2	2.5	2.5	3	4	4	5
	GB/T 97.1	0.3	0.3	0.5	0.5	0.8	1	1.6	1.6	2	2.5	2.5	3	3	4	4	5
	GB/T 97.2						1	1.6	1.6	2	2.5	2.5	3	3	4	4	5

注：括号内的规格尽可能不采用。

附表 B-10　弹簧垫圈（摘自 GB/T 93—1987）　（单位：mm）

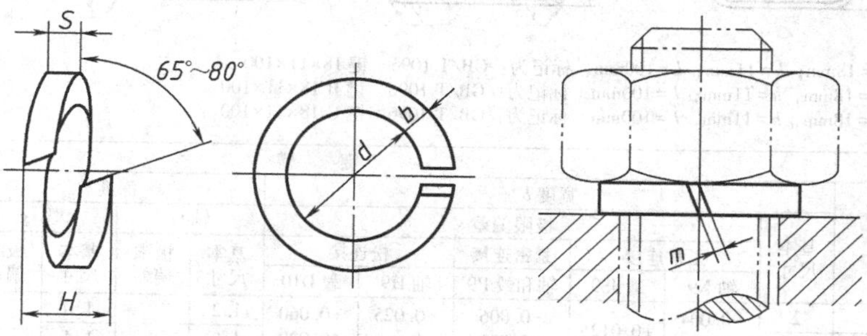

标记示例：

规格为 16mm、材料为 65Mn、表面氧化的标准型弹簧垫圈，标记为：垫圈　GB/T 93　16

规格为 16mm、材料为 65Mn、表面氧化的轻型弹簧垫圈，标记为：垫圈　GB/T 859　16

规格（螺纹大径）		3	4	5	6	8	10	12	(14)	16	(18)	20	(22)	24	(27)	30
d(min)		3.1	4.1	5.1	6.1	8.1	10.2	12.2	14.2	16.2	18.2	20.2	22.5	24.5	27.5	30.5
H(min)	GB/T 93	1.6	2.2	2.6	3.2	4.2	5.2	6.2	7.2	8.2	9	10	11	12	13.6	15
	GB/T 859	1.2	1.6	2.2	2.6	3.2	4	5	6	6.4	7.2	8	9	10	11	12
$S(b)$（公称）	GB/T 93	0.8	1.1	1.3	1.6	2.1	2.6	3.1	3.6	4.1	4.5	5	5.5	6	6.8	7.5
S（公称）	GB/T 859	0.6	0.8	1.1	1.3	1.6	2	2.5	3	3.2	3.6	4	4.5	5	5.5	6
$m\leqslant$	GB/T 93	0.4	0.55	0.65	0.8	1.05	1.3	1.55	1.8	2.05	2.25	2.5	2.75	3	3.4	3.75
	GB/T 859	0.3	0.4	0.55	0.65	0.8	1	1.25	1.5	1.6	1.8	2	2.25	2.5	2.75	3
b（公称）	GB/T 859	1	1.2	1.5	2	2.5	3	3.5	4	4.5	5	5.5	6	7	8	9

注：1. 括号内的规格尽可能不采用。

2. m 应大于零。

附表 B-11　普通平键及键槽（摘自 GB/T 1095—2003，GB/T 1096—2003）（单位：mm）

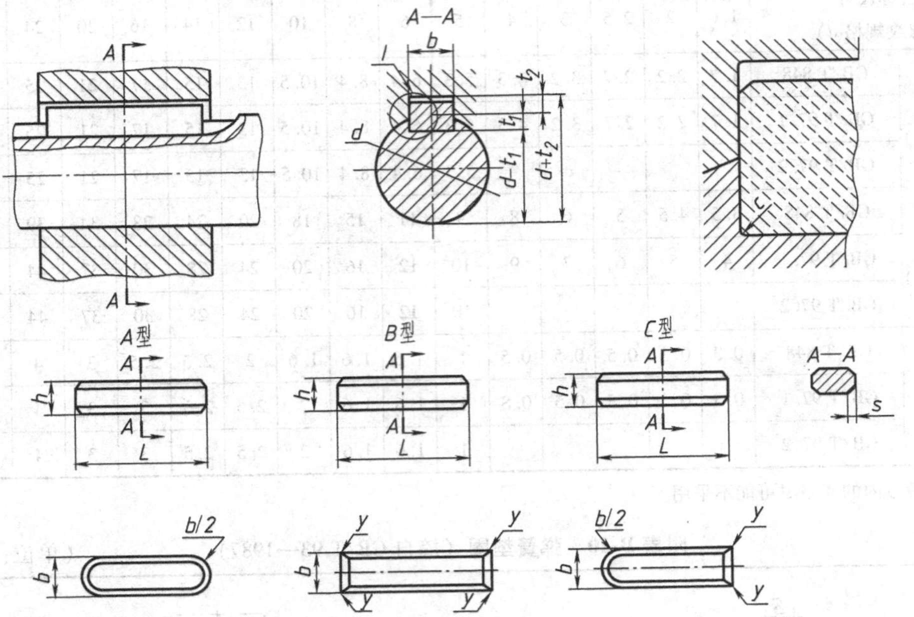

标记示例：
A 型普通平键，b=18mm，h=11mm，L=100mm，标记为：GB/T 1096　键 18×11×100
B 型普通平键，b=18mm，h=11mm，L=100mm，标记为：GB/T 1096　键 B 18×11×100
C 型普通平键，b=18mm，h=11mm，L=100mm，标记为：GB/T 1096　键 C 18×11×100

键		键槽											
键尺寸 $b×h$	长度 L	宽度 b						深度				半径 r	
		基本尺寸	极限偏差					轴 t_1		毂 t_2			
			正常连接		紧密连接	松连接		基本尺寸	极限偏差	基本尺寸	极限偏差		
			轴 N9	毂 JS9	轴和毂 P9	轴 H9	毂 D10					最小	最大
2×2	6~20	2	-0.004 -0.029	±0.0125	-0.006 -0.031	+0.025 0	+0.060 +0.020	1.2	+0.1 0	1.0	+0.1 0	0.08	0.16
3×3	6~36	3						1.8		1.4			
4×4	8~45	4	0 -0.030	±0.015	-0.012 -0.042	+0.030 0	+0.078 +0.030	2.5		1.8			
5×5	10~56	5						3.0		2.3		0.16	0.25
6×6	14~70	6						3.5		2.8			
8×7	18~90	8	0 -0.036	±0.018	-0.015 -0.051	+0.036 0	+0.098 +0.040	4.0	+0.2 0	3.3	+0.2 0	0.25	0.40
10×8	22~110	10						5.0		3.3			
12×8	28~140	12	0 -0.043	±0.0215	-0.018 -0.061	+0.043 0	+0.120 +0.050	5.0		3.3			
14×9	36~160	14						5.5		3.8			
16×10	45~180	16						6.0		4.3			
18×11	50~200	18						7.0		4.4			
20×12	56~220	20	0 -0.052	±0.026	-0.022 -0.074	+0.052 0	+0.149 +0.065	7.5		4.9		0.40	0.60
22×14	63~250	22						9.0		5.4			
25×14	70~280	25						9.0		5.4			
28×16	80~320	28						10.0		6.4			
32×18	90~360	32	0 -0.062	±0.031	-0.026 -0.088	+0.062 0	+0.180 +0.080	11.0	+0.3 0	7.4	+0.3 0	0.70	1.00
36×20	100~400	36						12.0		8.4			
40×22	100~400	40						13.0		9.4			
45×25	110~450	45						15.0		10.4			

注：1. 在零件图中，轴槽深用 $d-t_1$ 标注，$d-t_1$ 的极限偏差值应取负号（-），轮毂槽深用 $d+t_2$ 标注。
2. 普通型平键应符合 GB/T 1096—2003 规定。
3. 平键轴槽的长度公差用 H14。
4. 轴槽、轮毂槽的键槽宽度两侧的表面粗糙度参数 Ra 值推荐为 1.6~3.2μm；轴槽底面、轮毂槽底面的表面粗糙度参数 Ra 值为 6.3μm。
5. 这里未述及的有关键槽的其他技术条件，需用时可查阅该标准。

附表 B-12 半圆键 键槽的剖面尺寸（摘自 GB/T 1098—2003）、普通型 半圆键（摘自 GB/T 1099.1—2003）

（单位：mm）

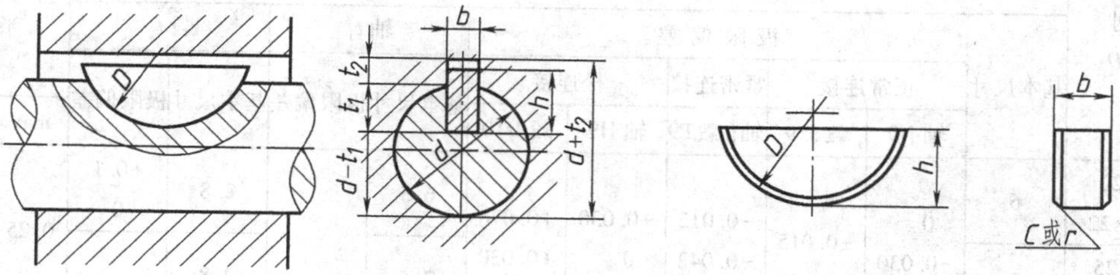

注：在工作图中，轴槽深用 t_1 或（$d-t_1$）标注，轮毂槽深用（$d+t_2$）标注。

标记示例：

普通型半圆键，$b=6$mm，$h=10$mm，$D=25$mm，标记为：GB/T 1099.1 键 6×10×25

键尺寸 $b×h×D$	键槽											
	宽度 b						深度				半径 R	
	基本尺寸	极限偏差					轴 t_1		毂 t_2			
		正常连接		紧密连接	松连接							
		轴 N9	毂 JS9	轴和毂 P9	轴 H9	毂 D10	基本尺寸	极限偏差	基本尺寸	极限偏差	max	min
1×1.4×4 1×1.1×4	1						1.0		0.6			
1.5×2.6×7 1.5×2.1×7	1.5						2.0		0.8			
2×2.6×7 2×2.1×7	2						1.8	+0.1 0	1.0			
2×3.7×10 2×3×10	2	−0.004 −0.029	±0.0125	−0.006 −0.031	+0.025 0	+0.060 +0.020	2.9		1.0		0.16	0.08
2.5×3.7×10 2.5×3×10	2.5						2.7		1.2			
3×5×13 3×4×13	3						3.8		1.4			
3×6.5×16 3×5.2×16	3						5.3		1.4	+0.1 0		
4×6.5×16 4×5.2×16	4						5.0		1.8			
4×7.5×19 4×6×19	4						6.0	+0.2 0	1.8			
5×6.5×16 5×5.2×19	5	0 −0.030	±0.015	−0.012 −0.042	+0.030 0	+0.078 +0.030	4.5		2.3		0.25	0.16
5×7.5×19 5×6×19	5						5.5		2.3			
5×9×22 5×7.2×22	5						7.0	+0.3 0	2.3			

（续）

键尺寸 $b \times h \times D$	键槽											
	宽度 b						深度				半径 R	
	基本尺寸	极限偏差					轴 t_1		毂 t_2			
		正常连接		紧密连接	松连接		基本尺寸	极限偏差	基本尺寸	极限偏差	max	min
		轴 N9	毂 JS9	轴和毂 P9	轴 H9	毂 D10						
6×9×22 6×7.2×22	6	0 -0.030	±0.015	-0.012 -0.042	+0.030 0	+0.078 +0.030	6.5	+0.3 0	2.8	+0.1 0	0.25	0.16
6×10×25 6×8×25	6						7.5		2.8	+0.2 0		
8×11×28 8×8.8×28	8	0 -0.036	±0.018	-0.015 -0.051	+0.036 0	+0.098 +0.040	8.0		3.3		0.40	0.25
10×13×32 10×10.4×32	10						10.0		3.3			

附表 B-13 圆柱销（摘自 GB/T 119.1～119.2—2000） （单位：mm）

圆柱销—不淬硬钢和奥氏体不锈钢（GB/T 119.1—2000）

圆柱销—淬硬钢和马氏体不锈钢（GB/T 119.2—2000）

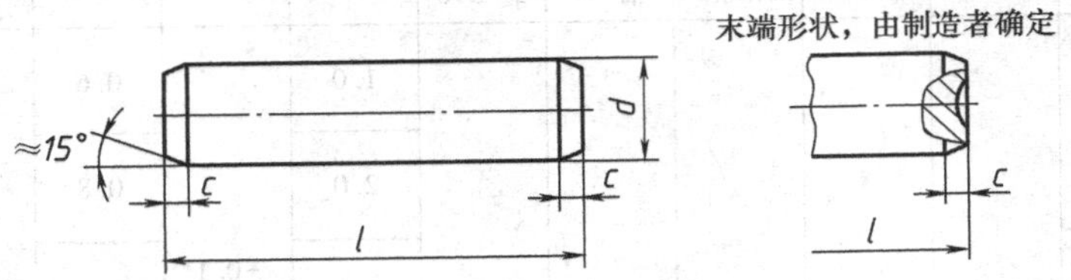

标记示例

公称直径 d=6mm、公差 m6、公称长度 l = 30mm、材料为钢、不经淬火、不经表面处理的圆柱销，标记为：销 GB/T 119.1 6m6×30

公称直径 d=6mm、公称长度 l=30mm、材料为钢、普通淬火（A 型）、表面氧化处理的圆柱销，标记为：销 GB/T 119.2 6×30

公称直径 d		3	4	5	6	8	10	12	16	20	25	30	40	50
$c \approx$		0.5	0.63	0.8	1.2	1.6	2	2.5	3	3.5	4	5	6.3	8
l 范围	GB/T 119.1	8～30	8～40	10～50	12～60	14～80	18～95	22～140	26～180	35～200	50～200	60～200	80～200	95～200
	GB/T 119.2	8～30	10～40	12～50	14～60	18～80	22～100	26～100	40～100	50～100				
l 系列	8，10，12，14，16，18，20，22，24，26，28，30，32，35，40，45，50，55，60，65，70，75，80，85，90，95，100，120，140，160，180，200													

注：1. GB/T 119.1—2000 规定圆柱销的公称直径 d=0.6～50mm，公称长度 l=2～200mm，公差有 m6 和 h8。表中未列入 d<3mm 的圆柱销，需用时可查阅该标准。

2. GB/T 119.2—2000 规定圆柱销的公称直径 d=1～20mm，公称长度 l = 3～100mm，公差仅有 m6。表中未列入 d<3mm 的圆柱销，需用时可查阅该标准。

3. 圆柱销常用 35 钢。当圆柱销公差为 h8 时，其表面粗糙度参数 $Ra \leqslant 1.6\mu m$；圆柱销公差为 m6 时，$Ra \leqslant 0.8\mu m$。

附表 B-14　圆锥销（摘自 GB/T 117—2000）　　（单位：mm）

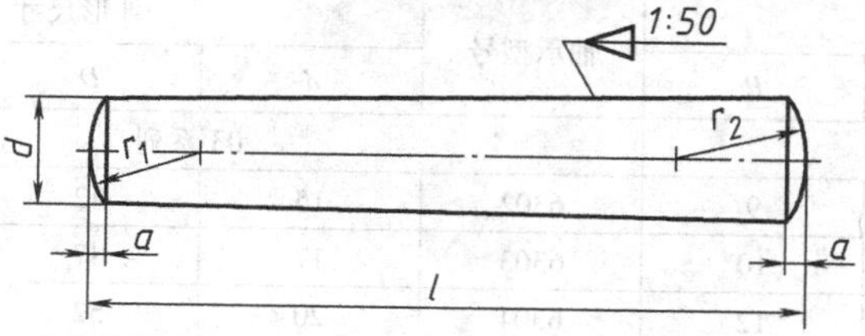

$r_1 \approx d$

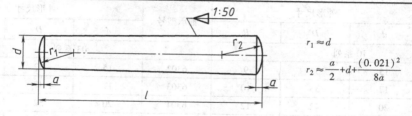

$r_2 \approx \frac{a}{2}+d+\frac{(0.021)^2}{8a}$

标记示例

公称直径 d=10mm、公称长度 l=60mm、材料为 35 钢、热处理硬度（28~38）HRC、表面氧化处理的 A 型圆锥销，标记为：销 GB/T 117 10×60

公称直径 d	4	5	6	8	10	12	16	20	25	30	40	50
$a\approx$	0.5	0.63	0.8	1	1.2	1.6	2	2.5	3	4	5	6.3
l 范围	14~55	18~60	22~90	22~120	26~160	32~180	40~200	45~200	50~200	55~200	60~200	65~200
l 系列	2, 3, 4, 5, 6, 8, 10, 12, 14, 16, 18, 20, 22, 24, 26, 28, 30, 32, 35, 40, 45, 50, 55, 60, 65, 70, 75, 80, 85, 90, 95, 100, 120, 140, 160, 180, 200											

注：1. 标准规定圆锥销的公称直径 d=0.6~50mm。表中未列入 d<4mm 的圆锥销，需用时可查阅该标准。

2. 有 A 型和 B 型两种圆锥销。A 型为磨削，锥面表面粗糙度参数 Ra=0.8μm；B 型为切削或冷镦，锥面表面粗糙度参数 Ra=3.2μm。A 型和 B 型的圆锥销端面的表面粗糙度参数都是 Ra=6.3μm。

3. 材料为钢或不锈钢，具体规定可查阅 GB/T 117—2000，常用 35 钢。

附表 B-15　深沟球轴承（摘自 GB/T 276—2013）　　（单位：mm）

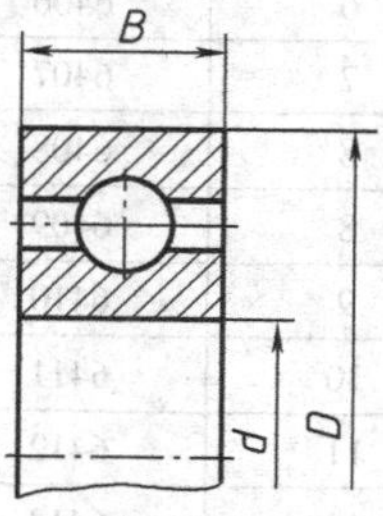

类型代号 6

标记示例：

内圈孔径 d=60mm、02 系列的深沟球轴承，标记为：滚动轴承 6212 GB/T 276—2013

轴承型号	外形尺寸			轴承型号	外形尺寸		
	d	D	B		d	D	B
10 系列				03 系列			
606	6	17	6				
607	7	19	6	633	3	13	5
608	8	22	7	634	4	16	5
609	9	24	7	635	5	19	6
6000	10	26	8	6300	10	35	11
6001	12	28	8	6301	12	37	12

（续）

轴承型号	外形尺寸			轴承型号	外形尺寸		
	d	*D*	*B*		*d*	*D*	*B*
10 系列				03 系列			
6002	15	32	9	6302	15	42	13
6003	17	35	10	6303	17	47	14
6004	20	42	12	6304	20	52	15
60/22	22	44	12	63/22	22	56	16
6005	25	47	12	6305	25	62	17
60/28	28	52	12	63/28	28	68	18
6006	30	55	13	6306	30	72	19
60/32	32	58	13	63/32	32	75	20
6007	35	62	14	6307	35	80	21
6008	40	68	15	6308	40	90	23
6009	45	75	16	6309	45	100	25
6010	50	80	16	6310	50	110	27
6011	55	90	18	6311	55	120	29
6012	60	95	18	6312	60	130	31
02 系列				04 系列			
623	3	10	4	6403	17	62	17
624	4	13	5	6404	20	72	19
625	5	16	5	6405	25	80	21
626	6	19	6	6406	30	90	23
627	7	22	7	6407	35	100	25
628	8	24	8	6408	40	110	27
629	9	26	8	6409	45	120	29
6200	10	30	9	6410	50	130	31
6201	12	32	10	6411	55	140	33
6202	15	35	11	6412	60	150	35
6203	17	40	12	6413	65	160	37
6204	20	47	14	6414	70	180	42
62/22	22	50	14	6415	75	190	45
6205	25	52	15	6416	80	200	48
62/28	28	58	16	6417	85	210	52
6206	30	62	16	6418	90	225	54
62/32	32	65	17	6419	95	240	55
6207	35	72	17	6420	100	250	58
6208	40	80	18	6422	110	280	65
6209	45	85	19				
6210	50	90	20				
6211	55	100	21				
6212	60	110	22				

附表 B-16 圆锥滚子轴承（摘自 GB/T 297—2015） （单位：mm）

B：内圈宽度；C：外圈宽度；D：轴承外径；d：轴承内径；E：外圈背面内径。r：内圈背面倒角尺寸；r_{smin}：内圈背面最小单一倒角尺寸；r_1：外圈背面倒角尺寸；r_{1smin}：外圈背面最小单一倒角尺寸；r_2：外圈和内圈前面倒角尺寸；T：轴承宽度；α：接触角。

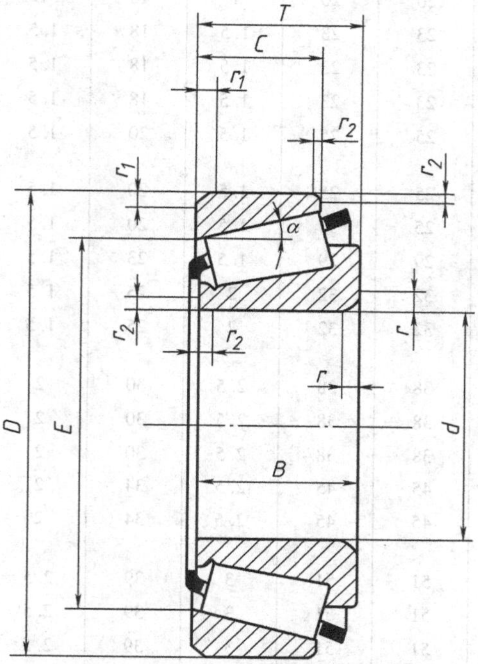

标记示例：内圈孔径 d=35mm、03 系列的圆锥滚子轴承，标记为：滚动轴承 30307 GB/T 297—2015

29 系列

轴承型号	d	D	T	B	r_{smin} ①	C	r_{1smin} ①	α	E	ISO 尺寸系列
32904	20	37	12	12	0.3	9	0.2	12°	29.621	2BD
329/22	22	40	12	12	0.3	9	0.3	12°	32.665	2BC
32905	25	42	12	12	0.3	9	0.3	12°	34.608	2BD
329/28	28	45	12	12	0.3	9	0.3	12°	37.639	2BD
32906	30	47	12	12	0.3	9	0.3	12°	39.617	2BD
329/32	32	52	14	14	0.6	10	0.6	12°	44.261	2BD
32907	35	55	14	14	0.6	11.5	0.6	11°	47.220	2BD
32908	40	62	15	15	0.6	12	0.6	10°55′	53.388	2BC
32909	45	68	15	15	0.6	12	0.6	12°	58.852	2BC
32910	50	72	15	15	0.6	12	0.6	12°50′	62.748	2BC
32911	55	80	17	17	1	14	1	11°39′	69.503	2BC
32912	60	85	17	17	1	14	1	12°27′	74.185	2BC
32913	65	90	17	17	1	14	1	13°15′	78.849	2BC
32914	70	100	20	20	1	16	1	11°53′	88.590	2BC
32915	75	105	20	20	1	16	1	12°31′	93.223	2BC

（续）

29系列										
轴承型号	d	D	T	B	r_{smin} ①	C	r_{1smin} ①	α	E	ISO尺寸系列
32916	80	110	20	20	1	16	1	13°10′	97.974	2BC
32917	85	120	23	23	1.5	18	1.5	12°18′	106.599	2BC
32918	90	125	23	23	1.5	18	1.5	12°51′	111.282	2BC
32919	95	130	23	23	1.5	18	1.5	13°25′	116.082	2BC
32920	100	140	25	25	1.5	20	1.5	12°23′	125.717	2CC
32921	105	145	25	25	1.5	20	1.5	12°51′	130.359	2CC
32922	110	150	25	25	1.5	20	1.5	13°20′	135.182	2CC
32324	120	165	29	29	1.5	23	1.5	13°05′	143.464	2CC
32326	130	180	32	32	2	25	1.5	12°45′	161.652	2CC
32928	140	190	32	32	2	25	1.5	13°30′	171.032	2CC
32930	150	210	38	38	2.5	30	2	12°20′	187.926	2DC
32932	160	220	38	38	2.5	30	2	13°	197.962	2DC
32934	170	230	38	38	2.5	30	2	14°20′	206.564	3DC
32936	180	250	45	45	2.5	34	2	17°45′	218.571	4DC
32938	190	260	45	45	2.5	34	2	17°39′	228.578	4DC
32940	200	280	51	51	3	39	2.5	14°45′	249.698	3EC
32944	220	300	51	51	3	39	2.5	15°50′	267.685	3EC
32948	240	320	51	51	3	39	2.5	17°	286.852	4EC
32952	260	360	63.5	63.5	3	48	2.5	15°10′	320.783	3EC
32956	280	380	63.5	63.5	3	48	2.5	16°05′	339.778	4EC
32960	300	420	76	76	4	57	3	14°45′	374.706	3FD
32964	320	440	76	76	4	57	3	15°30′	393.406	3FD
32968	340	460	76	76	4	57	3	16°15′	412.043	4FD
32972	360	480	76	76	4	57	3	17°	430.612	4FD

20系列										
轴承型号	d	D	T	B	r_{smin} ①	C	r_{1smin} ①	α	E	ISO尺寸系列
32004	20	42	15	15	0.6	12	0.6	14°	32.781	3CC
320/22	22	44	15	15	0.6	11.5	0.6	14°50′	34.708	3CC
32005	25	47	15	15	0.6	11.5	0.6	16°	37.393	4CC
320/28	28	52	16	16	1	12	1	16°	41.991	4CC
32006	30	55	17	17	1	13	1	16°	44.438	4CC
320/32	32	58	17	17	1	13	1	16°50′	46.708	4CC
32007	35	62	18	18	1	14	1	16°50′	50.510	4CC
32008	40	68	19	19	1	14.5	1	14°10′	56.897	3CD
32009	45	75	20	20	1	15.5	1	14°40′	63.248	3CC
32010	50	80	20	20	1	15.5	1	15°45′	67.841	3CC

（续）

20系列										
轴承型号	d	D	T	B	r_{smin} ①	C	r_{1smin} ①	α	E	ISO尺寸系列
32011	55	90	23	23	1.5	17.5	1.5	15°10′	76.505	3CC
32012	60	95	23	23	1.5	17.5	1.5	16°	80.634	4CC
32013	65	100	23	23	1.5	17.5	1.5	17°	85.567	4CC
32014	70	110	25	25	1.5	19	1.5	16°10′	93.633	4CC
32015	75	115	25	25	1.5	19	1.5	17°	98.358	4CC
32016	80	125	29	29	1.5	22	1.5	15°45′	107.334	3CC
32017	85	130	29	29	1.5	22	1.5	16°25′	111.788	4CC
32018	90	140	32	32	2	24	1.5	15°45′	119.948	3CC
32019	95	145	32	32	2	24	1.5	16°25′	124.927	4CC
32020	100	150	32	32	2	24	1.5	17°	129.269	4CC
32021	105	160	35	35	2.5	26	2	16°30′	137.685	4DC
32022	110	170	38	38	2.5	29	2	16°	146.290	4DC
32024	120	180	38	38	2.5	29	2	17°	155.239	4DC
32026	130	200	45	45	2.5	34	2	16°10′	172.043	4EC
32028	140	210	45	45	2.5	34	2	17°	180.720	4DC
32030	150	225	48	48	3	36	2.5	17°	193.674	4EC
32032	160	240	51	51	3	38	2.5	17°	207.209	4EC
32034	170	260	57	57	3	43	2.5	16°30′	223.031	4EC
32036	180	280	64	64	3	48	2.5	15°45′	239.898	3FD
32038	190	290	64	64	3	48	2.5	16°25′	249.853	4FD
32040	200	310	70	70	3	53	2.5	16°	266.039	4FD
32044	220	340	76	76	4	57	3	16°	292.464	4FD
32048	240	360	76	76	4	57	3	17°	310.356	4FD
32052	260	400	87	87	5	65	4	16°10′	344.432	4FC
32056	280	420	87	87	5	65	4	17°	361.811	4FC
32060	300	460	100	100	5	74	4	16°10′	395.676	4GD
32064	320	480	100	100	5	74	4	17°	415.640	4GD

30系列										
轴承型号	d	D	T	B	r_{smin} ①	C	r_{1smin} ①	α	E	ISO尺寸系列
33005	25	47	17	17	0.6	14	0.6	10°55′	38.278	2CE
33006	30	55	20	20	1	16	1	11°	45.283	2CE
33007	35	62	21	21	1	17	1	11°30′	51.320	2CE
33008	40	68	22	22	1	18	1	10°40′	57.290	2BE
33009	45	75	24	24	1	19	1	11°05′	63.116	2CE

（续）

轴承型号	d	D	T	B	r_{smin} ①	C	r_{1smin} ①	α	E	ISO 尺寸系列
30 系列										
33010	50	80	24	24	1	19	1	11°55′	67.775	2CE
33011	55	90	27	27	1.5	21	1.5	11°45′	76.656	2CE
33012	60	95	27	27	1.5	21	1.5	12°20′	80.422	2CE
33013	65	100	27	27	1.5	21	1.5	13°05′	85.257	2CE
33014	70	110	31	31	1.5	25.5	1.5	10°45′	95.021	2CE
33015	75	115	31	31	1.5	25.5	1.5	11°15′	99.400	2CE
33016	80	125	36	36	1.5	29.5	1.5	10°30′	107.750	2CE
33017	85	130	36	36	1.5	29.5	1.5	11°	112.838	2CE
33018	90	140	39	39	2	32.5	1.5	10°10′	122.363	2CE
33019	95	145	39	39	2	32.5	1.5	10°30′	126.346	2CE
33020	100	150	39	39	2	32.5	1.5	10°50′	130.323	2CE
33021	105	160	43	43	2.5	34	2	10°40′	139.304	2DE
33022	110	170	47	47	2.5	37	2	10°50′	146.265	2DE
33024	120	180	48	48	2.5	38	2	11°30′	154.777	2DE
33026	130	200	55	55	2.5	43	2	12°50′	172.017	2EE
33028	140	210	56	56	2.5	44	2	13°30′	180.353	2DE
33030	150	225	59	59	3	46	2.5	13°40′	194.260	2EE
31 系列										
33108	40	75	26	26	1.5	20.5	1.5	13°20′	61.169	2CE
33109	45	80	26	26	1.5	20.5	1.5	14°20′	65.700	3CE
33110	50	85	26	26	1.5	20	1.5	15°20′	70.214	3CE
33111	55	95	30	30	1.5	23	1.5	14°	78.893	3CE
33112	60	100	30	30	1.5	23	1.5	14°50′	83.522	3CE
33113	65	110	34	34	1.5	26.5	1.5	14°30′	91.653	3DE
33114	70	120	37	37	2	29	1.5	14°10′	99.733	3DE
33115	75	125	37	37	2	29	1.5	14°50′	104.358	3DE
33116	80	130	37	37	2	29	1.5	15°30′	108.970	3DE
33117	85	140	41	41	2.5	32	2	15°10′	117.097	3DE
33118	90	150	45	45	2.5	35	2	14°50′	125.283	3DE
33119	95	160	49	49	2.5	38	2	14°35′	133.240	3EE
33120	100	165	52	52	2.5	40	2	15°10′	137.129	3EE
33121	105	175	56	56	2.5	44	2	15°05′	144.427	3EE
33122	110	180	56	56	2.5	48	2	15°35′	149.127	3EE
33124	120	200	62	62	2.5	48	2	14°50′	166.144	3FE

（续）

02 系列										
轴承型号	d	D	T	B	r_{smin}①	C	r_{1smin}①	α	E	ISO 尺寸系列
30202	15	35	11.75	11	0.6	10	0.6	—	—	—
30203	17	40	13.25	12	1	11	1	12°57′10″	31.408	2DB
30204	20	47	15.25	14	1	12	1	12°57′10″	37.304	2DB
30205	25	52	16.25	15	1	13	1	14°02′10″	41.135	3CC
30206	30	62	17.25	16	1	14	1	14°02′10″	49.990	3DB
302/32	32	65	18.25	17	1	15	1	14°	52.500	3DB
33207	33	70	18.25	17	1.5	15	1.5	14°02′10″	58.844	3DB
30208	40	80	19.75	18	1.5	16	1.5	14°02′10″	65.730	3DB
30209	45	85	20.75	19	1.5	16	1.5	15°06′34″	70.440	3DB
30210	50	90	21.75	20	1.5	17	1.5	15°38′32″	75.078	3DB
30211	55	100	22.75	21	2	18	1.5	15°06′34″	84.197	3DB
30212	60	110	23.75	22	2	19	1.5	15°06′34″	91.876	3EB
30213	65	120	24.75	23	2	20	1.5	15°06′34″	101.934	3EB
30214	70	125	26.25	24	2	21	1.5	15°38′32″	105.748	3EB
30215	75	130	27.25	25	2	22	1.5	16°10′20″	110.408	4DB
30216	80	140	28.25	26	2.5	22	2	15″38′32″	119.169	3EB
30217	85	150	30.5	28	2.5	24	2	15°38′32″	126.685	3EB
30218	90	160	32.5	30	2.5	26	2	15°38′32″	134.901	3FB
30219	95	170	34.5	32	3	27	2.5	15°38′32″	143.385	3FB
30220	100	180	37	34	3	29	2.5	15°38′32″	151.310	3FB
30221	105	190	39	36	3	30	2.5	15″38′32″	159.795	3FB
30222	110	200	41	38	3	32	2.5	15″38′32″	168.548	3FB
30224	120	215	43.5	40	3	34	2.5	16°10′20″	181.257	4FB
30226	130	230	43.75	40	4	34	3	16°10′20″	196.420	4FB
30228	140	250	45.75	42	4	36	3	16°10′20″	212.270	4FB
30230	150	270	49	45	4	38	3	16°10′20″	227.408	4GB
30232	160	290	52	48	4	40	3	16°10′20″	244.958	4GB
30234	170	310	57	52	5	43	4	16°10′20″	262.483	4GB
30236	180	320	57	52	5	43	4	16°41′57″	270.928	4GB
30238	190	340	60	55	5	46	4	16°10′20″	291.083	4GB
30240	200	360	64	58	5	48	4	16°10′20″	307.196	4GB
30244	220	400	72	65	5	54	4	15°38′32″②	339.941②	3GB②
30248	240	440	79	72	5	60	4	15°38′32″②	374.976②	3GB②
30252	260	480	89	80	6	67	5	16°25′56″②	410.444②	4GB②
30256	280	500	89	80	6	67	5	17°03′②	423.879②	4GB②

（续）

22系列										
轴承型号	d	D	T	B	r_{smin}①	C	r_{1smin}①	α	E	ISO尺寸系列
32203	17	40	17.25	16	1	14	1	11°45′	31.170	2DD
32204	20	47	19.25	18	1	15	1	12°28′	35.810	2DD
32205	25	52	19.25	18	1	16	1	13°30′	41.331	2CD
32206	30	62	21.25	20	1	17	1	14°02′10″	48.982	3DC
32207	35	72	24.25	23	1.5	19	1.5	14°02′10″	57.087	3DC
32208	40	80	24.75	23	1.5	19	1.5	14°02′10″	64.715	3DC
32209	45	85	24.75	23	1.5	19	1.5	15°06′34″	69.610	3DC
32210	50	90	24.75	23	1.5	19	1.5	15°38′32″	74.226	3DC
32211	55	100	26.75	25	2	21	1.5	15°06′34″	82.837	3DC
32212	60	110	29.75	28	2	24	1.5	15°06′34″	90.236	3EC
32213	65	120	32.75	31	2	27	1.5	15°06′34″	99.484	3EC
32214	70	125	33.25	31	2	27	1.5	15°38′32″	103.765	3EC
32215	75	130	33.25	31	2	27	1.5	16°10′20″	108.932	4DC
32216	80	140	35.25	33	2.5	28	2	15°38′32″	117.466	3EC
32217	85	150	38.5	36	2.5	30	2	15°38′32″	124.970	3EC
32218	90	160	42.5	40	2.5	34	2	15°38′32″	132.615	3FC
32219	95	170	45.5	43	3	37	2.5	15°38′32″	140.259	3FC
32220	100	180	49	46	3	39	2.5	15°38′32″	148.184	3FC
32221	105	190	53	50	3	43	2.5	15°38′32″	155.269	3FC
32222	110	200	56	53	3	46	2.5	15°38′32″	164.022	3FC
32224	120	215	61.5	58	3	50	3	16°10′20″	174.825	4FD
32226	130	230	67.75	64	4	54	3	16°10′20″	187.088	4FD
32228	140	250	71.75	68	4	58	3	16°10′20″	204.046	4FD
32230	150	270	77	73	4	60	3	16°10′20″	219.157	4GD
32232	160	290	84	80	4	67	3	16°10′20″	234.942	4GD
32234	170	310	91	86	5	71	4	16°10′20″	251.873	4GD
32236	180	320	91	86	5	71	4	16°41′57″	259.938	4GD
32238	190	340	97	92	5	75	4	16°10′20″	279.024	4GD
32240	200	360	104	98	5	82	4	15°10′	294.880	3GD
32244	220	400	114	108	5	90	4	16°10′20″②	326.455②	4GD②
32248	240	440	127	120	5	100	4	16°10′20″②	356.929②	4GD②
32252	260	480	137	130	6	105	5	16°②	393.025②	4GD②
32256	280	500	137	130	6	105	5	16°②	409.128②	4GD②
32260	300	540	149	140	6	115	5	16°10′②	443.659②	4GD②

（续）

32系列

轴承型号	d	D	T	B	r_{smin} ①	C	r_{1smin} ①	α	E	ISO尺寸系列
33205	25	52	22	22	1	18	1	13°10′	40.441	2DE
332/28	28	58	24	24	1	19	1	12°45′	45.846	2DE
33206	30	62	25	25	1	19.5	1	12°50′	49.524	2DE
332/32	32	65	26	26	1	20.5	1	13°	51.791	2DE
33207	35	72	28	28	1.5	22	1.5	13°15′	57.186	2DE
33208	40	80	32	32	1.5	25	1.5	13°25′	63.405	2DE
33209	45	85	32	32	1.5	25	1.5	14°25′	68.075	3DE
33210	50	90	32	32	1.5	24.5	1.5	15°25′	72.727	3DE
33211	55	100	35	35	2	27	1.5	14°55′	81.240	3DE
33212	60	110	38	38	2	29	1.5	15°05′	89.032	3EE
33213	65	120	41	41	2	32	1.5	14°35′	97.863	3EE
33214	70	125	41	41	2	32	1.5	15°15′	102.275	3EE
33215	75	130	41	41	2	31	1.5	15°55″	106.675	3EE
33216	80	140	46	46	2.5	35	2	15°50′	114.582	3EE
33217	85	150	49	49	2.5	37	2	15°35′	122.894	3EE
33218	90	160	55	55	2.5	42	2	15°40′	129.820	3FE
33219	95	170	58	58	3	44	2.5	15°15′	138.642	3FE
33220	100	180	63	63	3	48	2.5	15°05′	145.949	3FE
33221	105	190	68	68	3	52	2.5	15°	153.622	3FE

13系列

轴承型号	d	D	T	B	r_{smin} ①	C	r_{1smin} ①	α	E	ISO尺寸系列
31305	25	62	18.25	17	1.5	13	1.5	28°48′39″	44.130	7FB
31306	30	72	20.75	19	1.5	14	1.5	28°48′39″	51.771	7FB
31307	35	80	22.75	21	2	15	1.5	28°48′39″	58.861	7FB
31308	40	90	25.25	23	2	17	1.5	28°48′39″	66.984	7FB
31309	45	100	27.25	25	2	18	1.5	28°48′39″	75.107	7FB
31310	50	110	29.25	27	2.5	19	2	28°48′39″	82.747	7FB
31311	55	120	31.5	29	2.5	21	2	28°48′39″	89.563	7FB
31312	60	130	33.5	31	3	22	2.5	28°48′39″	98.236	7FB
31313	65	140	36	33	3	23	2.5	28°48′39″	106.359	7GB
31314	70	150	38	35	3	25	2.5	28°48′39″	113.449	7GB
31315	75	160	40	37	3	26	2.5	28°48′39″	122.122	7GB
31316	80	170	42.5	39	3	27	2.5	28°48′39″	129.213	7GB
31317	85	180	44.5	41	4	28	3	28°48′39″	137.403	7GB
31318	90	190	46.5	43	4	30	3	28°48′39″	145.527	7GB
31319	95	200	49.5	45	4	32	3	28°48′39″	151.584	7GB

（续）

13系列

轴承型号	d	D	T	B	r_{smin}①	C	r_{1smin}①	α	E	ISO尺寸系列
31320	100	215	56.5	51	4	35	3	28°48′39″	162.739	7GB
31321	105	225	53	53	4	35	2	28°48′39″	176.724	7GB
31322	110	240	63	57	4	35	3	28°48′39″	182.914	7GB
31324	120	260	63	62	4	42	3	28°48′39″	197.022	7GB
31326	130	280	72	66	5	44	4	28°48′39″	211.752	7GB
31328	140	300	77	70	5	47	4	28°48′39″	227.999	7GB
31330	150	320	82	75	5	50	4	28°48′39″	244.244	7GB

03系列

轴承型号	d	D	T	B	r_{smin}①	C	r_{1smin}①	α	E	ISO尺寸系列
30302	15	42	14.25	13	1	11	1	10°45′29″	33.272	2FB
30303	17	47	15.25	14	1	12	1	10°45′29″	37.420	2FB
30304	20	52	16.25	15	1.5	13	1.5	11°18′36″	41.318	2FB
30305	25	62	18.25	17	1.5	15	1.5	11°18′36″	50.637	2FB
30306	30	72	20.75	19	1.5	16	1.5	11°55′35″	58.287	2FB
30307	35	80	22.75	21	2	18	1.5	11°51′35″	65.769	2FB
30308	40	90	25.25	23	2	20	1.5	12°57′10″	72.703	2FB
30309	45	100	27.25	25	2	22	1.5	12°57′10″	81.780	2FB
30310	50	110	29.25	27	2.5	23	2	12°57′10″	90.633	2FB
30311	55	120	31.5	29	2.5	25	2	12°57′10″	99.146	2FB
30312	60	130	33.5	31	3	26	2.5	12°57′10″	107.769	2FB
30313	65	140	36	33	3	28	2.5	12°57′10″	116.846	2GB
30314	70	150	38	35	3	30	2.5	12°57′10″	125.244	2GB
30315	75	160	40	37	3	31	2.5	12°57′10″	134.097	2GB
30316	80	170	42.5	39	3	33	2.5	12°57′10″	143.174	2GB
30317	85	180	44.5	41	4	34	3	12°57′10″	150.433	2GB
30318	90	190	46.5	43	4	36	3	12°57′10″	159.061	2GB
30319	95	200	49.5	45	4	38	3	12°57′10″	165.861	2GB
30320	100	215	51.5	47	4	39	3	12°57′10″	178.578	2GB
30321	105	225	53.5	49	4	41	3	12°57′10″	186.752	2GB
30322	110	240	54.5	50	4	42	3	12°57′10″	199.925	2GB
30324	120	260	59.5	55	4	46	3	12°57′10″	214.892	2GB
30326	130	280	63.75	58	5	49	4	12°57′10″	232.028	2GB
30328	140	300	67.75	62	5	53	4	12°57′10″	247.910	2GB
30330	150	320	72	65	5	55	4	12°57′10″	265.955	2GB

（续）

03 系列

轴承型号	d	D	T	B	r_{smin}①	C	r_{1smin}①	α	E	ISO 尺寸系列
30332	160	340	75	68	5	58	4	12°57′10″	282.751	2GB
30334	170	360	80	72	5	62	4	12°57′10″	299.991	2GB
30336	180	380	83	75	5	64	4	12°57′10″	319.070	2GB
30338	190	400	86	78	6	65	5	12°57′10″②	333.507②	2GB②
30340	200	420	89	80	6	67	5	12°57′10″②	352.209②	2GB②
30344	220	460	97	88	6	73	5	12°57′10″②	383.498②	2GB②
30348	240	500	105	95	6	80	5	12°57′10″②	416.303②	2GB②
30352	260	540	113	102	6	85	6	13°29′32″②	451.991②	2GB②

23 系列

轴承型号	d	D	T	B	r_{smin}①	C	r_{1smin}①	α	E	ISO 尺寸系列
32303	17	47	20.25	19	1	16	1	10°45′29″	36.090	2FD
32304	20	52	22.25	21	1.5	18	1.5	11°18′36″	39.518	2FD
32305	25	62	25.25	24	1.5	20	1.5	11°18′36″	48.637	2FD
32306	30	72	28.75	27	1.5	23	1.5	11°51′35″	55.767	2FD
32307	35	80	32.75	31	2	25	1.5	11°51′35″	62.829	2FE
32308	40	90	35.25	33	2	27	1.5	12°57′10″	69.253	2FD
32309	45	100	38.25	36	2	30	1.5	12°57′10″	78.330	2FD
32310	50	110	42.25	40	2.5	33	2	12°57′10″	86.263	2FD
32311	55	120	45.5	43	2.5	35	2	12°57′10″	94.316	2FD
32312	60	130	48.5	46	3	37	2.5	12°57′10″	102.939	2FD
32313	65	140	51	48	3	39	2.5	12°57′10″	111.786	2GD
32314	70	150	54	51	3	42	2.5	12°57′10″	119.724	2GD
32315	75	160	58	55	3	45	2.5	12°57′10″	127.887	2GD
32316	80	170	61.5	58	3	48	2.5	12°57′10″	136.504	2GD
32317	85	180	63.5	60	4	49	3	12°57′10″	144.223	2GD
32318	90	190	67.5	64	4	53	3	12°57′10″	151.701	2GD
32319	95	200	71.5	67	4	55	3	12°57′10″	160.318	2GD
32320	100	215	77.5	73	4	60	3	12°57′10″	171.650	2GD
32321	105	225	81.5	77	4	63	3	12°57′10″	179.359	2GD
32322	110	240	84.5	80	4	65	3	12°57′10″	192.071	2GD
32324	120	260	90.5	86	4	69	3	12°57′10″	207.039	2GD
32326	130	280	98.75	93	5	78	4	12°57′10″	223.692	2GD
32328	140	300	107.75	102	5	85	4	13°08′03″	240.000	2GD
32330	150	320	114	103	5	90	4	13°08′03″	256.671	2GD
32332	160	340	121	114	5	95	4	—	—	—

（续）

23系列										
轴承型号	d	D	T	B	r_{smin}①	C	r_{1smin}①	α	E	ISO尺寸系列
32334	170	360	127	120	5	100	4	13°29′32″②	286.222②	2GD②
32336	180	380	134	126	5	106	4	13°29′32″②	303.693②	2GD②
32338	190	400	140	132	6	109	5	13°29′32″②	321.711②	2GD②
32340	200	420	146	138	6	115	5	13°29′32″②	335.821②	2GD②
32344	220	460	154	145	6	122	5	12°57′10″②	368.132②	2GD②
32348	240	500	165	155	6	132	5	12°57′10″②	401.268②	2GD②

① 对应的最大倒角尺寸规定在 GB/T 274—2000 中。

② 参考尺寸。

附表 B-17　推力球轴承（摘自 GB/T 301—2015）

D：座圈外径；D_1：座圈内径；D_{1smin}：座圈最小单一内径；d：单向轴承轴圈内径；d_1：单向轴承轴圈外径；d_{1smax}：单向轴承轴圈最大单一外径；r：座圈和单向轴承轴圈背面倒角尺寸；r_{smin}：座圈和单向轴承轴圈背面最小单一倒角尺寸。

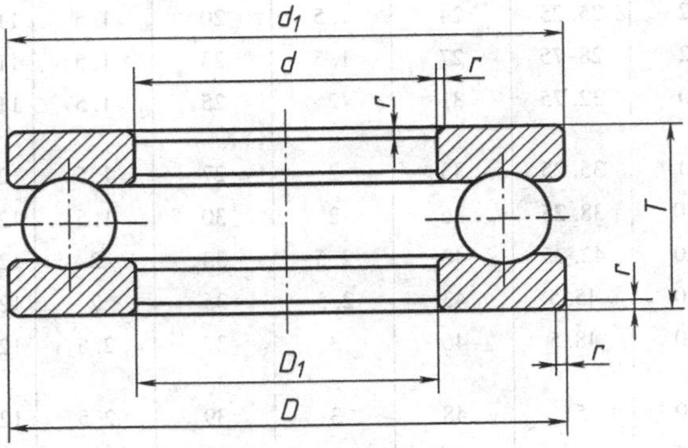

标记示例：

内圈孔径 d=50mm、12 系列的推力球轴承，标记为：滚动轴承 51210 GB/T 301—2015

单向推力球轴承——11 系列

轴承型号	d	D	T	D_{1smin}	d_{1smax}	r_{smin}①
51100	10	24	9	11	24	0.3
51101	12	26	9	13	26	0.3
51102	15	28	9	16	28	0.3
51103	17	30	9	18	30	0.3
51104	20	35	10	21	35	0.3
51105	25	42	11	26	42	0.6
51106	30	47	11	32	47	0.6
51107	35	52	12	37	52	0.6
51108	40	60	13	42	60	0.6
51109	45	65	14	47	65	0.6

（续）

单向推力球轴承——11 系列						
轴承型号	d	D	T	D_{1smin}	d_{1smax}	r_{smin} ①
51110	50	70	14	52	70	0.6
51111	55	78	16	57	78	0. 6
51112	60	85	17	62	85	1
51113	65	90	18	67	90	1
51114	70	95	18	72	95	1
51115	75	100	19	77	100	1
51116	80	105	19	82	105	1
51117	85	110	19	87	110	1
51118	90	120	22	92	120	1
51120	100	135	25	102	135	1
51122	110	145	25	112	145	1
51124	120	155	25	122	155	1
51126	130	170	30	132	170	1
51128	140	180	31	142	178	1
51130	150	190	31	152	188	1
51132	160	200	31	162	198	1
51134	170	215	34	172	213	1. 1
51136	180	225	34	183	222	1. 1
5113S	190	240	37	193	237	1. 1
51140	200	250	37	203	247	1. 1
51144	220	270	37	223	267	1. 1
51148	240	300	45	243	297	1. 5
51152	260	320	45	263	317	1. 5
51156	280	350	53	283	347	1. 5
51160	300	380	62	304	376	2
51164	320	400	63	324	396	2
51168	340	420	64	344	416	2
51172	360	440	65	364	436	2
51176	380	460	65	384	456	2
51180	400	480	65	404	476	2
51184	420	500	65	424	495	2
51188	440	540	80	444	535	2. 1
51192	460	560	80	464	555	2. 1
51196	480	580	80	484	575	2. 1
511/500	500	600	80	504	595	2. 1
511/530	530	640	85	534	635	3
511/560	560	670	85	564	665	3
511/600	600	710	85	60d	705	3
511/630	630	750	95	634	745	3
511/670	670	800	105	674	795	4

（续）

单向推力球轴承——12 系列						
轴承型号	d	D	T	D_{1smin}	d_{1smax}	r_{smin} ①
51200	10	26	11	12	26	0.6
51201	12	28	11	14	28	0.6
51202	15	32	12	17	32	0.6
51203	17	35	12	19	35	0.6
51204	20	40	14	22	40	0.6
51205	25	47	15	27	47	0.6
51206	30	52	16	32	52	0.6
51207	35	62	18	37	62	1
51208	40	68	19	42	68	1
51209	45	73	20	47	73	1
51210	50	78	22	52	78	1
51211	55	90	25	57	90	1
51212	60	95	26	62	95	1
51213	65	100	27	67	100	1
51214	70	105	27	72	105	1
51215	75	110	27	77	110	1
51216	80	115	28	82	115	1
51217	85	125	31	88	125	1
51218	90	135	35	93	135	1.1
51220	100	150	38	103	150	1.1
51222	110	160	38	113	160	1.1
51224	120	170	39	123	170	1.1
51226	130	190	45	133	187	1.5
51228	140	200	46	143	197	1.5
51230	150	215	50	153	212	1.5
51232	160	225	51	163	222	1.5
51234	170	240	55	173	237	1.5
51236	180	250	56	183	247	1.5
51238	190	270	62	194	267	2
51240	200	280	62	204	277	2
51244	220	300	63	224	297	2
51248	240	340	78	244	335	2.1
51252	260	360	79	264	355	2.1
51256	280	380	80	284	375	2.1
51260	300	420	95	304	415	3
51264	320	440	95	325	435	3
51268	340	460	96	345	455	3
51272	360	500	110	365	495	4
51276	380	520	112	385	515	4

（续）

单向推力球轴承——13 系列

轴承型号	d	D	T	D_{1smin}	d_{1smax}	r_{smin} ①
51304	20	47	18	22	47	1
51305	25	52	18	27	52	1
51306	30	60	21	32	60	1
51307	35	68	24	37	68	1
51308	40	78	26	42	78	1
51309	45	85	28	47	85	1
51310	50	95	31	52	95	1.1
51311	55	105	35	57	105	1.1
51312	60	110	35	62	110	1.1
51313	65	115	36	67	115	1.1
51314	70	125	40	72	125	1.1
51315	75	135	44	77	135	1.5
51316	80	140	44	82	140	1.5
51317	85	150	49	88	150	1.5
51318	90	155	50	93	155	1.5
51320	100	170	55	103	170	1.5
51322	110	190	63	113	187	2
51324	120	210	70	123	205	2.1
51326	130	225	75	134	220	2.1
51328	140	240	80	144	235	2.1
51330	150	250	80	154	245	2.1
51332	160	270	87	164	265	3
51334	170	280	87	174	275	3
51335	180	300	95	184	295	3
51338	190	320	105	195	315	4
51340	200	340	110	205	335	4
51344	220	360	112	225	355	4
51348	240	380	112	245	375	4

单向推力球轴承——14 系列

轴承型号	d	D	T	D_{1smin}	d_{1smax}	r_{smin} ①
51405	25	60	24	27	60	1
51406	30	70	28	32	70	1
51407	35	80	32	37	80	1.1
51408	40	90	36	42	90	1.1
51409	45	100	39	47	100	1.1

（续）

单向推力球轴承——14系列						
轴承型号	d	D	T	D_{1smin}	d_{1smax}	r_{smin} ①
51410	50	110	43	52	110	1.5
51411	55	120	48	57	120	1.5
51412	60	130	51	62	130	1.5
51413	65	140	56	68	140	2
51414	70	150	60	73	150	2
51415	75	160	65	78	160	2
51416	80	170	68	83	170	2.1
51417	85	180	72	88	177	2.1
51418	90	190	77	93	187	2.1
51420	100	210	85	103	205	3
51422	110	230	95	113	225	3
51424	120	250	102	123	245	4
51426	130	270	110	134	265	4
51428	140	280	112	144	275	4
51430	150	300	120	154	295	4
51432	160	320	130	164	315	5
51434	170	340	135	174	335	5
51436	180	360	140	184	355	5

① 对应的最大倒角尺寸在 GB/T 274—2000 中规定。

附表 B-18　普通圆柱螺旋压缩弹簧尺寸及参数（两端圈并紧磨平或制扁）（GB/T 2089—2009）

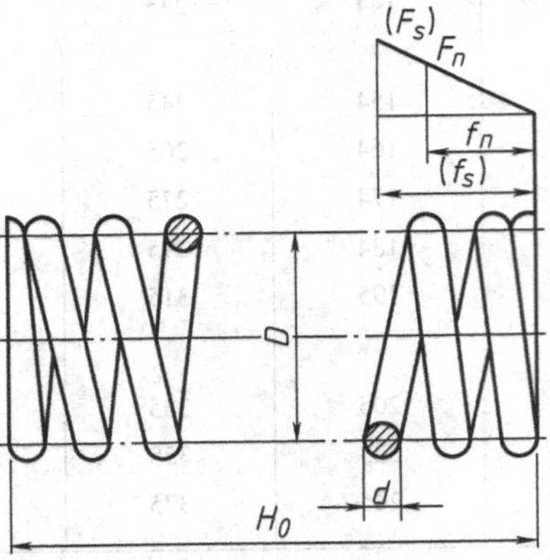

a) YA型

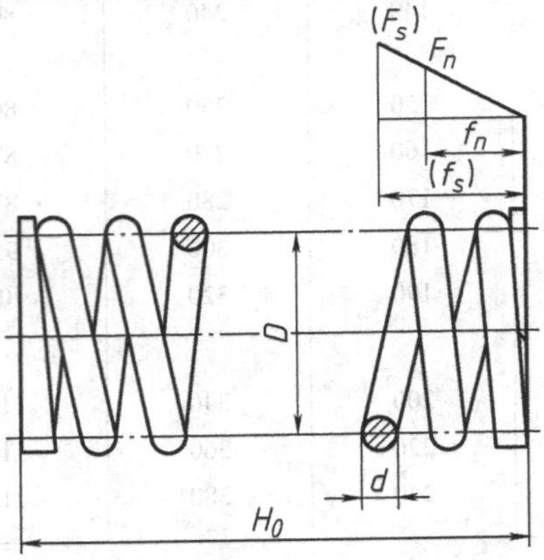

b) YB型

标记示例：

YA 型弹簧，材料直径为 1.2mm，弹簧中径为 8mm，自由高度 40mm，精度等级为 2 级，左旋的两端圈并紧磨平的冷卷压缩弹簧，标记为：

YA 1.2 × 8 × 40 左 GB/T 2089

YB 型弹簧，材料直径为 20mm，弹簧中径为 140mm，自由高度 260mm，精度等级为 3 级，右旋的两端圈并紧制扁的热卷压缩弹簧，标记为：

YB 20 × 140 × 260-3 GB/T 2089

（续）

材料直径 d/mm	弹簧中径 D/mm	自由高度 H_0/mm	有效圈数 n/圈	最大工作负荷 F_n/N	最大工作变形量 f_n/mm
1.2	8	28	8.5	65	14
		40	12.5		20
	12	40	6.5	43	24
		48	8.5		31
4	28	50	4.5	545	21
		70	6.5		30
	30	55	4.5	509	24
		75	6.5		36
6	38	65	4.5	1267	24
		90	6.5		35
	45	105	6.5	1070	49
		140	8.5		63
10	45	140	8.5	4605	36
		170	10.5		45
	50	190	10.5	4145	55
		220	12.5		66
20	140	260	4.5	13278	104
		360	6.5		149
	160	300	4.5	11618	135
		420	6.5		197
30	160	310	4.5	39211	90
		420	6.5		131
	200	250	2.5	31369	78
		520	6.5		204

注：1. 支承圈数 $n_z=2$ 圈，F_n 取 $0.8F_s$（F_s 为试验负荷），f_n 取 $0.8f_s$（f_s 为试验负荷下变形量）。

2. GB/T 2089—2009 中的这个表格列出了很多个弹簧，对各个弹簧还列出了更多的参数，本表仅摘录了其中的 24 个弹簧和部分参数，不够应用时，可查阅该标准。

3. 弹簧的材料：采用冷卷工艺时，选用材料性能不低于 GB/T 4357—1989 中的 C 级碳素弹簧钢丝；采用热卷工艺时，选用材料性能不低于 GB/T 1222—2009 中的 60Si2MnA。

附录 C　极限与配合

附表 C-1　优先配合特性及应用（摘自 GB/T 1801—2009）

基孔制	基轴制	优先配合特性及应用
$\frac{H11}{c11}$	$\frac{C11}{h11}$	间隙非常大，用于很松的、转动很慢的间隙配合，或要求大公差与大间隙的外露组件，或要求装配方便的很松的配合

（续）

基孔制	基轴制	优先配合特性及应用
H9/d9	D9/h9	间隙很大的自由转动配合，用于精度非主要要求时，或有大的温度变化、高转速或大的轴颈压力时
H8/f7	F8/h7	间隙不大的转动配合，用于中等转速与中等轴颈压力的精确转动，也用于装配较易的中等定位配合
H7/g6	G7/h6	间隙很小的滑动配合，用于不希望自由转动，但可自由移动和滑动并精密定位时，也可用于要求明确的定位配合
H7/h6　H8/h7 H9/h9　H11/h11	H7/h6　H8/h7 H9/h9　H11/h11	均为间隙定位配合，零件可自由装拆，而工作时一般相对静止不动。在最大实体条件下的间隙为零，在最小实体条件下的间隙由公差等级确定
H7/k6	K7/h6	过渡配合，用于精密定位
H7/n6	N7/h6	过渡配合，允许有较大过盈的更精密定位
H7*/p6	P7/h6	过盈定位配合，即小过盈配合，用于定位精度特别重要时，能以最好的定位精度达到部件的刚性及对中性要求，而对内孔承受压力无特殊要求，不依靠配合的紧固性传递摩擦负荷
H7/s6	S7/h6	中等压入配合，适用于一般钢件，或用于薄壁件的冷缩配合，用于铸铁件可得到最紧密的配合
H7/u6	U7/h6	压入配合，适用于可以承受大压入力的零件或不宜承受大压入力的冷缩配合

注：“*”表示公称尺寸小于或等于3mm时为过渡配合。

附表 C-2　常用及优先配合中轴的公差带、极限偏差（摘自 GB/T 1800.1—2009）

（单位：μm）

公差带代号 / 公称尺寸/mm	c	d	f			g		h						
	11	9	6	7	8	6	7	6	7	8	9	10	11	12
>0~3	−60 −120	−20 −45	−6 −12	−6 −16	−6 −20	−2 −8	−2 −12	0 −6	0 −10	0 −14	0 −25	0 −40	0 −60	0 −100
>3~6	−70 −145	−30 −60	−10 −18	−10 −22	−10 −28	−4 −12	−4 −16	0 −8	0 −12	0 −18	0 −30	0 −48	0 −75	0 −120
>6~10	−80 −170	−40 −76	−13 −22	−13 −28	−13 −35	−5 −14	−5 −20	0 −9	0 −15	0 −22	0 −36	0 −58	0 −90	0 −150
>10~18	−95 −205	−50 −93	−16 −27	−16 −34	−16 −43	−6 −17	−6 −24	0 −11	0 −18	0 −27	0 −43	0 −70	0 −110	0 −180

（续）

公差带代号 / 公称尺寸/mm	c	d	f			g		h						
	11	9	6	7	8	6	7	6	7	8	9	10	11	12
>18~30	-110 -240	-65 -117	-20 -33	-20 -41	-20 -53	-7 -20	-7 -28	0 -13	0 -21	0 -33	0 -52	0 -84	0 -130	0 -210
>30~40	-120 -280	-80 -142	-25 -41	-25 -50	-25 -64	-9 -25	-9 -34	0 -16	0 -25	0 -39	0 -62	0 -100	0 -160	0 -250
>40~50	-130 -290													
>50~65	-140 -330	-100 -174	-30 -49	-30 -60	-30 -76	-10 -29	-10 -40	0 -19	0 -30	0 -46	0 -74	0 -120	0 -190	0 -300
>65~80	-150 -340													
>80~100	-170 -390	-120 -207	-36 -58	-36 -71	-36 -90	-12 -34	-12 -47	0 -22	0 -35	0 -54	0 -87	0 -140	0 -220	0 -350
>100~120	-180 -400													
>120~140	-200 -450	-145 -245	-43 -68	-43 -83	-43 -106	-14 -39	-14 -54	0 -25	0 -40	0 -63	0 -100	0 -160	0 -250	0 -400
>140~160	-210 -460													
>160~180	-230 -480													
>180~200	-240 -530	-170 -285	-50 -79	-50 -96	-50 -122	-15 -44	-15 -61	0 -29	0 -46	0 -72	0 -115	0 -185	0 -290	0 -460
>200~225	-260 -550													
>225~250	-280 -570													
>250~280	-300 -620	-190 -320	-56 -88	-56 -108	-56 -137	-17 -49	-17 -69	0 -32	0 -52	0 -81	0 -130	0 -210	0 -320	0 -520
>280~315	-330 -650													
>315~355	-360 -720	-210 -350	-62 -98	-62 -119	-62 -151	-18 -54	-18 -75	0 -36	0 -57	0 -89	0 -140	0 -230	0 -360	0 -570
>355~400	-400 -760													
>400~450	-440 -840	-230 -385	-68 -108	-68 -131	-68 -165	-20 -60	-20 -83	0 -40	0 -63	0 -97	0 -155	0 -250	0 -400	0 -630
>450~500	-480 -880													

（续）

公差带代号 公称尺寸/mm	j	js	k		m		n		p		r	s	t	u
	7	6	6	7	6	7	6	7	6	7	6	6	6	6
>0~3	+6 -4	±3	+6 0	+10 0	+8 +2	+12 +2	+10 +4	+14 +4	+12 +6	+16 +6	+16 +10	+20 +14		+24 +18
>3~6	+8 -4	±4	+9 +1	+13 +1	+12 +4	+16 +4	+16 +8	+20 +8	+20 +12	+24 +12	+23 +15	+27 +19		+31 +23
>6~10	+10 -5	±4. 5	+10 +1	+16 +1	+15 +6	+21 +6	+19 +10	+25 +10	+24 +15	+30 +15	+28 +19	+32 +23		+37 +28
>10~18	+12 -6	±5. 5	+12 +1	+19 +1	+18 +7	+25 +7	+23 +12	+30 +12	+29 +18	+36 +18	+34 +23	+39 +28		+44 +33
>18~24	+13 -8	±6. 5	+15 +2	+23 +2	+21 +8	+29 +8	+28 +15	+36 +15	+35 +22	+43 +22	+41 +28	+48 +35		+54 +41
>24~30													+54 +41	+61 +48
>30~40	+15 -10	±8	+18 +2	+27 +2	+25 +9	+34 +9	+33 +17	+42 +17	+42 +26	+51 +26	+50 +34	+59 +43	+64 +48	+76 +60
>40~50													+70 +54	+86 +70
>50~65	+18 -12	±9. 5	+21 +2	+32 +2	+30 +11	+41 +11	+39 +20	+50 +20	+51 +32	+62 +32	+60 +41	+72 +53	+85 +66	+106 +87
>65~80											+62 +43	+78 +59	+94 +75	+121 +102
>80~100	+20 -15	±11	+25 +3	+38 +3	+35 +13	+48 +13	+45 +23	+58 +23	+59 +37	+72 +37	+73 +51	+93 +71	+113 +91	+146 +124
>100~120											+76 +54	+101 +79	+126 +104	+166 +144
>120~140	+22 -18	±12. 5	+28 +3	+43 +3	+40 +15	+55 +15	+52 +27	+67 +27	+68 +43	+83 +43	+88 +63	+117 +92	+147 +122	+195 +170
>140~160											+90 +65	+125 +100	+159 +134	+215 +190
>160~180											+93 +68	+133 +108	+171 +146	+235 +210
>180~200	+25 -21	±14. 5	+33 +4	+50 +4	+46 +17	+63 +17	+60 +31	+77 +31	+79 +50	+96 +50	+106 +77	+151 +122	+195 +166	+265 +236
>200~225											+109 +80	+159 +130	+209 +180	+287 +258
>225~250											+113 +84	+169 +140	+225 +196	+313 +284
>250~280	±26	±16	+36 +4	+56 +4	+52 +20	+72 +20	+66 +34	+86 +34	+88 +56	+108 +56	+126 +94	+190 +158	+250 +218	+347 +315
>280~315											+130 +98	+202 +170	+272 +240	+382 +350
>315~355	+29 -28	±18	+40 +4	+61 +4	+57 +21	+78 +21	+73 +37	+94 +37	+98 +62	+119 +62	+144 +108	+226 +190	+304 +268	+426 +390
>355~400											+150 +114	+244 +208	+330 +294	+471 +435
>400~450	+31 -32	±20	+45 +5	+68 +5	+63 +23	+86 +23	+80 +40	+103 +40	+108 +68	+131 +68	+166 +126	+272 +232	+370 +330	+530 +490
>450~500											+172 +132	+292 +252	+400 +360	+580 +540

附表 C-3 常用及优先配合中孔的公差带、极限偏差（摘自 GB/T 1800.1—2009）

（单位：μm）

公称尺寸/mm \ 公差带代号	A 11	B 12	C 11	D 9	E 8	F 8	F 9	G 7	H 6	H 7	H 8	H 9	H 10	H 11
>0~3	+330 +270	+240 +140	+120 +60	+45 +20	+28 +14	+20 +6	+31 +6	+12 +2	+6 0	+10 0	+14 0	+25 0	+40 0	+60 0
>3~6	+345 +270	+260 +140	+145 +70	+60 +30	+38 +20	+28 +10	+40 +10	+16 +4	+8 0	+12 0	+18 0	+30 0	+48 0	+75 0
>6~10	+370 +280	+300 +150	+170 +80	+76 +40	+47 +25	+35 +13	+49 +13	+20 +5	+9 0	+15 0	+22 0	+36 0	+58 0	+90 0
>10~18	+400 +290	+330 +150	+205 +95	+93 +50	+59 +32	+43 +16	+59 +16	+24 +6	+11 0	+18 0	+27 0	+43 0	+70 0	+110 0
>18~30	+430 +300	+370 +160	+240 +110	+117 +65	+73 +40	+53 +20	+72 +20	+28 +7	+13 0	+21 0	+33 0	+52 0	+84 0	+130 0
>30~40	+470 +310	+420 +170	+280 +120	+142 +80	+89 +50	+64 +25	+87 +25	+34 +9	+16 0	+25 0	+39 0	+62 0	+100 0	+160 0
>40~50	+480 +320	+430 +180	+290 +130											
>50~65	+530 +340	+490 +190	+330 +140	+174 +100	+106 +60	+76 +30	+104 +30	+40 +10	+19 0	+30 0	+46 0	+74 0	+120 0	+190 0
>65~80	+550 +360	+500 +200	+340 +150											
>80~100	+600 +380	+570 +220	+390 +170	+207 +120	+125 +72	+90 +36	+123 +36	+47 +12	+22 0	+35 0	+54 0	+87 0	+140 0	+220 0
>100~120	+630 +410	+590 +240	+400 +180											
>120~140	+710 +460	+660 +260	+450 +200	+245 +145	+148 +85	+106 +43	+143 +43	+54 +14	+25 0	+40 0	+63 0	+100 0	+160 0	+250 0
>140~160	+770 +520	+680 +280	+460 +210											
>160~180	+830 +580	+710 +310	+480 +230											
>180~200	+950 +660	+800 +340	+530 +240	+285 +170	+172 +100	+122 +50	+165 +50	+61 +15	+29 0	+46 0	+72 0	+115 0	+185 0	+290 0
>200~225	+1030 +740	+840 +380	+550 +260											
>225~250	+1110 +820	+880 +420	+570 +280											
>250~280	+1240 +920	+1000 +480	+620 +300	+320 +190	+191 +110	+137 +56	+186 +56	+69 +17	+32 0	+52 0	+81 0	+130 0	+210 0	+320 0
>280~315	+1370 +1050	+1060 +540	+650 +330											
>315~355	+1560 +1200	+1170 +600	+720 +360	+350 +210	+214 +125	+151 +62	+202 +62	+75 +18	+36 0	+57 0	+89 0	+140 0	+230 0	+360 0
>355~400	+1710 +1350	+1250 +680	+760 +400											
>400~450	+1900 +1500	+1390 +760	+840 +440	+385 +230	+232 +135	+165 +68	+223 +68	+83 +20	+40 0	+63 0	+97 0	+155 0	+250 0	+400 0
>450~500	+2050 +1650	+1470 +840	+880 +480											

（续）

公差带代号 / 公称尺寸/mm	H	JS		K		M		N		P	R	S	T	U
	12	7	8	7	8	7	8	7	8	7	7	7	7	7
>0~3	+100 0	±5	±7	0 −10	0 −14	−2 −12	−2 −16	−4 −14	−4 −18	−6 −16	−10 −20	−14 −24		−18 −28
>3~6	+120 0	±6	±9	+3 −9	+5 −13	0 −12	+2 −16	−4 −16	−2 −20	−8 −20	−11 −23	−15 −27		−19 −31
>6~10	+150 0	±7	±11	+5 −10	+6 −16	0 −15	+1 −21	−4 −19	−3 −25	−9 −24	−13 −28	−17 −32		−22 −37
>10~18	+180 0	±9	±13	+6 −12	+8 −19	0 −18	+2 −25	−5 −23	−3 −30	−11 −29	−16 −34	−21 −39		−26 −44
>18~24	+210 0	±10	±16	+6 −15	+10 −23	0 −21	+4 −29	−7 −28	−3 −36	−14 −35	−20 −41	−27 −48		−33 −54
>24~30													−33 −54	−40 −61
>30~40	+250 0	±12	±19	+7 −18	+12 −27	0 −25	+5 −34	−8 −33	−3 −42	−17 −42	−25 −50	−34 −59	−39 −64	−51 −76
>40~50													−45 −70	−61 −86
>50~65	+300 0	±15	±23	+9 −21	+14 −32	0 −30	+5 −41	−9 −39	−4 −50	−21 −51	−30 −60	−42 −72	−55 −85	−76 −106
>65~80											−32 −62	−48 −78	−64 −94	−91 −121
>80~100	+350 0	±17	±27	+10 −25	+16 −38	0 −35	+6 −48	−10 −45	−4 −58	−24 −59	−38 −73	−58 −93	−78 −113	−111 −146
>100~120											−41 −76	−66 −101	−91 −126	−131 −166
>120~140	+400 0	±20	±31	+12 −28	+20 −43	0 −40	+8 −55	−12 −52	−4 −67	−28 −68	−48 −88	−77 −117	−107 −147	−155 −195
>140~160											−50 −90	−85 −125	−119 −159	−175 −215
>160~180											−53 −93	−93 −133	−131 −171	−195 −235
>180~200	+460 0	±23	±36	+13 −33	+22 −50	0 −46	+9 −63	−14 −60	−5 −77	−33 −79	−60 −106	−105 −151	−149 −195	−219 −265
>200~225											−63 −109	−113 −159	−163 −209	−241 −287
>225~250											−67 −113	−123 −169	−179 −225	−267 −313
>250~280	+520 0	±26	±40	+16 −36	+25 −56	0 −52	+9 −72	−14 −66	−5 −86	−36 −88	−74 −126	−138 −190	−198 −250	−295 −347
>280~315											−78 −130	−150 −202	−220 −272	−330 −382
>315~355	+570 0	±28	±44	+17 −40	+28 −61	0 −57	+11 −78	−16 −73	−5 −94	−41 −98	−87 −144	−169 −226	−247 −304	−369 −426
>355~400											−93 −150	−187 −244	−273 −330	−414 −471
>400~450	+630 0	±31	±48	+18 −45	+29 −68	0 −63	+11 −86	−17 −80	−6 −103	−45 −108	−103 −166	−209 −272	−307 −370	−467 −530
>450~500											−109 −172	−229 −292	−337 −400	−517 −580

参 考 文 献

[1] 胡建生．机械制图［M］．北京：机械工业出版社，2017.
[2] 戚美．机械制图［M］．北京：机械工业出版社，2013.
[3] 大连理工大学工程图学教研室．机械制图［M］．7 版．北京：高等教育出版社，2016.
[4] 叶琳．工程图学基础教程［M］．3 版．北京：机械工业出版社，2015.
[5] 梁会珍．现代工程制图［M］．北京：机械工业出版社，2013.
[6] 王农，戚美，梁会珍，等．工程图学基础［M］．3 版．北京：北京航空航天大学出版社，2013.
[7] 管殿柱，张轩．工程图学基础［M］．2 版．北京：机械工业出版社，2016.
[8] 何铭新，钱可强．机械制图［M］．7 版．北京：高等教育出版社，2016.
[9] 涂晶洁．机械制图［M］．北京：清华大学出版社，2010.
[10] 丁一，钮志红．机械制图［M］．北京：高等教育出版社，2012.
[11] 大连理工大学工程图学教研室．画法几何学［M］．7 版．北京：高等教育出版社，2016.
[12] 杨德星，袁义坤，任杰．工程制图基础［M］．北京：清华大学出版社，2011.
[13] 顾东明．现代工程图学［M］．北京：北京航空航天大学出版社，2008.
[14] 焦永和，张京英，徐昌贵．工程制图［M］．北京：高等教育出版社，2008.
[15] 王兰美，殷昌贵．画法几何及工程制图［M］．3 版．北京：机械工业出版社，2014.